Leopold Infeld · Der Mann neben Einstein

Leopold Infeld

Der Mann neben Einstein

Ein Leben zwischen Raum und Zeit

Aus dem Polnischen
von Kurt Kelm

WeymannBauerVerlag

Titel der Originalausgabe
Szkice z przeszłości

Die Briefe Albert Einsteins wurden in der polnischen Ausgabe
im originalen Wortlaut deutsch zitiert.

ISBN 3-929 395-42-8

1. Auflage 1999
© WeymannBauerVerlag GmbH
Szkice z przeszłości © Eryk Infeld
Umschlaggestaltung Matthes/Grüttner
Foto © Lotte Jacobi Archives, University of New Hampshire
Lektorat Sonja Schnitzler
Korrektur Ingo Zentner
Druck und Binden Clausen & Bosse, Leck
Printed in Germany

JUGENDERINNERUNGEN

Meine Eltern waren religiös; sie wohnten in Kazimierz, einem ausgesprochen jüdischen Stadtteil an der Peripherie von Krakau. In Fragen der Religion waren sie Fürsprecher eines gemäßigten, allmählichen Fortschritts. Der Umfang der religiösen Vorschriften, an denen sie festhielten, war streng definiert. Sie waren stolz auf den Fortschritt, den sie erreicht, und auf die Tradition, die sie bewahrt hatten. Wie jede jüdische Gruppe in Kazimierz mischten sie sich ihren eigenen religiösen Cocktail, überzeugt, daß er so am schmackhaftesten für die Menschen und für Gott sei; daß jede Abweichung nach links gegen grundlegende Regeln der Religion verstoße und jede Abweichung nach rechts ein Zeichen mangelnder Zivilisation und religiösen Aberglaubens sei. Das Leben hatte sie gezwungen, eine solche Haltung einzunehmen und sie zu verteidigen. Nimmt man die Gebote der jüdischen Religion wörtlich, so ist es schon eine Sünde zu atmen, ohne gleichzeitiges Sich-Versenken in die Größe des einzigen Gottes. Ein Mensch, der für sein tägliches Brot arbeitet, muß auf die Ausführung bestimmter religiöser Vorschriften verzichten und ist folglich bemüht, eine Entschuldigung hierfür zu finden. So handelten auch meine Eltern. Meine Mutter lehnte es als erste in ihrer Familie ab, bei der Heirat das Haar abzuschneiden und eine Perücke aufzusetzen, wie sie alle wirklich frommen Ehefrauen trugen. Mein Vater wiederum trug als erster in seiner Familie europäische Kleidung und nicht den seidenen Kaftan und die dreizehnschwänzige Mütze, welche die frommen Juden am Samstag aufsetzten. Das waren die Grenzen, bis an die meine Eltern gingen. Doch innerhalb dieser Grenzen wahrten sie streng die Vorschriften, welche die Religion ihnen und sie selbst sich auferlegt hatten.

Ich wurde ausgangs des neunzehnten Jahrhunderts geboren. Meine Jugend, die auch die späteren Jahre formte, verfloß in einer Atmosphäre der Religiosität. Die Religion drang in drei starken Strömen in mein Leben ein: über die jüdische Kleinkinderschule, den Cheder, über die Synagoge und über das Elternhaus.

Als ich fünf Jahre alt war, schickte man mich in den Cheder. Der Klassenraum war klein, die Bänke schmal, hart und schmerzhaft unbequem. Wir saßen so dicht beieinander, daß wir nicht die Arme bewegen konnten; im singenden Tonfall wiederholten wir im Chor die Laute des hebräischen Alphabets, dann Verbindungen von Konsonanten und Vokalen. Wir wiederholten, wiederholten mechanisch, bis die Zeichen im Buch die gewünschte Nervenreaktion hervorriefen und von unseren kindlichen Lippen die richtigen Laute kamen.

Um Heizmaterial zu sparen, sind die Fenster den ganzen Winter über fest verschlossen. Die Luft ist schwer und stinkend. Schweißgeruch vermischt sich mit dem Geruch von Zwiebeln und Kartoffeln, die in der Küche nebenan gekocht werden. Unser Lehrer hält eine Rute in der Hand und ist in einen langen, schmutzigen und zerrissenen seidenen Kaftan gekleidet, wie ihn die frommen Krakauer Juden tragen. Keiner von uns Jungen ist älter als fünf Jahre. Der Lehrer lauscht unserem Chorgesang. Sein geübtes Ohr fischt jede Stimme heraus, die falsch klingt. Langsam, mit erhobenem Stöckchen, kommt er auf mich zu. Ich fürchte mich und gebe mir Mühe, laut und richtig zu singen. Doch nicht ich bin gemeint. Der Stock trifft meinen Nachbarn. Der Chor unter der Leitung des Lehrers wiederholt nun lauter und besser den monotonen Singsang. Mein Nachbar wischt sich mit schmutzigen Fingern die Tränen aus dem Gesicht, und der Lehrer sucht sich ein neues Opfer.

Um die Mittagszeit, wenn der Unterricht beendet ist, fassen uns der Lehrer und sein Gehilfe zu Gruppen zusammen und begleiten uns nach Hause. Am Nachmittag holen sie uns wieder ab und bringen uns in die Chederschule. Jeden Vormittag und jeden Nachmittag atmen wir dieselbe verbrauchte Luft, wiederholen wir unablässig denselben Text, bis wir die Worte der heiligen Sprache, in der Gott mit den Engeln redet, lesen können. Wir lesen Worte, die wir nicht verstehen; wir lesen sie langsam, stottern und machen Fehler; dann werden die Fehler immer seltener, und schließlich lesen wir fließend. Die erste Etappe der Ausbildung liegt hinter uns.

Als ich sechs Jahre alt war, konnte ich schon hebräisch lesen. Meine Eltern taten damals, was alle Eltern in Kazimierz taten. Sie schickten mich vormittags in die öffentliche polnische Schule und nachmittags in eine jüdische Schule.

Die jüdische Schule, die ich jetzt besuchte, war eine höhere Schule, denn dort wurde schon die Bibel studiert. Vater stellte mich meinem neuen Lehrer vor, einem Mann mit hagerem Gesicht, langem grauem Bart und einem vorstehenden Bauch. In der Hand hielt er einen kurzen Rohrstock. Er sah mich streng an, öffnete ein hebräisches Buch und befahl mir zu lesen. Zufrieden mit dem Ergebnis der Prüfung führte er mich zu seinem Gehilfen, der mir einige Stunden Einzelunterricht geben sollte, bevor ich in die Klasse aufgenommen würde. Das war hier die Regel. Der Gehilfe war jung, hatte ein kleines schwarzes Bärtchen und ein blatternarbiges Gesicht. Er legte eine abgegriffene Bibel auf den Tisch, schlug eine Seite auf, die zerrissen war und vor Schmutz starrte, zeigte mit einem spitzen Stab auf ein bestimmtes hebräisches Wort und befahl: »Lies!« Langsam entzifferte ich das Wort. »Wiederhole.« Ich wiederholte es. »Wiederhole.« Ich wiederholte es. So ging das fünfmal. Dann sagte er ein Wort in Jiddisch. »Wiederhole!« hieß es auch hier. Gehorsam wiederholte ich. Nach fünfmaliger Wiederholung kannte ich die beiden Wörter auswendig, ohne deren Sinn verstanden zu haben. Aber ich begriff, worum es ging: Gekoppelt bildeten die beiden Wörter ein magisches Prinzip der Äquivalenz, oder, einfacher gesagt, eines war die Übersetzung des anderen. Der Zeigestock sprang zum nächsten Wort über. Ich hatte erkannt, worauf die Methode beruhte. Nach mehrmaligem Wiederholen des neuen Wortes in hebräischer Sprache würde man mir ein jiddisches Wort zuwerfen, das ich rasch wie einen Ball aufzufangen und fünfmal zu wiederholen hatte. Langsam schob sich der Zeigestock von Wort zu Wort, von Zeile zu Zeile. In der anderen Hand hielt der Lehrergehilfe den Rohrstock. Doch am Verlauf der Unterrichtsstunde sah er, daß er ihn nicht brauchen würde. So legte er ihn vorsichtig auf den Tisch und begann, in der Nase zu bohren, langsam, gründlich und mit Würde.

Nach mehreren solcher Unterrichtsstunden wurde ich der Klasse zugeteilt, die der Graubärtige führte. Stundenlang saßen wir in der kleinen, schmutzigen Stube, zu zweit oder zu dritt über einer Bibel, und wiederholten im Chor die einzelnen Wörter und ihre Übersetzung. An jedem Sonntag begannen wir einen neuen Abschnitt der Thora. Anfangs bereitete uns der Unterricht Schwierigkeiten. Doch wir wiederholten dieselben Wörter am Montag, am Dienstag, und mit jedem Tag ging es besser, bis wir am Freitagnachmittag das ganze Kapitel im schönsten Sprechchor rezitieren konnten.

In der folgenden Woche kam das nächste Kapitel dran. Tag für Tag, Woche für Woche verbrachte ich die Nachmittage in der jüdischen Schule, hoffnungslos müde, umgeben von einem Ozean entsetzlicher Langeweile. Meine Augen wanderten immer wieder zur Uhr, der langsamsten Uhr der Welt.

Die Synagoge, die ich samstags mit dem Vater besuchte, befand sich in der schmalen, ärmlichen und schmutzigen St. Josefs-Gasse im Stadtteil Kazimierz. Eigentlich war es nur ein Zimmer in einem großen, überfüllten Mietshaus. Die Mieter dieses Hauses, zu dem ein riesiger Hof gehörte, boten einen interessanten Querschnitt durch die ärmere Bevölkerung von Kazimierz. Das Haus war alt, in schlechtem Zustand, und die Luft stank nach Unrat und Urin.

Nachdem mein Vater und ich den großen Hof durchquert hatten, mußten wir nach links abbiegen und gelangten so in einen schmalen Vorraum mit einem Wasserhahn, der ständig tropfte. Von dort aus kamen wir in ein Zimmer, in dem die Luft vom Geruch der vielen Pelzkäppchen zum Schneiden war. In dem Raum standen Bänke, die mir jedesmal zu hoch vorkamen, sowie ein Schrank mit einem handgestickten Vorhang, der die Rollen einer wundervoll geschriebenen Thora verhüllte.

Mein Vater wurde immer mit großer Ehrerbietung begrüßt. Er war eines der acht Mitglieder des Komitees, das die Synagoge verwaltete, und hatte einen Ehrenplatz in der ersten Bank. Die Wärme, die man meinem Vater entgegenbrachte, übertrug sich auch auf mich. Ich wurde stets freundlich begrüßt und man bot mir Schnupftabak an. Mein Vater legte ebenso wie die übrigen Männer einen seidenen Schal um die Schultern, der mit einer hebräischen Aufschrift geschmückt war und von dem gelbe Schnüre herabhingen. Zuerst küßte er den Schal, wie es die Vorschrift verlangte, besonders sorgfältig jedoch jene gelben Schnüre, und dann begann er mit dem Gebet.

Für die Gebete gab es einen Vorbeter. Der sang die ersten Worte eines jeden Kapitels, und die Kongregation bildete den Chor. Er wählte die Melodie, und er verlieh dem Gebet das notwendige Gewicht und Tempo. Das Ritual ließ verschiedene Varianten zu. Ohne mitzudenken und ohne die Bedeutung der hebräischen Worte des Gebets zu kennen, waren wir alle Schauspieler einer Vorstellung, deren Proben jeden Sonnabend stattfanden. Einige Minuten lang saßen wir über das offene Gebetbuch gebeugt und murmelten vor uns hin. Dann erhoben wir uns alle und schrien so laut wie möglich. Besonders der Satz: »Höre, Israel! Dein Gott ist der einzige Gott!« weckte riesige Begeisterung. Einige der Anwesenden streckten bei diesem Ausruf beide Fäuste empor, um Gott zu überzeugen, daß wir eine kämpfende Armee seien. Da die Betonung des Satzes auf dem Wort »einzige« lag, kam es hauptsächlich darauf an, dieses Wort in die Länge zu ziehen, wobei man es sehr laut und sehr langsam aussprach und mit einem Seufzer schloß, in dem die ganze Trauer des jüdischen Lebens enthalten war. Dann erfolgte erneut ein Wechsel. Die Betenden warfen sich den Schal über den Kopf, standen auf und beteten jetzt flüsternd, wobei sie sich vor und zurück beugten und tief seufzten. An einer bestimmten Stelle des Gebets mußte man laut Ritual drei Schritte zurückgehen, dann drei Schritte vor, dann sich mit der Faust gegen die Brust schlagen, danach sich tief verneigen und schließlich die vom Schal herabhängenden Schnüre küssen. Wenn der stille Teil des Gebetes vorüber war, begann der Kantor mit dem Gesang, und die ganze Kongregation fiel im geübten Chor ein.

Dieses Ritual erschien mir zuerst sogar recht interessant. Ich war bemüht, es den anderen gleichzutun, spielte aber anfangs meine Rolle ziemlich ungeschickt. Doch nach einigen Wochen hatte ich alle Einzelheiten dieser Vorstellung erlernt, und die ganze Prozedur langweilte mich mehr und mehr.

Die Gebete wurden durch die Lesung des entsprechenden Kapitels der Thora unterbrochen, desselben Kapitels, das Gegenstand unseres einwöchigen Studiums gewesen war. In dieser Tradition lag jedoch eine seltsame Ironie, denn während aus der Thora jener Abschnitt gelesen wurde, auf den man uns eine Woche lang qualvoll vorbereitet hatte, durften wir Kinder die Synagoge verlassen. Wir nutzten natürlich dieses Privileg, spielten und rannten auf dem Hof umher, beobachteten das intensive Leben dieses Hauses oder pinkelten in einen kleinen Abort mit einem Loch im Fußboden; wegen des scharfen Uringestanks mußte man die Luft anhalten, was diesem Prozeß Gewicht und Bedeutung verlieh.

Der Samstagsgottesdienst dauerte etwa drei Stunden, dann legte mein Vater pedantisch seinen Gebetsschal zusammen, schob das Gebetbuch dazwischen, nahm die leichte Kappe vom Kopf und setzte schnell den Zylinder auf – ganz schnell, damit die Sünde, mit bloßem Kopf vor Gott zu stehen, unendlich klein bliebe.

Gemeinsam mit den anderen Teilnehmern am Gebet gingen wir langsam durch die St. Josefs-Gasse nach Hause, blieben alle paar

Schritte stehen und unterhielten uns, lebhaft gestikulierend. Schließlich bogen wir in die Krakowska ein, wo unser Haus stand. Die schmalen Straßen ruhten ebenfalls aus und erfreuten sich am Sabbat. Alle Geschäfte waren geschlossen. Die Männer und Frauen gingen samstags anders über das Pflaster der Straßen: langsam und würdevoll. Die Männer trugen Pelze und seltsame dreizehnschwänzige Mützen. Nur wenige (wie mein Vater), die bereits fortschrittlicher eingestellt waren, trugen einen Zylinder. Die Frauen und Kinder waren sorgfältig gekleidet und sahen anders aus als wochentags. Der ganze Stadtteil Kazimierz spiegelte sich im Glanz der göttlichen Glorie. Doch selbst am Sonnabendnachmittag hatte ich nicht frei. Ich mußte – ebenso wie andere Kinder – für zwei Stunden in meine Schule gehen. Nicht, um die Bibel zu studieren; dafür waren die anderen Tage der Woche vorgesehen. Am Sonnabendnachmittag wurde der Unterricht nicht so streng gehandhabt. Der göttliche Friede erreichte auch unsere Schule in der Fronleichnamsgasse. Der Lehrer kam an diesem Tag ohne Rohrstock: Am Samstag die Kinder zu schlagen wäre ein Verstoß gegen die religiösen Vorschriften gewesen. So lasen wir dann und übersetzten – wie üblich Wort für Wort – alle möglichen Sprichwörter und Sentenzen unserer Väter von der Art: »Der kluge Mann sammelt Wissen«, »Die Gedanken der Gerechten sind gerecht, aber die Ratschläge böser Menschen sind Täuschung.«

Manchmal fand sich darunter auch ein Satz, dessen Aufgabe es war, eine etwaige Auflehnung gegen die starke Hand unserer Väter im Keime zu ersticken: »Schlage dein Kind mit der Rute, es stirbt nicht davon. Züchtige es, und du rettest seine Seele vor der Hölle.«

So wurden wir an den ruhigen Sonnabendnachmittagen daran erinnert, daß wir die Mauer, die um unsere Seele errichtet wurde, nicht durchbrechen könnten. Wir befanden uns innerhalb dieser Mauern und sollten darin bleiben bis an das Ende unserer Tage.

Das Ritual des Morgengebets wurde für mich, wie für jeden jüdischen Jungen vom dreizehnten Lebensjahr an, allmählich zur Qual. Es besteht darin, daß man zwei Lederwürfel am Kopf beziehungsweise am linken Arm festbindet. Die Würfel enthalten einen heiligen hebräischen Text, der eine halbe Stunde lang in der Nähe des Gehirns und des Herzens gehalten werden muß, damit er allmählich durch Leder und Haut in das Hirn und in das Herz dringt. Einmal wurde ich krank. Ich konnte also nach Gottes und meines Vaters Ansicht davon befreit werden, die Lederwürfel am Kopf und am Arm zu befestigen, aber ich war nach Gottes und meines Vaters Ansicht nicht so krank, daß ich nicht hätte beten können. Mit schmerzendem Kopf erhob ich mich aus dem Bett, nahm das Gebetbuch zur Hand und begann, mechanisch daraus zu rezitieren. Doch diese Prozedur, an die ich mich schon gewöhnt hatte, erschien mir plötzlich völlig unsinnig. Ist es möglich, so fragte ich mich, daß Gott mein Gebet anhört? In der frühen Kindheit hatte ich mir den lieben Gott als riesigen Juden mit langem silbernem Bart vorgestellt, der über den Wolken wohnte und auf alles herabschaute. Doch als dieses naive und kindliche Bild verschwunden war, hatte seinen Platz nichts anderes eingenommen. Das Beten war zu einer bloßen Pflicht geworden. Und nun, da ich krank war, wurde es mir zur Qual. Klarer als jemals zuvor erkannte ich, wie dumm und unsinnig dieses Ritual ist. Ich schlug das Buch zu. Zum erstenmal im Leben betete ich nicht. Das war der Anfang. Während der nächsten Monate beging ich Schritt für Schritt alle möglichen Sünden gegen das Ritual. Ich betete nicht mehr, schrieb am Sabbat und lud auch die größte Sünde auf mich: Statt zu fasten, aß ich am Jom Kippur, dem Versöhnungstag, in einer Gaststätte eine Wurst, die zudem nicht koscher war. Zu Hause log ich und tat, als sei nichts geschehen, doch die Katastrophe mußte kommen. Mein Betrug mußte – früher oder später – entdeckt werden.

Während der Weihnachtsfeiertage, als ich nicht zur Schule ging, wurde er entdeckt. Mein Vater stand wie gewöhnlich sehr früh auf, um in der Synagoge seine Morgengebete abzuhalten. Doch er fühlte sich nicht wohl und beschloß, die Gebete zu Hause zu verrichten. Dazu wollte er meine Lederwürfel benutzen, denn die eigenen hatte er in der Synagoge gelassen. Heute verstehe ich seine Gefühle. Er nahm das Säckchen zur Hand, in dem die Würfel steckten. Der Staub auf dem Säckchen und im Innern desselben war ein Beweis dafür, daß ich ihn seit Monaten nicht benutzt hatte. Staub auf einem so heiligen Gegenstand! Jahrelang hatte sich der Vater abgemüht, dem Sohn jüdische Traditionen einzuimpfen. Und nun betrog ihn sein Sohn, Fleisch von seinem Fleisch, Blut von seinem Blut, und betete nicht. Er hatte die Kette der Tradition zerrissen, die ihn mit dem jüdischen Volk verband! Rot vor Erregung und halb von Sinnen lief er zu meinem Bett und schlug mit den Fäusten auf mich ein.

Diese Schläge rissen mich aus tiefem Schlaf. Ich verspürte einen Hagel schneller, schmerzlicher Hiebe. Doch es verging eine ganze

Weile, ehe ich begriff, daß die Quelle dieses Schmerzes die Hände meines Vaters waren, die schnell und regelmäßig auf meinen Körper trommelten. Der Übergang vom Schlaf zum vollen Bewußtsein vollzog sich nur langsam. Endlich begriff ich, daß dies kein Traum, sondern Wirklichkeit war, daß die Schläge, die ich erhielt, nur allzu echt waren. Aus dem Gestammel meines erregten Vaters erriet ich trotz meiner Benommenheit die ganze Wahrheit: Vater hatte meinen Betrug erkannt.

Als ich zur Besinnung gekommen war und die Schläge aufgehört hatten, beherrschte mich nur ein einziges Gefühl: Haß, Haß und nochmals Haß. Wahrscheinlich hätte ich meinem Vater mit gleicher Münze heimgezahlt, wäre mir nicht seit der Kindheit beigebracht worden, daß die Hand, die sich gegen den Vater erhebt, verdorrt und abfällt.

Das Zimmer, in dem der größte Teil meiner Familie schlief, war der Ausgangspunkt aller möglichen gegen mich gerichteten Spannungen. Da war mein abscheulicher Großvater, der mich haßte. Zum erstenmal bemerkte ich ein zufriedenes Lächeln auf seinem bärtigen Gesicht. Mutter war ratlos. »Entschuldige dich bei Vater und sage, daß sich das nicht mehr wiederholen wird«, redete sie mir zu. Meine ältere Schwester goß noch Öl ins Feuer, indem sie behauptete, daß sie mich seit langem des Betruges verdächtige. Meine geliebte jüngere Schwester schaute unglücklich drein.

Haß, Haß, Haß gegen alle, gegen meine ganze Umgebung. Ich wollte fliehen und dieses Leben hinter mir lassen. Allmählich machten der Haß und der Wunsch nach Rache einem Gefühl der Überlegenheit Platz.

Nein, sie sind es nicht wert, daß ich ihnen antworte, dachte ich. Ich kann sie nur ignorieren. Ich werde ohne ein Wort dieses Haus verlassen und nie wieder zurückkehren.

Als der Vater keinerlei Reaktion bei mir bemerkte, spürte er, daß er zu weit gegangen war. Ärgerlich und erregt wartete er auf eine Geste, welche die Atmosphäre gereinigt und beruhigt hätte. Meine Mutter wiederholte nur immer wieder, daß ich Vater um Entschuldigung bitten sollte. Doch ich sagte mir: Sie begreifen mich nicht und werden mich nie begreifen. Ich war ein Fremder in diesem Hause. Genug jetzt!

Mit diesem Gedanken kleidete ich mich schnell an, um meine Rache vorzubereiten. Niemand wußte, was ich vorhatte. Wortlos ging ich hinaus und schlug die Tür laut zu. Auf der Treppe merkte ich, daß ich zwei große Fehler begangen hatte. Ich hatte vergessen, wenigstens etwas von meinem Geld einzustecken, das auf dem Tisch lag. Der zweite Fehler war noch größer. In der Eile und Erregung hatte ich nicht daran gedacht, den Wintermantel anzuziehen. Zu stolz, einfach umzukehren, beschloß ich ohne Mantel und ohne Geld auszukommen. Wenn ich vor Hunger sterbe und erfriere, wird das eine gerechte Strafe für sie sein, dachte ich. Ich war ohne Frühstück gegangen. Draußen herrschte strenger Frost. Durch die Straßen unseres Viertels pfiff ein eisiger Wind. Hungrig, durchfroren, immer noch die Schläge des Vaters auf dem Körper spürend, erfüllt von Haß und Demütigung, konnte ich nicht klar denken und wußte nicht, was ich anfangen sollte. Vor Augen hatte ich das Bild des warmen Zimmers, und ich roch förmlich den Duft des heißen Kaffees und der frischen Brötchen. Da vernahm ich hinter mir eine Stimme.

»Bist du verrückt, bei diesem Frost ohne Mantel zu gehen? Du erkältest dich!« Hinter mir stand ein Klassenkamerad aus der öffentlichen Schule, ein guter Junge, dick und nicht sehr klug.

»Ich habe beschlossen, mich abzuhärten und jeden Tag eine halbe Stunde ohne Mantel spazierenzugehen. Das soll sehr gesund sein. Ich wollte etwas kaufen und habe das Geld vergessen. Kannst du mir zehn Heller borgen?«

Er langte in die Tasche und holte Kleingeld hervor. Schließlich fand er ein Zehnhellerstück und reichte es mir. Ich steckte es schnell weg.

»Danke. Du bekommst es bald wieder. Jetzt muß ich rennen. Es ist kalt.«

Im nächsten Laden kaufte ich für zwei Heller zwei Brötchen, stellte mich in einen Torweg und aß sie zum Frühstück. In der Tasche hatte ich noch acht Heller. Wenn der Hunger auch etwas nachgelassen hatte, so war doch die Kälte kaum noch zu ertragen. Meine Hände und das Gesicht röteten sich und wurden allmählich lilablau. Es war an der Zeit, einen Entschluß zu fassen. Ich hatte einen Freund, dem ich mich anvertrauen und mit dessen Sympathie ich rechnen konnte. Ich ging, oder besser gesagt, ich flog zu ihm, erfuhr jedoch von der Wirtin, daß er nicht in der Stadt sei und erst um sechs Uhr abends zurückkehre. Jetzt war es neun Uhr morgens. Also mußte ich noch neun Stunden warten! Was sollte ich mit der Zeit anfangen? Durch die Straßen konnte ich nicht länger gehen. Die Kälte und der Wind waren nicht zu ertragen. Meine Ohren waren schon gefühllos.

Während ich über meine Lage nachdachte, rieb ich mir mit klammen Fingern die Ohren warm. Hätte ich wenigstens Handschuhe gehabt! Der Gedanke, daß meine Eltern unglücklich waren und nicht wußten, wo ich mich aufhielt, gab mir Kraft. Noch spürte ich die Schläge des Vaters auf dem Körper.

Wohin also sollte ich mich wenden? Plötzlich kam mir eine Idee. In der Nähe war eine jüdische Bibliothek mit einem Lesesaal, der groß und warm war und um neun Uhr morgens geöffnet wurde. Die Bibliothek war nicht weiter als fünf Minuten Fußweg von der Stelle entfernt, an der ich mich jetzt befand. Ich war gerettet. Die Hände in den Taschen vergraben, rannte ich zum Erstaunen der Passanten die Dietelstraße entlang und bog in die Krakowska ein. In der Bibliothek nahm ich ein dickes Buch zur Hand und versuchte zu lesen. Doch die aufgestörten Gedanken erlaubten mir nicht, mich zu konzentrieren. Jetzt würde ich nicht mehr erfrieren, dachte ich. Hier ist es warm. Verhungern kann ich auch nicht. Ich habe acht Heller, das sind acht Brötchen. Alles andere kann ich bis sechs Uhr abends, wenn ich dem Freund mein Herz ausschütte, leicht entbehren.

Wie sehr brauchte ich jemanden, mit dem ich mich aussprechen konnte! Noch acht Stunden! Meine Wut und mein Haß tauten allmählich in der Wärme, die der Ofen ausstrahlte. Mit meiner Mutter fing es an. Ja, Vater hatte eine Strafe verdient. Doch ich strafte mehr die Mutter als den Vater, der stärker war und sich bestimmt weniger Sorgen machte.

Mutter war sicherlich unruhig. Sie wußte nicht, wo ich mich aufhielt. Sie wußte nur, daß ich ohne Mantel von zu Hause fortgelaufen war. Jetzt würde sie an mich denken und weinen.

Doch bald wandten sich meine Gedanken in die entgegengesetzte Richtung. Woran dachte meine Mutter, wenn sie weinte? Daran, daß Gott sie mit einem schlechten Sohn gestraft hatte. Warum war ich schlecht? Weil ich nicht betete. Weshalb mußte ich beten, wenn es doch sinnlos war? Mußte ich mich selbst betrügen, um den Vater zufriedenzustellen? Weshalb durfte ich nicht das Haus verlassen und so leben wie mein Freund? Wir hätten ein gemeinsames Zimmer nehmen können. Ich hatte ein wenig Erspartes auf der Bank, das ich mir mit Nachhilfestunden verdient hatte. Für die ersten zwei Monate hätte es gereicht. Ich könnte auch noch mehr verdienen. Doch mein Sparbuch war in der feuerfesten Kasse meines Vaters verwahrt, und ich würde es jetzt nicht erhalten. Das war alles so hoffnungslos. Ich mußte warten, bis ich mit meinem Freund gesprochen hatte. Ich hoffte, er würde sagen: »Bleib erstmal ein paar Wochen bei mir, wir werden schon eine Lösung finden.«

Endlich lagen die neun Stunden des Wartens hinter mir. Ich hatte zehn Brötchen gegessen und die zehn Heller ausgegeben. Kurz vor sechs ging ich zu meinem Freund. Der Wind hatte nachgelassen, aber es war sehr kalt. Ich wartete eine halbe Stunde in seinem Zimmer, schaute durch die zugefrorene Scheibe auf die Straße und glaubte, meine Einsamkeit würde überhaupt nicht mehr aufhören. Plötzlich erblickte ich ihn, wie er von Stradom her in die Dietelstraße einbog. Als er ins Zimmer trat, begann ich laut zu weinen.

»So beruhige dich doch, um Gottes willen. Was ist denn passiert?«

Aus meiner chaotischen Erzählung, die immer wieder vom Schluchzen unterbrochen wurde, erfuhr er, daß es zu Hause Schwierigkeiten gegeben hatte und daß ich ausgerissen war.

»Beruhige dich. Ich mache uns einen Tee, und dann erzählst du mir in Ruhe die ganze Geschichte.«

Er stellte zwei Gläser Tee auf den Tisch, brachte Brot, Butter und Käse – ein Essen, das mir wie ein Luxusmahl erschien und nach dem ich mich den ganzen Tag über gesehnt hatte. Den Tee mit Tränen vermischend, erzählte ich ihm, was sich an diesem endlosen Tag ereignet hatte.

Mein Freund begann mit einer väterlichen Ansprache:

»Schade, daß ich heute nicht zu Hause war. Ich hätte nie gebilligt, was du getan hast. Ich verstehe sehr gut, was in dir vorgeht. Aber du mußt dich auch in die Lage deines Vaters versetzen. Mein Vater hätte genauso gehandelt, und mir wäre es nie eingefallen, aus diesem Grunde das Haus zu verlassen. Hättest du dich entschuldigt, um Verzeihung gebeten und ein paar freundliche Worte gesagt, dann wäre das ganze Theater längst vergessen. Am besten ist es, wenn du sofort nach Hause zurückkehrst, deine Eltern um Entschuldigung bittest und auf diese Weise die Geschichte aus der Welt schaffst. Warum versuchst du nicht, die Angelegenheit mit den Augen deines Vaters zu betrachten?«

Ich lehnte entschieden ab.

»Nie im Leben werde ich meine Eltern dafür um Entschuldigung bitten, daß ich nicht heucheln wollte. Ich gehe nicht nach Hause. Um nichts in der Welt gehe ich nach Hause. Wenn du mir nicht erlaubst, bei dir zu übernachten, dann übernachte ich eben auf der Straße, aber ich kehre nicht zurück. Ich gehe nicht nach Hause!«

15

Mein Freund war bemüht, mich zu beruhigen, und versicherte mir, daß ich ja bei ihm schlafen könnte. Das war die erste Nacht, die ich außerhalb meines Elternhauses verbrachte. Ermüdet von dem schweren Tag, schlief ich fest. Am nächsten Morgen fühlte ich mich ruhiger und besser. Es machte mir sogar eine gewisse Freude, das Frühstück zuzubereiten und an dem unabhängigen, selbständigen Leben meines Freundes teilzuhaben. Er hielt jedoch entschieden daran fest, daß ich nach Hause zurückkehren sollte. Ich wußte, daß ich keinen anderen Ausweg hatte. Doch bei einem Entschluß blieb ich: Ich wollte mich nicht rechtfertigen und nicht um Verzeihung bitten. Wenn sie verlangten, daß ich mich entschuldigte, wollte ich wieder aus dem Hause gehen, diesmal im Wintermantel.

Das war billigstes Heldentum. Ich wußte, daß niemandem an einer Entschuldigung gelegen sein würde und daß Mutter sich zu Tode grämte. Wir beschlossen, zusammen zu gehen. Mein Freund versicherte mir, mit meinen Eltern sprechen zu wollen, bevor er den verlorenen Sohn übergab.

Die Tür öffnete uns meine Mutter, blaß, mit dunklen Rändern um die Augen. Sie bat mich hereinzukommen und sagte sonst kein Wort. Die Ansprache meines Freundes beschränkte sich auf zwei Sätze:

»Hier ist Leopold. Er hat bei mir übernachtet.« Danach entfernte er sich sofort, äußerst verlegen.

Mutter war viel zu aufgeregt, als daß sie ihre Gefühle hätte zeigen können. Sie fürchtete, mich mit einem unbedachten Wort zu verletzten, und sagte deshalb gar nichts, aber sie brachte alle Leckerbissen, die sie im Hause hatte, auf den Tisch, um mich für den vorhergehenden Tag zu entschädigen. Vater war sehr bedrückt. Als ich ihm begegnete, sagte er kein Wort, und auch während der nächsten Tage sprachen wir nicht miteinander. Ich wurde zu Hause wie ein Fremder behandelt. Mein abscheulicher Großvater ging im Zimmer umher und murmelte vor sich hin: »Wenn das mein Sohn wäre, ich würde ihm alle Knochen brechen und ihn nicht mehr ins Haus lassen.«

Meine ältere Schwester war der Meinung, ich hätte schändlich gehandelt, und nannte mich in einer Anwandlung von Zorn einen Rumtreiber und Vagabunden. Nur die jüngere Schwester und das Dienstmädchen brachten mir Sympathie entgegen und erzählten mir, wie sie versucht hatten, mich aufzufinden und mir meinen Mantel zu geben.

Der Anstoß, die düstere Atmosphäre im Hause zu bereinigen, ging von meinem Vater aus. Manchmal wandte er sich an mich, ihm eine Schüssel hinüberzureichen, oder er fragte, ob ich noch ein Stückchen Fleisch wolle. Ich spürte seinen Wunsch, den Frieden im Hause wiederherzustellen, beschloß jedoch, nicht aufzugeben. Ostentativ, fast grausam entzog ich mich allen religiösen Pflichten, wegen deren Verletzung mein Vater mich geschlagen hatte. Dogmatisch stellte ich fest: Jetzt ist Vater mit meiner Handlungsweise einverstanden und schert sich nicht darum. Wozu also war dieser Krach nötig? Ist er ein Sadist, der den Sohn ohne Grund schlagen muß?

Seit meiner Rückkehr waren eine Woche oder vierzehn Tage vergangen. Die Atmosphäre war immer noch gespannt. Wir saßen gerade beim Abendbrot, und ich starrte schweigend auf meinen Teller, von dem Gedanken beherrscht, daß ich doch anders sei als meine Umgebung. Da holte der Vater ein kleines Päckchen aus der Tasche und begann, es langsam und, im Gegensatz zu seiner sonstigen Selbstsicherheit, ein wenig schüchtern zu öffnen. Mein Interesse wurde wach. Er legte die Schnur und das braune Packpapier zur Seite. Gleichzeitig bemerkte ich, daß Mutters Gesicht vor Freude strahlte. Weißes Seidenpapier verbarg noch den Inhalt. Als er auch das aufschlug, kamen drei schöne neue Seidenkrawatten zum Vorschein.

»Ich habe gesehen, daß deine Krawatte schon stark abgetragen ist, und habe dir neue gekauft.«

Das war der Funke, der die Spannung zwischen uns ausglich. Ich dankte dem Vater, und er sagte einfach: »Trage sie lange und bei guter Gesundheit.« Seitdem herrschte Frieden in unserem Hause.

Warum hatte mein Vater sein Verhalten mir gegenüber geändert? Warum sind seine Liebe und Zärtlichkeit zu mir mit den Jahren gewachsen? Warum hat er mir später geholfen, einen Weg zu wählen, der so verschieden war von dem, den er ursprünglich für seinen einzigen Sohn bestimmt hatte?

Heute glaube ich die Antwort auf diese Fragen zu kennen. Ich bin überzeugt, daß mein Vater, hätte er die entsprechenden Möglichkeiten gehabt, ein besserer Wissenschaftler geworden wäre als ich. Ohne Kenntnis irgendwelcher Theorien löste er häufig unsere mathematischen Aufgaben mit Hilfe kluger Tricks. Er hatte nur vier Klassen einer Volksschule beendet. Als ich ihm beim Baden einmal das Archimedische Prinzip erklärte und ihm erzählte, weshalb uns unsere Beine im Wasser kürzer erscheinen, begriff er alles ausgezeichnet und machte sich Gedanken über andere Anwendungsmöglichkeiten der

Prinzipien, die er soeben gelernt hatte. Sein Leben war schwer gewesen und eine Auflehnung dagegen zwecklos. Als er sich mit seinen Lebensverhältnissen abgefunden hatte, versuchte er, sich selbst davon zu überzeugen, daß sie erträglich und sogar gut seien. Er brauchte das, um sich zufrieden und glücklich zu fühlen. Meine Auflehnung hatte Zweifel in ihm geweckt, Gedanken an die eigenen, unerfüllt gebliebenen Möglichkeiten. Wut auf mich und Grausamkeit waren eine Augenblicksreaktion gewesen. Dann trat eine Änderung ein. Er sah in meinem Kampf eine Widerspiegelung seiner unerfüllten Träume und hoffte, ich würde vielleicht erreichen, was ihm hätte zufallen müssen. Auch später noch schwankte sein Verhältnis zu mir auf und ab auf der Wellenlinie dieser beiden widersprüchlichen Emotionen. Doch es kam kaum einmal vor, daß der Ärger und die Enttäuschung größer waren als der Stolz auf den Sohn und die Freundschaft zu ihm.

Man bringt uns bei: »Du sollst auf Vater und Mutter hören, denn sie wollen dein Glück.« Mit größerer Berechtigung könnte ich sagen: »Lehne dich gegen Vater und Mutter auf, und du wirst sie glücklich machen.«

In einem der populärwissenschaftlichen Bücher, die ich in jener Zeit verschlang (wenn ich mich recht erinnere, war es von Kramsztyk), las ich über Galilei, der in der Kirche einen pendelnden Kronleuchter beobachtet hatte. Galilei war damals ein siebzehnjähriger Junge gewesen. Er verglich den Rhythmus seines Pulses mit dem Schwingungsrhythmus des Kronleuchters und stellte fest, daß die Frequenz, mit der der Leuchter hin und her pendelte, gleichblieb, während das Ausmaß der Schwünge natürlich abnahm. Damals wurde ein neues Naturgesetz geboren: die Unabhängigkeit der Schwingungsdauer eines Pendels von seiner Amplitude. Wenn Galilei in den Naturgesetzen eine Schönheit sah, die Widerspiegelung der Herrlichkeit Gottes, so mußte die Begeisterung über das Begreifen dieses Gesetzes tausendmal größer sein als jene, die aus der religiösen Kontemplation geboren wird.

Wenn ich mich recht erinnere, so fand ich in demselben Buch auch ein Bild des schiefen Turms von Pisa. Ich stieg zusammen mit Galilei auf jenen Turm, ich sah förmlich, wie er schwere Gegenstände hinunterwarf und so der erste Mensch auf unserem Planeten war, der begriff, daß alle Gegenstände, unabhängig von ihrem Gewicht, in derselben Zeit herabfallen, wenn sie aus derselben Höhe herabgeworfen werden. Dieses Gesetz, das so einfach ist, daß es fast selbstverständlich klingt, wurde erst vor dreihundert Jahren entdeckt. Ich erfuhr, daß dieses und andere Gesetze Teil der Wissenschaft Physik sind, die sich den Veränderungen und Zustandsformen nichtlebender Materie widmet.

Eines Tages besuchte mich mein Cousin aus Nowy Sącz. Zur Belohnung dafür, daß er das Abitur bestanden hatte, durfte er in das große Krakau fahren. Da ich selbst kein Gymnasium besuchte, war ich neugierig, seine Meinung zu hören, und fragte ihn, ob er die Physik mochte. Er antwortete:

»Physik und Mathematik waren die langweiligsten Fächer. Eine Stunde nach dem Abitur hatte ich bereits vergessen, was ich da jemals gelernt hatte. Da war sogar die Biologie besser. Physik und Mathematik haben mich nie interessiert. Aber in unserer Klasse war so ein Halbverrückter, der in diesen Fächern ein Genie war. Er kaufte sich drei dicke Bände über Physik und wußte fast soviel wie der Lehrer.«

Ich war erstaunt. Gab es auf der Welt soviel physikalisches Wissen, daß man damit drei dicke Bände anfüllen konnte? Dann konnte ich mir ja jene drei Bände kaufen und alles lernen, was es in der Physik gab. Ich fragte meinen Cousin, ob er nicht den Namen des Verfassers kenne. Doch, den kannte er. Die Bücher waren von August Witkowski geschrieben, einem Professor der Krakauer Universität.

Am nächsten Tag machte ich mich auf den Weg in die Szpitalnastraße, um in den Antiquariaten nach dem Buch zu suchen. Ich fand auch die drei dicken, schweren Bände, und nach langem Handeln wurden sie mein Eigentum. Ich hatte keine Ahnung, daß ich ein herrliches Werk nach Hause trug, in dem die Grundsätze der Physik mit meisterlicher Präzision und Klarheit formuliert waren, daß dies ein grundlegendes Lehrbuch der Experimentalphysik jener Zeit war.

Ich kam nur langsam vorwärts. Es gab dort kaum Geschichten und Abbildungen und wenige technische Einzelheiten; nur grundlegende Gesetze und grundlegende Experimente. Nach zwanzig Seiten blieb ich stecken. Ich war auf die Symbole »*sin*« und »*cos*« (sinus und cosinus) gestoßen, von denen ich nicht wußte, was sie bedeuteten. Dann erfuhr ich, daß man mehr von der Mathematik verstehen mußte als ich, wollte man die Physik begreifen. Wieder pilgerte ich in die Szpitalnastraße, um nach Lehrbüchern der Mathematik zu suchen.

Mit Freude und Schmerz drang ich in diese Bücher ein. Sie gestatteten mir, eine unüberwindliche Mauer um mich herum zu errichten.

Im Lernen sah ich eine Flucht vor der Wirklichkeit, eine Quelle der Freude und des Vergnügens, von deren Existenz ich vorher keine Ahnung gehabt hatte.

Anmerkungen und Hinweise in diesen Büchern führten mich auf neue Pfade. So schaffte ich mir nach und nach eine kleine Bibliothek von Büchern über die Mathematik und die Physik an. Alles Geld, das ich von den Eltern erhielt oder mit Nachhilfestunden verdiente, gab ich für Bücher aus. Allmählich begriff ich, daß die Wissenschaft kein abgeschlossenes Buch war, sondern ein lebendiger, pulsierender Organismus, der sich unaufhörlich veränderte und entwickelte. Und mir wurde klar, daß ich gerade einen ersten flüchtigen und verschwommenen Blick in ein großes und schönes Land voller Verheißung geworfen hatte. Ich beschloß, mich mit der Physik zu befassen und Physiker zu werden.

An der Physik hat mich nie ihre technische Seite angezogen. Ich besaß keinerlei Fähigkeiten auf technischem Gebiet. Meine Hände haben nie gearbeitet – ich schäme mich, das bekennen zu müssen. Mich zog in der Physik der präzise Charakter ihrer Begriffswelt an; es erschien mir wundervoll, daß man so viele komplizierte Tatsachen aus so wenigen einfachen Gesetzen ableiten konnte.

Um weiter in die Physik einzudringen, mußte man an einer Universität studieren. Um an einer Universität studieren zu können, mußte man ein Gymnasium besuchen und das Abitur ablegen. Zunächst vier Klassen der Volksschule, dann acht Jahre ein Gymnasium mit Latein von der ersten Klasse und Griechisch von der dritten Klasse an, dann das Abitur.

Mein Vater besaß ein Ledergeschäft auf dem Stradom im Hotel »Londres«, dann zog er in die Grodzkastraße 59 um. Sein Wunsch war es, daß ich dieses Geschäft weiterführen sollte. Er fürchtete, ich könnte mich meines Vaters und seines Berufes schämen und seinen ganzen Besitz und den guten Ruf eines soliden Kaufmanns zugrunderichten, wenn ich statt der Handelsschule, wie er das plante, ein Gymnasium besuchte. Nun kann man natürlich meinem Vater keinen Vorwurf daraus machen, daß er im Jahre 1908 nicht vorausgesehen hatte, daß aus seinem Sohn in den vierziger Jahren ein Würfel schlechter Seife geworden wäre, wenn dieser auf ihn gehört hätte. Ich hatte mich rechtzeitig gegen die Gebote meiner Eltern aufgelehnt. Während ich die Handelsschule besuchte, arbeitete ich gleichzeitig den Stoff des Gymnasiums durch.

Im Jahre 1914 brach der Erste Weltkrieg aus. 1916 legte ich das Abitur ab und wurde zwei Tage später Soldat der österreichisch-ungarischen Armee, die von Bestechung und Chaos zerfressen war wie wohl keine andere Armee der Welt. Ich trat als einfacher Soldat in die Armee ein und verließ sie zwei Jahre später als einfacher Soldat. Während dieser Zeit simulierte ich Krankheiten, fälschte Urlaubsscheine, riskierte, ins Gefängnis geworfen zu werden, um die Vorlesungen an der Jagiellonenuniversität in Krakau hören zu können. So verlebte ich die letzten zwei Kriegsjahre. Ich tat, was ich konnte, damit Österreich und Deutschland den Krieg verloren. Im Jahre 1918 glaubte ich, mein Ziel erreicht zu haben.

MEIN PROFESSOR – WŁADYSŁAW NATANSON

Im Jahre 1964 feiert die Jagiellonenuniversität in Krakau ihr sechshundertjähriges Bestehen. Versetzen wir uns fünfzig Jahre zurück. In dieser Zeit gab es an der philosophischen Fakultät nur einen Professor für Mathematik, einen Professor für Experimentalphysik und einen Professor für theoretische Physik. Es gab keine Assistenten für Mathematik und theoretische Physik, es gab keinerlei Seminare. Ich erinnere mich gut der Analysis-Vorlesungen Professor S. Zarembas, einem ausgezeichneten Mathematiker, dessen Arbeiten – so ging das Gerücht – an der Académie Française vom großen Henri Poincaré selbst zitiert worden waren. An diesen Vorlesungen nahmen im Jahre 1917 höchstens drei Schüler teil: ein weibliches Wesen, das mal kam und mal nicht, ein begabter Student, der später Selbstmord beging, und ich. Ich beendete die Vorlesungsreihe als einziger Schüler meines Studienjahres – als bester und schlechtester zugleich. Der damals bedeutende polnische Physiker Professor Smoluchowski verstarb plötzlich in meinem ersten Studienjahr. Nun war nur noch Władysław Natanson geblieben, mein Professor für theoretische Physik.

Nach Professor Smoluchowskis Tod übernahm Professor Konstanty Zakrzewski aus Lwów, dem damaligen Lemberg, den Lehrstuhl für Experimentalphysik, während dessen Lehrstuhl Professor Loria einnahm. Fast während meines ganzen restlichen Studiums blieben Zakrzewski und Natanson die einzigen Professoren für Physik an der Universität. Über Dozenten verfügte die Universität nicht. Mehr noch, Professor Natanson hatte auch weiterhin keinen

Assistenten, während meiner ganzen Studienzeit führte er weder Übungen noch Seminare durch; nichts außer Vorlesungen. Für kurze Zeit nur – wenn ich mich recht erinnere, war das unmittelbar vor meiner Promotion im Jahre 1921 – wirkte in Krakau Professor Czesław Białobrzeski, der bald darauf den Lehrstuhl in Warschau übernahm.

Professor Natanson hielt fünf Vorlesungen in der Woche von Montag bis Freitag, immer zwischen elf und zwölf Uhr. Er begann pünktlich zwanzig Minuten nach elf, so pünktlich, daß man nach seinem Erscheinen hätte die Uhren stellen können. Er schloß ebenso pünktlich, wobei jede Vorlesung ein geplantes Ganzes war, von vornherein genau komponiert wie ein Kunstwerk. Niemals bediente er sich irgendwelcher Notizen. Er trug immer feierliche Kleidung, und zwar stets die gleiche: einen schwarzen Rock, wie ihn die Engländer noch heute tragen, wenn sie in den Buckingham Palace gebeten werden, einen steifen Kragen, eine schwarze Krawatte und sorgfältig gebügelte, dunkelgestreifte Hosen. Wir Studenten überlegten oft, wie viele dieser Anzüge der Professor wohl zu Hause hätte. Vor der Vorlesung brachte eine Wartefrau in einer Karaffe Tee, den er während der Vorlesung in kleinen Schlucken trank. Er dozierte ruhig, mit leichtem Pathos, das nicht in seiner Stimme, sondern im Inhalt der Vorlesungen selbst lag. Mit feuchter Kreide schrieb er wunderschön an die feuchte Tafel, so schön, daß man Lust bekam, jederzeit diese Tafel zu fotografieren; es tat einem richtiggehend leid, daß der Schwamm diese kunstvollen Schnörkel am Q und H auslöschte. Ich habe im Leben viele herrliche Vorlesungen gehört, doch nie technisch so vollkommene wie die Vorlesungen von Professor Natanson.

Ein Vorlesungszyklus dauerte mehrere Jahre. Ich weiß nicht, wie viele, denn später gab es Änderungen im Studienprogramm; man sagte mir aber, daß sich ein solcher Zyklus vor meiner Immatrikulation über sieben oder acht Jahre hingezogen hatte. Während des ersten Jahres meines Studiums las Professor Natanson Thermodynamik, natürlich das ganze Jahr hindurch. Ich besuchte diese Vorlesungen mehrmals, fasziniert von der Schönheit der Ausführungen, von denen ich nichts verstand. Erst im zweiten und dritten Studienjahr besuchte ich die Vorlesungen Professor Natansons systematisch. Im zweiten Jahr las er theoretische Mechanik. Ich hatte Glück, denn ich traf auf den Beginn des Zyklus. Die Mechanik kannte ich damals bereits aus den Büchern Plancks und Schäffers, folgte jedoch mit großem Interesse den originellen und wundervollen Darlegungen. Ich erinnere mich, wie er einmal mit den »Prinzipien« Newtons kam, die Brille aufsetzte und uns den Text in Latein vorlas, die einzelnen Absätze kommentierte und zwischendurch Tee trank. Besonders gut erinnere ich mich an eine jener Vorlesungen aus jenem Jahr. Er widmete sie der besonderen Relativitätstheorie, mit deren Grundlagen ich mich bis dahin nicht beschäftigt hatte. Zum ersten Mal hörte ich den Namen Einstein, den Natanson einen »modernen Kopernikus« nannte, ein »außerordentliches Genie«.

Manchmal lege ich mir die Frage vor, was mir Professor Natanson als Physiker gab und was er mir nicht gab. Er gab mir das Wichtigste: das Gefühl für die Schönheit der theoretischen Physik, er weckte die in mir noch schlummernde Liebe zu ihr. Sehr lange noch wirkte der Zauber Professor Natansons so stark in mir nach, daß ich unbeholfen versuchte, ihn bei meinen gelegentlichen Vorlesungen, die ich später hielt, und im Umgang mit Menschen zu kopieren. So schrieb ich zum Beispiel im fünften Studienjahr in Berlin, während eines Seminars bei Professor Mises, mit feuchter Kreide an die feuchte Tafel, so daß bestimmt niemand lesen konnte, was ich angeschrieben hatte. Immer wieder las ich die populärwissenschaftlichen Abhandlungen meines Professors und ahmte in meinen eigenen populärwissenschaftlichen Artikeln seinen prächtigen Barockstil nach – wahrscheinlich mit kläglichem Erfolg.

Doch nie führte ich eine streng wissenschaftliche Diskussion mit meinem Professor. Professor Natanson war unerhört höflich, übertrieben liebenswürdig und zuvorkommend, und diese Höflichkeit hielt mich mehr auf Distanz, als es Grobheit hätte tun können. So hatte ich einmal Schwierigkeiten, seinen Vortrag zu begreifen; ich nahm an, daß dies nicht meine Schuld sei, daß irgend etwas nicht gestimmt habe. Übrigens war dies der einzige Fall dieser Art während meiner gesamten Studienzeit bei Professor Natanson. Er ereignete sich im dritten Studienjahr, das vollständig der Elastizitätstheorie und der Hydromechanik gewidmet war. Professor Natanson bat mich, meine Bemerkungen schriftlich zu fixieren. Ich schrieb zwei oder drei Seiten, zitierte aus meinen Notizen und kommentierte, wie ich seinen Vortrag verstanden hatte. Die sorgfältig beschriebenen Blätter trug ich in die Studencka 3, zur Wohnung des Professors. Als ich mich nach der nächsten Vorlesung bei ihm meldete, lud er mich zu sich nach Hause ein. Hier sagte er mir, meine Bemerkungen träfen zu, er »erinnere sich verschwommen«, daß er den Sachverhalt, auf den ich hingewiesen hatte, nicht gut dargestellt habe. Dann sprachen wir über etwas ganz anderes: über Bücher, über England und Cambridge, über die Natur und die Schwierigkeit, sie kennenzulernen; alles, was er sagte, war unerhört schön, ja druckreif formuliert, allerdings ganz unpersönlich und kühl.

Während meiner ganzen Studienzeit legte ich keine einzige Prüfung ab, nur an Kolloquien nahm ich teil, doch auch dazu war man nicht verpflichtet; eigentlich galt das nur für Studenten, die an einem Stipendium interessiert waren, oder aber sie waren besonders eifrig und um näheren Kontakt zum Professor bemüht. Da es im Fachbereich theoretische Physik keine Assistenten, keine Übungen oder Seminare gab, war das wirklich die einzige Kontaktmöglichkeit mit dem Professor. Zu Beginn meines fünften Studienjahres fuhr ich für ein halbes Jahr nach Berlin. Von dort brachte ich meine erste Arbeit mit, mit der ich auch promovieren wollte. Professor Natanson hörte mich mit außerordentlicher Freundlichkeit und Güte, die er mir immer entgegenbrachte, bei sich in seiner Wohnung an und sagte, ich solle die Arbeit, die ich nur mit einem Satz erwähnt hatte, über das Dekanat einreichen. Es kam mir überhaupt nicht in den Sinn, später noch einmal den Professor aufzusuchen und ihn zu fragen, was er von meiner Arbeit halte, ob er sie angenommen habe oder nicht. Erst vierzehn Tage später erfuhr ich vom Hausmeister, daß dieser von Professor Natanson beauftragt worden war, meine Arbeit zu Professor Zakrzewski zu bringen. Nun war ich auf beide Stellungnahmen neugierig. Heute werden die Beurteilungen laut vorgelesen. Der Student weiß, ob seine Arbeit angenommen worden ist oder nicht. Ich kann mich nicht erinnern, wann und wie ich damals in Krakau offiziell davon erfahren habe. Geholfen hat mir jener Hausmeister, der mich heimlich beide Beurteilungen lesen ließ. Sie waren ungewöhnlich gut und herzlich.

Auch an mein zweistündiges Doktorexamen in Physik erinnere ich mich gern. Professor Natanson fragte wundervoll. Er begann mit allgemeinen Fragen und drang immer tiefer in den Gegenstand ein. Die erste Frage bezog sich auf die Schwingungslehre. Dann gingen wir zur Gleichverteilung der Energie und zu anderen klassischen Problemen über. Über die Relativitätstheorie, von der meine Arbeit handelte, fiel kein einziges Wort.

Professor Natanson war natürlich mein Doktorvater. Nachdem die feierlichen Worte: »*spondeo et polliceor*« (ich verspreche und gelobe) gefallen waren, reichte ich in der vorgeschriebenen Reihenfolge dem Rektor, dem Dekan und meinem Professor die Hand. Professor Natanson lud mich zu sich ein. Wieder sprachen wir während meines Besuches über Bücher, über die Perspektiven der Wissenschaft, über einige Werke Eddingtons, die er soeben aus England erhalten hatte, und über viele andere allgemeine Dinge, die fernab von unserem Privatleben lagen.

Während der nächsten Jahre war ich als Gymnasiallehrer tätig, zuerst in der Provinz, dann in Warschau. In dieser Zeit hatte ich wenig Kontakt zu Professor Natanson, vor allem in den ersten Jahren. Ich wußte nicht, ob mein Professor sich noch an seinen Schüler erinnerte. Er war damals für mich ein unsichtbares und unerreichbares Ideal, ein Abgott, der auf dem Olymp wohnte. Immer wieder las ich seine Artikel, die in Buchform erschienen waren. Fast mit Tränen in den Augen las ich seine Erinnerungen an Potkański und Smoluchowski; Erinnerungen, die von einem Gefühl der Einsamkeit und von Todessehnsucht getragen waren. Mein Professor wußte nichts von der Verehrung, die ich für ihn empfand, und er hat wohl auch nie etwas davon erfahren.

In diesen Jahren, während meines Aufenthalts in Warschau, erschienen meine ersten Arbeiten, zunächst didaktische, später wissenschaftliche. Ich schickte sie alle meinem Professor. Sofort erhielt ich Antwort. Professor Natanson beantwortete alle Briefe an dem Tage, an dem er sie erhielt. Leider habe ich diese Tugend von meinem Meister nicht übernommen. Die Briefe waren in einer schönen, großen und deutlichen Schrift verfaßt, und sie waren stilistisch so vollkommen, daß jeder Satz hätte gedruckt werden können. Ich bedauere es außerordentlich, daß ich von den vielen Briefen, die ich damals erhielt, keinen einzigen mehr besitze.

Gewöhnlich enthielten diese Briefe einige wohlwollende Sätze über meine letzte Arbeit sowie Worte des Ansporns; außerdem lagen immer Durchschläge seiner eigenen wissenschaftlichen und populärwissenschaftlichen Arbeiten bei. Von letzteren hatte ich viele gelesen, kannte jedoch nur wenige seiner wissenschaftlichen Arbeiten wirklich gut. So studierte ich zum Beispiel seine ausgezeichnete Monographie über die Strahlung (etwa achtzig Seiten) in den »*Mathematisch-Physikalischen Arbeiten*«, einem Band, der dem Andenken

August Witkowskis gewidmet war. Noch heute besitze ich seine schon damals überholte, aber herrlich geschriebene Einführung in die theoretische Physik.

In den acht Jahren meiner Lehrertätigkeit begegnete ich meinem Professor nur zweimal, und zwar erst in den letzten beiden Jahren, als ich nach langer Unterbrechung wieder wissenschaftlich zu arbeiten begann. In der Schule, an der ich unterrichtete, benutzten meine Schüler und Schülerinnen das Physikbuch der Professoren Natanson und Zakrzewski. Dieses Lehrbuch kam mir damals ungewöhnlich schön vor. Im Barockstil geschrieben, war es das Buch zweier Theoretiker, die die Grundlagen der Physik tiefgreifend darstellten – zu tiefgreifend wahrscheinlich für den noch nicht ausgereiften Verstand der Schüler. Ich weiß nicht weshalb, aber dieses Lehrbuch wurde an den Mittelschulen wenig benutzt. Man müßte es heute aufmerksam durchsehen, um festzustellen, inwieweit es noch der Vergessenheit entrissen werden kann. Ich erinnere mich noch lebhaft der einleitenden Bemerkungen, die den Begriff der Arbeit betrafen. In literarischer Form enthielten sie eine Analyse dieses Begriffes und behandelten seine Rolle in unserem Leben. Mit welchem Vergnügen las ich diese erhabenen Worte meines Meisters laut vor, ohne mir bewußt zu werden, daß die Schüler einige allzu poetische Wendungen belächelten. Ich erzählte meinem Professor in einer der beiden Unterhaltungen, die ich in jener Zeit mit ihm führte, daß meine Schüler sein Buch benutzten. Er beklagte, daß das Buch ihm soviel Zeit geraubt und die Arbeit daran wie das Rektorenamt ihn von der wissenschaftlichen Arbeit abgehalten hätten, so daß dies schwere Jahre in seinem Leben gewesen seien. Wenn ich heute an unsere Unterhaltungen zurückdenke, bewundere ich die Kunstfertigkeit des Professors, mit der er diesen Gesprächen eine scheinbar persönliche Note verlieh. Doch eine wirklich persönliche Frage hörte ich nie aus seinem Munde. Unsere Unterhaltungen kreisten stets um wissenschaftliche Probleme, aber sie berührten nie ein wissenschaftliches Problem selbst.

In dem Maße, wie sich meine eigene wissenschaftliche Arbeit entwickelte, verringerte sich der persönliche Einfluß meines Professors. Ich entfernte mich von ihm, und die Verehrung schlug ziemlich plötzlich in Unwillen um. Heute spreche ich offen darüber, weil ich weiß, daß ich ungerecht war. Wahrscheinlich nahm ich ihm übel, daß er mir nicht gegeben hatte, was er mir beim besten Willen nicht geben konnte: daß er mich nicht die Technik wissenschaftlicher Arbeit gelehrt und mir nicht Bedingungen für eine solche geschaffen hatte.

Ich bedachte nicht, daß es damals in Europa wohl nur drei derartige Ausbildungszentren gab: die von Sommerfeld, Bohr und Born. Außerdem hatte ich ihn während eines Abschnitts seines Lebens kennengelernt, in dem sich der Mensch kaum noch ändert. Seine wissenschaftliche Karriere begann zu Zeiten Kaiser Franz Josephs. Damals gab es nur zwei Universitäten, an denen die Vorlesungen in polnischer Sprache gehalten wurden: in Krakau und Lemberg. Krakau blickte von oben herab auf die Universität in Lemberg, dem heutigen Lwów. Professor Natanson sagte mir einmal: »Wenn man in der Welt von der polnischen Wissenschaft spricht, dann spricht man nur von Krakau.« Also gab es eigentlich nur eine Universität, die wirklich etwas bedeutete. An dieser Universität gab es nur einen Lehrstuhl für theoretische Physik. Sich um Schüler zu bemühen, sie auszubilden, galt im damaligen Krakau als vulgär, das sah nach Kindergarten aus. Man suchte sich einmal im Leben einen Schüler, gab ihm eine Dozentur, und da mochte er in Ruhe warten, bis sein Professor pensioniert wurde oder starb. Und damit er nicht zu ungeduldig wartete, war es angebracht, daß er finanziell unabhängig dastand und politisch zuverlässig war, das heißt, daß er zu den Krakauer konservativen Kreisen gehörte und aus guter Familie stammte. Fand sich ein solcher Kandidat, dann trat Paulis Ausschließlichkeitsprinzip in Kraft: Die Stelle ist besetzt, und ein anderer kann sie nicht mehr einnehmen. Andere Kandidaten für eine wissenschaftliche Arbeit schreckte man am besten ab und nahm ihnen die Lust zu einer solchen Tätigkeit.

Vielleicht ist das, was ich hier sage, ein wenig übertrieben. Wenn ja, dann nur geringfügig. Kein Wunder also, daß es dann, als der polnische Staat wiedererstand, nicht genügend Professoren gab, um die zahlreichen Lehrstühle zu besetzen. Der Lehrstuhl für theoretische Physik in Lwów blieb lange Zeit unbesetzt. Die Besetzung des Lehrstuhls für theoretische Physik in Poznań war ein öffentlicher Skandal. Unter diesen Umständen, ich sehe das jetzt ganz deutlich, war der – übrigens rein innerliche – Wandel in meiner Einstellung zu Professor Natanson ungerecht, denn ich zog nicht die Verhältnisse in Betracht, unter denen er gelebt und unter denen sich sein wissenschaftliches und schriftstellerisches Talent entwickelt hatte.

Nach achtjähriger Tätigkeit als Gymnasiallehrer übernahm ich dank den Bemühungen von Professor Loria eine Assistentenstelle in Lwów und habilitierte mich später an derselben Universität. Professor Natanson half mir bei dieser Habilitation durch eine wohlwollende Kritik meiner Arbeiten. Als ich ihm mein erstes populärwissenschaftliches Buch »*Neue Wege der Wissenschaft*« übersandte, erhielt ich sofort einen schönen Brief, aus dem hervorging, daß er das Buch bereits gelesen hatte. Er sprach sich sehr lobend darüber aus. Aus diesem Brief erinnere ich mich an den Teil eines Satzes, der sich besonders gut zur Charakterisierung der heutigen Physik eignet: »Die Theorien welken und schwinden schneller dahin als Blumen«. Als ich meinem Professor später aus Cambridge meine erste gemeinsame Arbeit mit Born schickte, die eine neue Konstante enthielt, welche wir *Konstante b* nannten, bekam ich einen Brief, aus dem mir wiederum ein Satz in Erinnerung geblieben ist: »Ihre b hat sich mir tief ins Herz gesenkt«.

Aus Cambridge fuhr ich nach Krakau zu einer Tagung. Ich freute mich, daß ich Professor Natanson wiedersehen, daß er zu meinem Vortrag über die Zusammenarbeit mit Born kommen würde. Leider war Professor Natanson krank. Ich besuchte ihn zu Hause. Wir sprachen über Cambridge. Er war bekümmert, daß man vom berühmten Tor des Trinity College den wilden Wein abgeschnitten hatte. Der Professor war wie immer voller Charme, und wie immer war unsere Unterhaltung unpersönlich. Ich sah ihn damals zum letztenmal. Im Jahre 1937, als ich in den Vereinigten Staaten in Princeton war, erhielt ich die Nachricht von seinem Tode.

Erst heute kann ich den komplizierten Charakter meines Professors besser einschätzen. Ich sehe in ihm einen ritterlichen, lauteren Menschen, dem jegliche Intrigen fremd waren. Einen Menschen, der in Wohlstand aufgewachsen war und der den Kontakt mit dem Leben, mit seiner Brutalität und Rücksichtslosigkeit, gefürchtet hatte. Einen Menschen, der einsam war, sowohl in seiner wissenschaftlichen Arbeit als auch im Leben, und für den das Unpersönliche im Umgang mit Menschen ein Schutzpanzer gewesen ist; ein solcher Panzer war seine unerhörte Höflichkeit, die so übertrieben war, daß sie demütigend wirkte. In seiner wissenschaftlichen Arbeit war er großen Entdeckungen nahe, sehr nahe gewesen, zum Beispiel der Formulierung der Bose-Statistik. Die wissenschaftliche Isolierung, das Fehlen persönlicher Kontakte waren schuld daran gewesen, daß er seine wissenschaftlichen Fähigkeiten nicht voll hatte entfalten können; zur vollen Entfaltung hingegen kamen seine schriftstellerischen Fähigkeiten. Er besaß keine Schüler, aber er hatte großen Einfluß auf die Nationalkultur. In den ersten Jahren unseres Jahrhunderts war er der einzige theoretische Physiker in Polen gewesen. Die Geschichte der theoretischen Physik in Polen beginnt mit Professor Natanson. Er verlieh ihr einen ruhmvollen Anfang. Heute, fünfundzwanzig Jahre nach seinem Tode, haben wir junge Physiker, die das von Professor Natanson begonnene Werk weiterführen werden. Heute besteht nicht die Befürchtung, daß die theoretische Physik in Polen aussterben könnte. Sie muß sich stärker als bisher in das wissenschaftliche Leben der Welt einschalten sowie die Isolierung der vergangenen Jahre und die Fehler des Dogmatismus vermeiden. Aus dem Leben und der Tätigkeit von Professor Natanson können junge Wissenschaftler viel lernen; vor allem ein humanistisches Herangehen an die Wissenschaft, eine ansprechende Formulierung der Gedanken, Achtung vor der wissenschaftlichen Arbeit, Bescheidenheit und die Einsicht, daß wir nur unvollkommen versuchen, in der Wissenschaft eine Widerspiegelung der Schönheit der Natur zu finden; daß die Wissenschaft den Menschen helfen und ihnen Nutzen bringen sollte.

BRONIA

Die Krakowska war die Hauptstraße des jüdischen Stadtviertels Kazimierz in Krakau. Die Wohnhäuser in diesem Stadtteil waren fast ausschließlich jüdisches Eigentum, und die Bewohner waren bis auf die Hausmeister ebenfalls Juden. Doch es gab auch Ausnahmen. Eine solche Ausnahme war das Haus Nummer 9 in der Krakowska, ein altes, zweistöckiges Gebäude, Eigentum einer Frau Wójcikiewicz und ihres Sohnes, die von den Bewohnern dieses Hauses wie eine königliche Familie behandelt wurden.

Im Erdgeschoß befand sich eine alte Met-Siederei, die Bałucki in seinen Romanen erwähnt. In der ersten Etage die Wohnungen der Frau Wójcikiewicz und Doktor Jungiers, des besten und bekanntesten Arztes in Kazimierz. In der zweiten Etage wohnte Salomon Infeld mit seiner Familie.

Doktor Jungier war kahlköpfig, klein, sprach schlecht polnisch und war ein begnadeter Arzt. Anfangs nahm er für eine Visite in unserem Hause eine Krone, später bereits einen ganzen Gulden.

Wenn er zu mir kam, stellte er die sterotypen Fragen:

»Was macht der Stuhlgang? Gehen Winde ab?«

Die Familie Infeld – das waren die Eltern, der Großvater, zwei Schwestern und ich. Außerdem ein Dienstmädchen, das in der sogenannten Schlafbank schlief. In der Nacht war das ihr Bett und am Tage ein großer Küchentisch.

Vom Flur führte nach rechts eine Tür zu einem großen Zimmer, in dem sich Tag und Nacht das Leben der Familie Infeld abspielte. Es war Speisezimmer und Schlafzimmer zugleich. An der Wand standen in einer Reihe zwei eiserne Betten. In einem schlief mein Großvater, im anderen meine beiden Schwestern Bronia und Fela, und auf dem querstehenden Sofa schlief ich. Mein Großvater wachte jede Nacht zwischen zwei und drei Uhr auf, zündete eine Kerze an, zog das Hemd aus, fing Flöhe, kratzte sich, streifte das Hemd wieder über und begann mit der Kerze in der Hand seine nächtliche Wanderung durch das Zimmer. Oben auf dem Schrank stand ein Teller mit Abendbrot, das er nicht gegessen hatte, als alle bei Tisch saßen. Jetzt, um drei Uhr morgens, bekleidet mit den ewig gleichen schwarzgestreiften Unterhosen, langte er nach diesem Teller. Ich wartete jede Nacht, bis sein lautes Schmatzen aufhörte und die Kerze erlosch. Als ich klein war, schlug mich der Großvater oft mit seinem schwarzen Schirm. Später, als ich heranwuchs, gab es immer wieder Sticheleien zwischen uns. Solange er lebte (er starb, als ich in Konin war), bestand zwischen uns eine große gegenseitige Abneigung.

Vom Flur aus nach links führte eine Tür zum sogenannten Salon und eine zweite zum Schlafzimmer meiner Eltern. Die Tür zum Salon war abgeschlossen und wurde nur geöffnet, wenn Gäste kamen.

Meine um drei Jahre ältere Schwester Fela war rothaarig, hübsch, fromm, eine gute Tochter und auch eine gute Schwester. Es fiel uns allerdings schwer, eine gemeinsame Sprache zu finden.

Bronia, die vier Jahre jünger war als ich, war groß und hellblond. Mir erschien sie wunderschön, obwohl ich mir vorstellen kann, daß sie wenig Sex-Appeal besaß. Da ihr jeder persönliche Ehrgeiz fehlte, verstand sie alles und jeden. Sie war meine beste und engste Freundin.

Jeder von uns, das waren der Reihe nach Fela, ich und Bronia, durchlief dieselbe Handelsschule. Alle waren wir gute Schüler, doch Bronia war entschieden die beste von uns. Ihre Zeugnisse waren monoton, denn sie enthielten ausschließlich sehr gute Zensuren. Sie half den schwächeren Schulkameradinnen und hielt für sie uneigennützig Kurse in Mathematik und Polnisch ab. Doch der Weg zur Universität war Absolventen der Handelsschule verschlossen. Bronia konnte höchstens ein Lehrerseminar besuchen und das Diplom einer Volksschullehrerin erwerben. Sie beendete ein solches Seminar und zeichnete sich durch Intelligenz und Begabung unter ihren Mitschülerinnen aus.

Als ich später, nach der Promotion, die Leitung des Gymnasiums in Konin übernahm, kam Bronia zu mir und erhielt Arbeit als Volksschullehrerin. Noch heute, nach vierzig Jahren, erwähnen die wenigen, die sie in Konin kannten, ihre Sanftmut und ihren gütigen Charakter. Sie erinnern sich ihrer großartigen Schaulektionen bei Kreiskonferenzen. Ich weiß noch, wie mir Bronia von den Ratschlägen ihrer Schulleiterin erzählte, sie solle die Klasse niemals ohne Lineal betreten, und wie entrüstet Bronia über derartige Ratschläge war. Sie wußte sehr wohl, daß der einzige Weg, in der Klasse Ruhe zu bewahren, eine interessante Unterrichtsstunde war.

Bronia war schon während ihrer Lehrertätigkeit in Konin mit unserem Cousin verlobt, den sie später heiratete. In Bronia waren eine Reihe junger Leute verliebt. Doch zum Mann wählte sie sich einen Menschen von idealer Güte, der vielleicht sogar ein wenig unansehnlich und nicht sehr ehrgeizig war. Menaszek (so hieß ihr Mann) war gleichsam eine eher schwächere Kopie Bronias. Er hatte Jura studiert, besaß viel Sinn für Humor und verrichtete die verschiedensten Arbeiten, mit denen er in den schweren Zwischenkriegsjahren kaum den Lebensunterhalt bestreiten konnte. Doch finanzielle Mißerfolge bewirkten bei diesem Paar nie schlechte Laune.

Bronia brauchte mit der Heirat ihren Namen nicht zu ändern, da Menaszek als unser Verwandter ebenfalls Infeld hieß. Mein Vater kaufte dem jungen Paar eine Dreizimmerwohnung in der Königin-Jadwiga-Straße 28, an der Peripherie der damaligen Stadt, in der Nähe des Jordanparks. Die Möbel waren hell und kleinbürgerlich, aber die Atmosphäre des Hauses war alles andere als kleinbürgerlich.

An jedem Freitagabend fanden bei Bronia Zusammenkünfte statt, meistens von jungen Kommunisten, die von der ungezwungenen und fröhlichen Atmosphäre, die dort herrschte, angetan waren. Einige hohe Staatsfunktionäre aus dem damaligen Freundeskreis Bronias erinnern sich noch heute jener Abende. Einer von ihnen sagte mir: »Eine zweite Frau wie Bronia gibt es nicht auf der Welt.« Dann erzählte er weiter: »Hatte Menaszek finanziell eine gute Woche, dann gab es am Freitag teuren Fisch, war die Woche schlecht ausgefallen, kamen nur marinierte Heringe auf den Tisch. Aber was waren das für wundervolle Heringe!«

Außer den kommunistischen Funktionären waren bei Bronia auch häufig Schriftsteller und Wissenschaftler zu Gast, Menschen, die vor allem wegen jener heiteren Atmosphäre, jener intellektuellen Lokkerheit kamen.

Der junge Leon Kruczkowski war ebenso Bronias Gast wie die Brüder Seidenbeutel, bekannte Maler der Zwischenkriegszeit, Zwillinge, die einander zum Verwechseln ähnlich sahen und gemeinsam malten. Ein Freund des Hauses war auch Bair Horowitz, ein jüdischer Schriftsteller, der eines Freitags seinen Freund mitbrachte, einen ungewöhnlichen Magier. Noch jetzt, nach vierzig Jahren, berichtete man mir Einzelheiten jenes Abends.

Bei Bronia weilte Rozental, der heutige Professor für theoretische Physik in Kopenhagen. Und es kam Herz Weber, der beste Schüler von Chwistek, dem bekannten Logiker, Mathematiker und Maler. Weber brachte Chwistek mit, sooft der Professor der Lwower Universität in Krakau weilte. Für jeden von ihnen hatte Bronia ein Lächeln übrig, ein freundliches Wort, sie hörte sich geduldig ihre Beichten an und bemühte sich, ihnen bei der Lösung ihrer Probleme zu helfen.

An ihre Tür klopften dauernd Bettler, die zu jeder Tages- und Nachtzeit wegen eines Butterbrotes oder wegen ein paar Groschen kamen. Die Bettlerinnung hatte vor dem Kriege viele Mitglieder und war ausgezeichnet organisiert. An den Haustoren waren Zeichen angebracht, die Auskunft gaben, in welchen Wohnungen ein Almosen zu erwarten war. Offenbar stand Bronia in dieser Innung hoch im Kurs.

In meinem siebzehnten Lebensjahr verliebte ich mich, mit einundzwanzig Jahren heiratete ich, und bevor ich dreißig war, hatte meine Ehe jeglichen Sinn verloren. Als ich mich zur Scheidung entschloß (wir wohnten damals in Warschau), kehrte meine Frau nach Krakau zurück, wo ihre Mutter wohnte. Sie zog jedoch nicht zu ihrer Mutter, sondern zu Bronia. Bronia, die für jedes menschliche Unglück empfänglich war, ließ auch dies über sich ergehen; sie hörte sich immer wieder dieselben Klagen einer unglücklichen Frau an.

Bronia schrieb mir damals einen Brief, in dem sie mich zu überreden versuchte, zu meiner Frau zurückzukehren. Später sagte sie mir, daß sie ihrem ständigen Drängen nicht hatte widerstehen können. Meine Frau war überzeugt gewesen, daß ein Brief der geliebten Schwester meinen Entschluß umstoßen könnte. Doch Bronia kannte mich genau und wußte, daß dieser Brief auf mich keinerlei Eindruck machen würde.

Nach der Scheidung heiratete ich Halina, mit der ich glückliche vier Jahre verlebte. Halina starb noch vor ihrem dreißigsten Lebensjahr an einer unheilbaren Krankheit. Diese vier Jahre verbrachte ich außerhalb von Krakau, doch mit Bronia traf ich häufig zusammen, und wir standen auch in ständigem Briefverkehr. Wie schade, daß ich keinen ihrer Briefe mehr besitze! Ich war immer überzeugt gewesen, daß Bronia mich um viele Jahre überleben würde. Während dieser Zeit war sie Halinas und meine beste Freundin.

Halinas Tod war die größte Tragödie meines Lebens. Noch jetzt, nach mehr als dreißig Jahren, fällt es mir schwer, darüber zu schreiben. Ich besaß nicht die Kraft, nach Lwów zu meiner Dozentur zurückzukehren, und verbrachte, von einer lähmenden Trauer erfaßt, mehrere Monate in Warschau.

Sobald Bronia vom Tode Halinas erfahren hatte, schickte sie mir ein kurzes Telegramm, das den Tag und die Stunde ihrer Ankunft in Warschau enthielt. Sie verließ für mehrere Wochen ihren Mann, das Kind, ihr ganzes Haus, um meinen Schmerz zu teilen.

Wo auch immer ich später war, ob in England oder in den Staaten, immer erhielt ich ihre guten Briefe. Ich erinnere mich unseres letzten Zusammentreffens vor meiner Abreise nach Amerika. Sie war heiter wie immer, obwohl sie die politischen Folgen der Freundschaft Polens mit Deutschland fürchtete. Ich habe auch nicht unsere langen abendlichen Unterhaltungen vergessen, diese heitere Atmosphäre der Entspannung, die in der Königin-Jadwiga-Straße 28 herrschte. Bronias Söhnchen war damals noch sehr klein, kaum älter als vier Jahre. Ich glaube, daß es ein sehr intelligentes und empfindsames Kind war. Romek (das war sein Name) wies mir nach, daß es keinen Gott gibt. Ich erinnere mich noch seiner Beweisführung:

»Wie kann es einen Gott geben, wenn die Matrosen auf dem Schiff ihrem Kapitän gehorchen und ihnen doch manchmal ein Unglück zustößt?«

Dann zeichnete er mir verschiedene Maschinen eigener Erfindung auf. Das war im Jahre 1936, dem letzten Jahr meines Aufenthalts in Vorkriegspolen. Später gab es nur noch Briefe. Mir ist nichts geblieben als eine braune Krawatte, die mir Bronia bei irgendeiner Gelegenheit aus Polen nach Amerika schickte. Diese alte, abgetragene Krawatte überdauerte alle »Säuberungen« meiner Garderobe.

Wie es Bronia nach meiner Ausreise nach Amerika erging, erfuhr ich zum Teil aus ihren Briefen und zum Teil – erst nach meiner Rückkehr – aus den Berichten der Menschen in Polen.

Als ich das Land verließ, ging Romek in den Kindergarten. Er war vielleicht fünf Jahre alt. Bronias finanzielle Lage verschlechterte sich. Sie hatte damals viele Freundinnen, die ein Studium beendet hatten und keine Arbeit besaßen. Im Vorkriegspolen eine Arbeit zu bekommen war nicht leicht. In Krakau gab es ein jüdisches Gymnasium, in dem ein zionistischer und ziemlich reaktionärer Geist herrschte. Weshalb also nicht ein fortschrittliches, genossenschaftliches Gymnasium gründen, das dem anderen Konkurrenz machte? So faßte Bronia einen ungewöhnlichen Entschluß. Nach langem Suchen fand sie geeignete Räume in der Starowiślna 2. Alle, die an dieser Schule unterrichten wollten, sollten tausend Złoty einbringen und sich verpflichten, zwei Jahre lang kein Gehalt zu fordern. Ich weiß nicht, woher Bronia jene tausend Złoty nahm. Jedenfalls schuf sie eine ganz moderne und sich prächtig entwickelnde Schule, die gut ausgestattet war und schon in den ersten Jahren ihrer Existenz eine Konkurrenz für das zionistische Gymnasium darstellte. Der Krieg fegte jene Generation der Schüler und Lehrer hinweg. Von den Früchten ihrer und auch meiner Lehrertätigkeit ist nichts übriggeblieben.

Während des Krieges, in Kanada, machte ich mir Sorgen um Bronia. In einer Zeitung las ich, daß es eine Möglichkeit gebe, jüdische Kinder zu retten, daß die Nazis die Kinder gegen eine bestimmte Summe aus dem Lande lassen. Ich bot Bronia für diesen Zweck finanzielle Hilfe an. Als Antwort erhielt ich über das Rote Kreuz einen kurzen Brief von ihr. Sie teilte mir mit, daß sie sich nicht von ihrem Söhnchen trennen wolle. Später erfuhr ich, daß die Deutschen auf diese Weise aus dem Ausland Dollars ergaunerten, die Kinder jedoch dem Tode preisgaben.

Nach dem Kriege erhielt ich von Felas Tochter, die aus dem Lager Belsen zurückkam, einen Brief. Sie schrieb mir, daß Fela, Bronias Mann Menaszek und ihr Sohn Romek nicht mehr lebten. Es sei jedoch möglich, daß Bronia noch irgendwo lebe. So wartete ich auf eine Nachricht von ihr. Bronia sah nicht wie eine Jüdin aus. Sie hatte natürliches blondes Haar und schien aus einem polnischen Dorf zu stammen. Doch es kam keine Nachricht. Erst in Polen erfuhr ich Näheres über das Schicksal Bronias und ihrer Familie.

Am Tage vor dem Überfall Hitlers machte sich Bronia mit ihrem Sohn auf den Weg, Krakau zu verlassen. Ihr Mann war Unteroffizier oder Feldwebel und unterlag der Reservedienstpflicht. Sein ganzes Vermögen zum Zeitpunkt der Mobilmachung betrug zwanzig Złoty. Man erzählte mir, wie der immer gutgelaunte Menaszek versucht hatte, diese zwanzig Złoty zu wechseln.

Bronia hatte bestimmt nicht die Kraft, mit dem kleinen Jungen über die von Pferdewagen, Personenautos und LKWs verstopften Straßen zu wandern, auf denen nur Menschen mit starken Ellenbogen durchkommen konnten. Deshalb kehrte sie in das Haus in der Königin-Jadwiga-Straße 28 zurück. Wahrscheinlich befahl eine der ersten Verordnungen nach dem Einmarsch der Deutschen die Räumung dieser Viertel von den wenigen dort wohnenden Juden. Die illegalen Zellen, die später falsche Dokumente herstellten, arbeiteten damals noch nicht. Vielleicht fürchtete Bronia auch eine Anzeige seitens des Hausbesitzers oder der Nachbarn. Ich weiß nur, daß sie und Menaszek nach Tarnów übersiedelten.

Sowenig Bronia einer Jüdin ähnelte, so sehr war Menaszeks Erscheinungsbild semitisch. Außerdem verriet ihn sein Name.

Man erzählte mir – ich weiß nicht, ob das stimmt –, daß Romek immer die Nähe seiner Mutter suchte und sich des Aussehens seines Vaters schämte. Man kann schwerlich einen sieben- oder achtjährigen Jungen deswegen verurteilen. Wenn es jedoch wirklich so war, dann mußte Bronia, die an ihrem Mann hing, das als besonders tragisch empfinden.

Eines Tages wurde Menaszek auf der Straße in Tarnów von einem deutschen Soldaten angesprochen, der ihm irgendeine gleichgültige Frage stellte, sich vielleicht nach einer Straße oder nach der Uhrzeit erkundigte. Statt ruhig darauf zu antworten, verlor Menaszek die Nerven, und er floh. Der Soldat schoß hinter dem Flüchtenden her und tötete ihn auf der Stelle.

So endete die beste mir bekannte Ehe.

Nach dem Tode ihres Mannes zog Bronia mit ihrem Sohn in ein kleines Städtchen in den Vorkarpaten, nach Maków.

Soviel mir bekannt ist, war Bronia nicht Mitglied der kommunistischen Partei, aber die meisten ihrer Freunde waren Kommunisten. Ich kann mir vorstellen, daß ihr unter den Bedingungen der Okkupation das eigene Leben wenig galt und sie sich immer stärker in die illegale Arbeit einschaltete.

Eines Tages sollte sie nach Krakau kommen und dort zu einem bestimmten Zweck an einem verabredeten Ort erscheinen. Sie erschien nicht, und seitdem fehlt von ihr jede Spur. Niemand weiß, was mit ihr geschehen ist. Deshalb dieser Brief von meiner Nichte, daß Bronia vielleicht noch lebt. Am glaubwürdigsten erscheint mir die Version, daß die Nazis den Zug von Maków nach Krakau kontrolliert haben, bei ihr vielleicht eine Waffe oder verbotene Literatur fanden und sie auf der Stelle umbrachten.

Um Romek kümmerte sich nun Felas Mann, der ihn zu sich nach Krakau nahm. Romek erkrankte an Typhus. Er starb in einem Krankenhaus.

So gingen Bronia und ihre Familie zugrunde.

Warum beschreibe ich diese traurigen Ereignisse? Es handelt sich um den Tod von nur drei Menschen, und in Polen sind sechs Millionen Menschen umgekommen.

Ich führe hier zwei Gründe an:

In Polen lebt eine Reihe von Personen, die Bronia kannten oder mit ihr befreundet waren. Im allgemeinen sind das Menschen, denen es in Volkspolen gut geht. Wenn sie an die Vorkriegszeit zurückdenken, denken sie wohl auch an die gütige, liebenswürdige Bronia. Sie lebt in der Erinnerung dieser Menschen. In meinen Gedanken wird sie zeit meines Lebens gegenwärtig sein. Ich möchte die Erinnerung an sie denjenigen vermitteln, die diese Zeilen lesen werden.

Und schließlich hege ich die vielleicht vergebliche Hoffnung, daß dieses Buch Menschen erreichen könnte, die neue Einzelheiten über ihr Lebens oder ihren Tod kennen. In dem Maße, wie mein Leben entflieht, denke ich immer intensiver an ihr Leben und an ihr tragisches Ende.

KONIN

Im Frühsommer des Jahres 1922 war ich schon ein Jahr nach dem Doktorat und besaß eine zweijährige Lehrerpraxis an Provinzschulen. Ich war knapp vierundzwanzig Jahre alt und erfüllt von unbefriedigtem Ehrgeiz. Die Jagiellonenuniversität, an der ich als einziger Schüler von Władysław Natanson in den fünfunddreißig Jahren seiner Professur ein Doktorat in theoretischer Physik erhalten hatte, war an meiner Zukunft nicht interessiert. So blieb mir nur die Arbeit an jüdischen Oberschulen.

In Krakau begegnete ich einem meiner Kollegen. Er erzählte mir, er sei Geschichtslehrer an einer privaten Oberschule für jüdische Kinder in Konin, die Schüler dieses Gymnasiums seien besonders intelligent und begabt, man könne die Stadt noch nicht mit der Bahn erreichen, doch es gebe bereits einen Bahnhof, und die Verbindung solle in wenigen Wochen hergestellt werden, und schließlich sei der Posten des Direktors an dieser Schule vakant. Er fragte, ob ich ihn nicht übernehmen wolle. Wenn ich einverstanden wäre, wollte er an den Aufsichtsrat der Schule schreiben und meinen Namen und meine Qualifikationen angeben.

Der Plan gefiel mir. Ich hatte in Krakau eine Reihe Kollegen und eine Handvoll Freunde, die ebenso jung waren wie ich oder kaum älter und die bereit waren, eine Arbeit in der Provinz zu übernehmen und mit mir zusammenzuarbeiten. Einer von ihnen war mein bester Freund Szymon Ohrenstein, ein ausgezeichneter Mathematiker, ein edler, bescheidener und liebenswürdiger Mensch, der später von der Gestapo zu Tode gequält wurde.

So übernahm ich also den mir angebotenen Posten eines Direktors in der übertriebenen Hoffnung, es würde mir gelingen, das beste Gymnasium in Polen zu schaffen. Meinem Kollegium gehörten fünf Doktoren an, die eine minimale oder gar keine pädagogische Erfahrung besaßen, die jedoch begeistert, intelligent und arbeitswillig waren. Wir alle, sowohl meine Kollegen als auch ich, vertraten progressive Ansichten. Die Schüler wußten das und schenkten uns ihr volles Vertrauen, ja, ich möchte sogar sagen, ihre Liebe.

Im Herbst des Jahres 1922 konnte man Konin bereits mit der Bahn erreichen. Aber was war das für eine Bahn! Eine Nebenlinie zwischen Kutno und Strzałkowa. Die Züge zuckelten mit einer Geschwindigkeit von zwanzig bis dreißig Stundenkilometern dahin. Später einmal, so versicherte man uns, wenn die Gleise fest lägen, würden die Züge von Warschau nach Poznań über Konin fahren. Doch das war Zukunftsmusik. Vom Bahnhof brauchte man noch zwanzig Minuten mit einer Droschke oder Britschka zum drei Kilometer entfernten Städtchen, das malerisch am linken Ufer der Warthe lag.

Der Bau der Bahn veränderte das Antlitz des Städtchens, das sich nun zu entvölkern begann. Monat für Monat zog eine Reihe angesehener Bürger mit ihren Familien von Konin nach Bydgoszcz, Kalisz oder Kutno um. Einst besaß unsere Schule mehr als zweihundert

Schüler. Doch das war in ihrer Glanzzeit gewesen. Im Jahre 1922 hatte sich diese Zahl auf hundertundzwanzig verringert.

In früheren Jahren hatte der Aufsichtsrat den Bau des schönsten und größten Gebäudes von Konin geplant und auch damit begonnen. In diesem Gebäude sollte unser Gymnasium untergebracht werden. Als ich zwei Jahre später Konin verließ, hatte der Bau kaum nennenswerte Fortschritte gemacht. Nach endlosen Bemühungen war es mir gelungen, wenigstens zwei Räume im Erdgeschoß dieses dreistöckigen Gebäudes auszubauen.

Im Gedächtnis ist mir die seltsame Geschichte dieses Baues geblieben:

Einige einheimische Dunkelmänner hatten den Maurermeister mit Schnaps traktiert und ihn überredet, eine der Wände ohne Fundament zu errichten. Was würde das für ein Spaß sein, dachten diejenigen, die dieses Spiel ausgeheckt hatten, wenn eines schönen Tages die Wand einstürzte und die jüdischen Kinder und ihre Lehrer unter sich begrub. Doch damals schien Jehova über diese Kinder zu wachen. Die Mauer stürzte nicht ein, sie neigte sich zur Seite, und der Betrug des Bauunternehmers kam an den Tag. Auf eigene Kosten mußte er ein Fundament daruntersetzen und die Mauer mit Maschinen geraderichten.

Ich hatte geglaubt, der Posten eines Schuldirektors sei eine schöne, idyllische Beschäftigung. Doch am Horizont zogen Wolken herauf. Das Kuratorium in Łódź, dem die Schule unterstand, bestätigte mich nicht auf dem Posten des Direktors. Der Herr Kurator sagte mir mit aller Schärfe, ich sei zu jung, vierundzwanzigjährige Direktoren eigneten sich vielleicht für eine Operette. Die andere schwere Bürde war die finanzielle Lage, die fortschreitende Verarmung des Bürgertums in Konin und die Entvölkerung der Stadt. Um wenigstens halbwegs erträgliche Bedingungen zu erkämpfen, mußte die Lehrerschaft streiken. Hinzu kam, daß die Gehälter am Tage nach der Auszahlung bereits einen geringeren Wert besaßen.

Weder in Konin noch wahrscheinlich in Warschau gab es damals schon ein Radio. Die Neuigkeiten erfuhren wir aus Gerüchten und aus Telefongesprächen mit Warschau oder Łódź. Die Zeitungen der Hauptstadt brauchten bis Konin zwei Tage. Ich erinnere mich, wie während einer Abendveranstaltung in unserer Schule ein Polizist in dunkelblauer Uniform erschien und uns befahl auseinanderzugehen. Als ich mich nach dem Grund erkundigte, antwortete er widerwillig, daß man den Staatspräsidenten ermordet habe. So erfuhr ich vom Tode des Präsidenten Gabriel Narutowicz.

Mein Ehrgeiz ließ es trotz der fehlenden Bestätigung nicht zu, auf meine Tätigkeit zu verzichten und Konin am Ende des ersten Schuljahres zu verlassen. Und wirklich: nach diesem ersten Jahr schien das Kuratorium Vertrauen zu mir gefaßt zu haben und bestätigte mich nach mehreren Visitationen und den Reifeprüfungen ohne Schwierigkeiten.

Die Bevölkerungszahl des Städtchens ging weiter zurück. Im Schuljahr 1923/24 sank die Zahl der Schüler auf achtzig. Die finanzielle Lage verschlechterte sich ständig. In diesem zweiten Jahr meines Aufenthalts in Konin war mir meine Schwester Bronia eine große Freude, denn sie übernahm eine Lehrerstelle an der staatlichen Volksschule des Städtchens.

Doch jene zwei Jahre unserer Arbeit waren umsonst gewesen. Die von uns erzogene Generation wurde vom Krieg hinweggefegt. Von den Erziehern blieb nur ich übrig, und von der jungen Generation überlebte als einzige eine Schülerin aus Konin; sie hatte Tränen in den Augen, als ich nach vierzigjähriger Abwesenheit Konin einen kurzen Besuch abstattete.

Das Städtchen lag am linken Ufer der Warthe, am rechten standen nur einige Häuser. Eines davon war das einstöckige Gebäude, in dem ich wohnte. In Konin gab es damals noch keine Kanalisation. Die Latrine war etwa zweihundert Meter vom Haus entfernt. An die nächtlichen Ausflüge dorthin mit der Kerze in der Hand und Verzweiflung im Herzen erinnere ich mich noch heute.

Zu Anfang des Frühjahrs 1924 stieg das Wasser in der Warthe mächtig an. Die Eisschollen gerieten in Bewegung und bedrängten die Brücke. Ein mir unbekannter Mann mit einer Armbinde schmähte die Koniner Juden, die versuchten, an das andere Ufer zu gelangen. Zu jener Zeit witterte ich überall Antisemitismus. Vielleicht auch dort, wo es ihn gar nicht gab. Es stellte sich heraus, daß jener mir unbekannte Mann Ingenieur war, dem man den Schutz der Brücke anvertraut hatte. Es kam zu einem scharfen Wortwechsel zwischen uns, und das Ergebnis war ein Prozeß wegen Beleidigung eines Beamten während seiner Dienstobliegenheiten.

Dies war meine einzige Berührung mit der polnischen Gerichtsbarkeit. Ich verteidigte mich selbst und bereitete auch selbst eine bewegende Ansprache vor. Der Richter war human und verurteilte mich zu der niedrigsten Strafe, die möglich war, das heißt zu einer Geld-strafe.

Unabhängig davon stürzte die Brücke durch die sich anstauenden Eismassen wirklich ein, das Wasser trat schließlich über die Ufer, und auch mein Haus war von den Fluten betroffen. Zum Glück wohnte ich im ersten Stock. So hoch reichte das Wasser nicht. Doch Bronia und ich, wir waren isoliert von der Schule und von allen unseren Kollegen. Ich erinnere mich, wie mich etwas später der Schuldiener mehrere Tage lang mit dem Kahn in meinem Hof abholte und zur Schule brachte.

Unsere Schule, das war ein kleines einstöckiges Gebäude gleich ne-ben den hohen, unvollendeten Mauern des künftigen Schulgebäudes. In der ersten Etage das Kabuff des Direktors; genau genommen war es ein Teil des Lehrerzimmers. Wie oft, wenn ich die schmale Holz-treppe zu meinem kleinen Zimmer hochstieg, war ich von Verzweif-lung erfüllt, von Zweifeln und Befürchtungen, daß ich den Rest des Lebens in diesem oder in einem anderen sterbenden Städtchen ver-bringen würde.

Die Finanzen der Schule lagen in den Händen des Aufsichtsrates. Die Mitglieder des Rates waren angesehene Bürger von Konin, die zwei- oder dreimal so alt waren wie ich. Ich fand keine gemeinsame Sprache mit ihnen. Die einzige Ausnahme war vielleicht Herr Monczka, der jüngste unter ihnen. Die hoffnungslose finanzielle Lage der Schule und der Geiz des Aufsichtsrates erbosten mich eines Tages so sehr, daß ich beschloß, das Amt des Schulleiters niederzulegen. Ich berief eine Sitzung des Aufsichtsrates ein, die am Abend in der Schule stattfand. Die Mitglieder des Rates ahnten offenbar, weshalb sie sich versammeln sollten (vielleicht hatte ich es ihnen auch gesagt, ich erinnere mich nicht), denn sie erschienen mit einer ganzen Batterie Flaschen. Ich trank im allgemeinen wenig und ziemlich widerwillig, doch diesmal – ich weiß gar nicht, wie es dazu kam – betrank ich mich völlig. Es war dies das einzige Mal in meinem Leben. Ich erinnere mich nur an den Tanz eines der Ratsmitglieder mit einer Flasche auf dem Kopf und daß an diesem Tanz auch ich teilnahm. Ich erbrach mich und kehrte, schwankend und von zwei Teilnehmern des Gelages gestützt, gegen ein Uhr nachts nach Hause zurück. Bronia öffnete die Tür und erschrak bei meinem Anblick.

Ich verstehe, daß sich jemand einmal betrinken kann. Aber wie kann man wiederholt den Verlust seiner Würde riskieren? Mir war das eine Warnung für mein ganzes Leben.

In späteren Jahren versuchte ich, das Koniner Elend zu vergessen. Doch noch zweimal wurde ich daran erinnert.

Das erste Mal zehn Jahre nach meiner Abreise aus Konin. Ich hielt mich damals in Cambridge auf, wo ich mit Max Born zusammenarbeitete, mit dem ich gemeinsam einige Arbeiten in den *»Proceedings of the Royal Society«* veröffentlichte. Die Royal Society veranstaltet jedes halbe Jahr einen Abend, zu dem sie diejenigen einlädt, die während dieser Zeit Arbeiten in den *»Proceedings«* veröffentlichten. Man bewirtet die Gäste mit Champagner und ermöglicht anderen Mitgliedern der Royal Society Diskussionen über die Ergebnisse ihrer wissenschaftlichen Arbeit. Zu einem solchen Abend ist man verpflichtet, im Frack und mit weißer Krawatte zu erscheinen. Ich fühlte mich außerordentlich geehrt durch diese Einladung, und da ich keinen Frack besaß, beschloß ich, mir ihn bei einem der besten Londoner Schneider zu bestellen.

In diesem wundervollen Frack also stieg ich auf das obere Deck eines Londoner Omnibusses, entzückt über mein feierliches Aussehen und die Einladung in meiner Tasche.

In dem fast leeren Bus vernahm ich hinter mir eine Unterhaltung in polnischer Sprache. Das kam damals ziemlich selten vor. Ich wandte mich um und erblickte Herrn Monczka, das Mitglied des Koniner Aufsichtsrates.

Es war ziemlich dunkel, und Herr Monczka erkannte mich nicht. Deshalb sprach ich ihn an.

»Entschuldigen Sie bitte, aber bin ich hier in Konin oder in London?«

Es entspann sich ein angenehmes Gespräch, in dessen Verlauf Herr Monczka sagte: »Ich habe mich in Konin schrecklich gelangweilt. Ich bin fast verrückt geworden. Deshalb habe ich meine Ersparnisse zusammengekratzt und einen Ausflug nach London gemacht.«

»Und was macht die Schule?«

»Sie existiert schon lange nicht mehr, Herr Direktor (für ihn war ich noch immer der Direktor). Nachdem Sie Konin verlassen hatten, ging die Zahl der Schüler weiter zurück. Wir konnten die Schule nur noch ein Jahr lang halten.«

»Piccadilly Circus!« rief der Schaffner. Ich mußte aussteigen und verabschiedete mich eilig von Herrn Monczka.

Meine zweite Begegnung mit Konin fand im Juni 1963 statt. Man erinnerte sich noch daran, daß ich einmal Direktor an der dortigen

Schule war. Konin selbst erkannte ich kaum wieder. Aus einer Stadt der Vergangenheit war eine Stadt der Zukunft geworden. Es war schon zweimal größer als zu jener Zeit, da ich es kannte. Im Jahre 1970 würde Konin, so erklärte man mir, fünfzigtausend Einwohner haben.

Ich versuchte, in Erfahrung zu bringen, was mit meinen besten Schülern geschehen war. Was war aus dem ungewöhnlich intelligenten Bułka geworden, aus Lewin, dem besten Mathematiker, aus Wienstein, dem verheißungsvollen Dichter? Die Antwort war immer gleich: ermordet, ermordet, ermordet.

Wie man mir berichtete, hatte die Gestapo das Schulgebäude als Hauptsitz benutzt.

Meine alte Schule existiert noch. Der heutige Direktor erinnert sich gut an Bronia und an ihre Schaulektionen. Doch wie gesagt: von den Menschen, die ich kannte, lebt niemand mehr außer einer einzigen Schülerin. Sie erzählte mir von ihrem Mann, den die Nazis erschlagen haben, vom Reifezeugnis, das ihr abhanden gekommen ist, und bat mich, ihr eine Bescheinigung zu geben, daß sie das Abitur bestanden habe. Ich unterschrieb es als der ehemalige Direktor des Gymnasiums in Konin.

EINSTEIN

I

Den Namen Einstein hörte ich zum erstenmal – ich erwähnte es bereits – 1917, im zweiten Jahr meines Studiums an der Jagiellonenuniversität in Krakau.

Gegen Ende des Studienjahres widmete Professor Natanson mehrere Stunden Einsteins spezieller Relativitätstheorie. In diesem Zusammenhang hörte ich auch erstmalig von der Lorentztransformation, die Einstein formuliert hat. Diese Vorlesungen waren für mich eine Offenbarung. Noch heute, nach fast vierzig Jahren, habe ich die mit Formeln beschriebene Tafel vor Augen, höre ich gleichsam die Stimme des Professors. Ich erinnere mich, wie Professor Natanson über Einstein sagte: »Ein einmaliges Genie!« Und ich erinnere mich des Eindrucks, den die vollendet schöne Struktur der Relativitätstheorie auf mich machte, der Mut, einen völlig neuen Standpunkt einzunehmen, der Mut, Schlußfolgerungen zu ziehen, die zu jener Zeit seltsam, ja widersinnig schienen. Ich war damals nicht hinreichend vorbereitet, die Struktur der Relativitätstheorie ganz zu verstehen, ich wußte jedoch, daß ich mich damit noch beschäftigen würde.

Als ich einige Monate später die Maxwellsche Theorie studierte, und zwar aus einem Buch Drudes, entstand in meinem Kopf die erste wissenschaftliche Idee: Ich wollte die Lorentztransformation auf elektromagnetische Erscheinungen anwenden und mich überzeugen, ob die Maxwellschen Gleichungen angesichts dieser Transformationen unverändert bleiben. Damals – im dritten Studienjahr – glaubte ich, etwas Neues und Wichtiges gefunden zu haben: die Unveränderlichkeit der Maxwellschen Gleichungen bei Anwendung der Lorentztransformation. Das Ergebnis meiner Arbeit zeigte ich Professor Natanson und erfuhr, daß Einstein und Poincaré das gleiche schon vor dreizehn Jahren gemacht hatten, allerdings viel besser, schöner und allgemeiner, daß dieses Problem tatsächlich der Ausgangspunkt für die Relativitätstheorie gewesen ist und daß Minkowski diese Überlegungen später, im Jahre 1908, in eine prächtige mathematische Form gekleidet hatte. Das war eine gute Lektion für meinen Dünkel. Ich begriff, daß ich noch viel zu lernen hatte, bevor ich beginnen konnte, schöpferisch zu arbeiten. Die Tage und schlaflosen Nächte, die ich über diesem Problem zugebracht hatte, gaben mir jedoch einen Vorgeschmack der Freuden und Leiden schöpferischer Arbeit.

Als die Oktoberrevolution ausbrach, war ich neunzehn Jahre alt. Damals glaubte ich nicht, daß die neue Ordnung von Dauer sein würde. Dann kamen die ersten schweren Jahre in Nachkriegspolen. Das Problem der Juden, die in größeren Gruppen in den Städten und Städtchen zusammenlebten, war häufig Gegenstand von Erwägungen und Polemiken, als wäre dies die wichtigste Frage im neuerstandenen polnischen Staat. Ein ähnliches Problem war die »kommunistische Pest«. Bald darauf fügte man die beiden Probleme zu einem einzigen zusammen: zur »jüdisch-bolschewistischen Gefahr«. Am bedrückendsten waren in dem Polen zwischen den beiden Weltkriegen die ersten Jahre. Noch als Student der Jagiellonenuniversität überredete ich meinen Vater, mir etwas Geld für eine Reise nach Berlin zu geben; ich wollte mich vom Marsch auf Kiew und von anderen abenteuerlichen Plänen der Militärmachthaber des damaligen Polens fernhalten.

Den Paß erhielt ich ohne Schwierigkeiten und traf 1920, im fünften Jahr meines Studiums, in Berlin ein. Dort, an einer der besten Universitäten Europas, wollte ich mein Studium beenden. Lange Zeit versuchte ich auf jede erdenkliche Weise, an die Universität zu gelangen, an der Planck, Laue und Einstein lehrten. Doch alle meine Bemühungen scheiterten an einer Mauer der Feindschaft gegenüber den Polen. Jemand riet mir, mich an Einstein zu wenden, den schon damals berühmtesten und am meisten angegriffenen Gelehrten. Ich war mir dessen bewußt, daß es ungehörig war, Einstein mit meinen Angelegenheiten zu behelligen, aber an der Berliner Universität immatrikuliert zu werden, schien mir eine Frage von Leben und Tod zu sein.

Ich rief in Einsteins Privatwohnung an.

»Ist Herr Professor Einstein zugegen?«

»Ja, er ist zu Hause«, antwortete eine Frauenstimme.

»Ich bin Physikstudent und komme aus Polen; ich hätte Herrn Professor gern gesprochen. Könnte mich Herr Professor Einstein empfangen?«

»Natürlich! Am besten, Sie kommen sofort.«

Befangen, tief bewegt und in feierlicher Stimmung, in Erwartung, dem größten lebenden Physiker von Angesicht zu Angesicht gegenüberzutreten, klingelte ich an der Tür zu Einsteins Wohnung in der Haberlandstraße 5. Frau Einstein bat mich in ein kleines Zimmer mit schweren Möbeln. Ich teilte ihr den Zweck meines Besuches mit. Sie entschuldigte sich und erklärte mir, ich würde warten müssen, denn der chinesische Volksbildungsminister sei gerade bei ihrem Mann. Ich wartete. Mein Gesicht glühte vor Ungeduld und Erregung. Endlich öffnete Einstein die Tür, um seinen Besuch zu verabschieden und mich hereinzulassen. Er trug ein schwarzes Jackett und gestreifte Hosen, an denen der wichtigste Knopf fehlte. Vor mir hatte ich das Antlitz, das ich so oft in Zeitungen und Zeitschriften gesehen hatte. Doch keine Fotografie gab das Leuchten seiner Augen wieder.

Die Worte, die ich mir genauestens zurechtgelegt hatte, waren vergessen. Einstein lächelte mir freundschaftlich zu und bot mir eine Zigarette an. Es war das erste freundschaftliche Lächeln, das mir seit meiner Ankunft in Berlin entgegengebracht wurde. Ein bißchen chaotisch erzählte ich ihm von meinen Schwierigkeiten. Einstein hörte aufmerksam zu.

»Ich würde Ihnen gern eine Empfehlung an den preußischen Volksbildungsminister geben, doch die würde Ihnen nicht viel nützen.«

»Weshalb?«

»Weil ich schon sehr viele Empfehlungen geschrieben habe.« Dann fügte er leiser und mit einem Lächeln hinzu: »Dort sitzen Antisemiten.«

Eine geraume Weile ging er nachdenklich im Zimmer auf und ab. »Die Tatsache, daß Sie Physiker sind, vereinfacht die Angelegenheit. Ich werde ein paar Worte an Professor Planck schreiben; seine Empfehlung hat mehr Gewicht als meine. Das ist die beste Lösung.« Er suchte nach Briefpapier, obwohl es vor ihm auf dem Schreibtisch lag. Doch ich brachte es nicht über mich, ihn darauf aufmerksam zu machen. Schließlich fand er das Papier und schrieb ein paar Zeilen.

Er trat für mich ein, ohne zu wissen, ob ich die geringste Ahnung von Physik hatte. Er wußte nur, was ich ihm gesagt hatte: daß ich ein Schüler von Professor Natanson wäre, den er kannte und schätzte. Ich hatte nun meine Befangenheit soweit abgelegt, daß ich ihm einige Fragen zur Relativitätstheorie stellte, die mich damals beschäftigten. So wollte ich wissen, was er von Weyls neuer Verallgemeinerung halte.

»Nicht viel«, sagte er. »Aber sein Buch gefällt mir sehr gut. Schade, daß er die zweite Auflage durch seine neue Theorie ergänzt hat; dadurch hat er das ganze Buch verdorben. Sehen Sie, wenn Sie zwei Wasserstoffatome nehmen und sie auf verschiedenen Wegen von der Erde zur Sonne befördern, dann werden diese Atome laut Weyl eine verschiedene Dichte aufweisen. Ich glaube nicht, daß die Dichte der Atome von ihrer Vergangenheit abhängen könnte.« Er lachte laut und fügte hinzu: »Nein, daran glaube ich nicht.«

Dann fragte ich ihn, was eigentlich der Tensor des Energiemoments in der Relativitätstheorie bedeute.

»Diese Frage läßt sich schwer beantworten. In meinen Vorlesungen sage ich, daß die Relativitätstheorie auf zwei Säulen ruht. Die eine ist stark und schön, gleichsam aus Marmor gefertigt. Das ist der Krümmungstensor. Die andere Säule ist schwach, als wäre sie aus Stroh. Das ist eben jener Tensor des Energiemoments.« Wieder lachte er laut und sagte dann: »Eine Entscheidung über dieses Problem müssen wir der Zukunft überlassen.«

Ich verabschiedete mich. Das war meine erste und für die nächsten sechzehn Jahre einzige persönliche Begegnung mit Einstein. Diese erste Begegnung überzeugte mich von einer einfachen Wahrheit: daß wirkliche Größe und wirklicher Adel der Gesinnung nicht voneinander zu trennen sind.

Immatrikuliert wurde ich dennoch nicht. Nach vielen Bemühungen erhielt ich schließlich die Genehmigung, einige Vorlesungen zu besuchen, ohne jedoch als Student zu gelten. Außerdem durfte ich (wie übrigens jeder andere auch) die prächtige Bibliothek der Preußischen Akademie der Wissenschaften benutzen. Ich besuchte die Vorlesungen Plancks und Laues über die Relativitätstheorie und lernte zwei Studenten kennen, die sich ebenfalls für diese Theorie interessierten. Einmal in der Woche kamen wir zusammen und diskutierten subtile und schwierige Fragen, die mit der Relativitätstheorie zusammenhingen. Einer der beiden war Leon Szilard, damals ebenso jung wie ich, der andere Dr. Winternitz, bereits etwas älter als wir, der sein ganzes Leben hindurch bis zu seinem plötzlichen Ableben vor wenigen Jahren in London glühender Kommunist und Mitglied dieser Partei gewesen war. Seine Argumente, mit denen er uns für den Kommunismus zu gewinnen suchte, waren ehrlich, logisch und überzeugend. Meine früheren Erfahrungen in Polen hatten einen fruchtbaren Boden hierfür geschaffen. Doktor Winternitz verdanke ich meine Sympathie für viele Ziele der kommunistischen Partei.

Während meines Aufenthaltes in Berlin erblickte ich eines Tages Plakate, die zwei Vorträge über Wahrheit und Lüge in der Relativitätstheorie ankündigten. Die Redner waren ein Dozent für theoretische Physik und noch jemand, dessen Namen ich nicht kannte und auch später nicht erfuhr.

Am Inhalt der Ankündigung erkannte man sofort, daß dies Teil einer gegen Einstein gerichteten antisemitischen Aktion war. Die Veranstaltung erweckte meine Neugier, und ich kaufte mir eine Eintrittskarte. Die Vorträge fanden in einem großen Konzertsaal in der Nähe des Potsdamer Platzes statt. Eröffnet wurde der Abend von jenem Herrn, an dessen Namen ich mich nicht mehr erinnere. Er war ein gutaussehender, dunkelhaariger Mann von etwa dreißig Jahren und trat ganz feierlich im Abendanzug auf. Er sprach mit Begeisterung über langweilige Dinge. So sagte er, daß die Reklame, die um die Relativitätstheorie gemacht werde, unvereinbar mit echtem deutschem Geist sei. Nur soviel! Dann trat der Dozent auf. Er trug ein Bärtchen, war ziemlich klein und ebenfalls feierlich gekleidet. Seinen Vortrag las er aus einer Broschüre ab, die hinterher in einer Vielzahl von Exemplaren verkauft wurde. Sie enthielt Vorwürfe, die noch heute unter Leuten umhergeistern, die nicht imstande sind, sich zum Verständnis der speziellen Relativitätstheorie aufzuschwingen.

Plötzlich vernahm ich deutliches Geflüster: »Einstein, Einstein.« Es stellte sich heraus, daß Einstein sich eine Logenkarte für dieses Spektakel gekauft hatte. Die Anwesenden interessierten sich weit mehr für die Anwesenheit Einsteins als für den eintönigen Vortrag. Nach der Veranstaltung sah ich, wie Einstein zahlreiche Bekannte begrüßte, die sich im Saal befanden. Ich hörte auch, wie er sagte: »Das war ganz amüsant.«

Einstein war zu jener Zeit Professor an der Berliner Universität und Mitglied der Akademie der Wissenschaften. Als Professor konnte er Vorlesungen halten, brauchte es aber nicht zu tun. Während meines Aufenthalts in Berlin hielt er keine einzige Vorlesung. Ich besuchte nur einen populärwissenschaftlichen Vortrag von ihm, der in der größten und überfüllten Aula der Universität stattfand. Der Titel des Vortrags lautete »Geometrie und Erfahrung«. Einstein besaß eine wundervolle Stimme und war ein faszinierender Redner auch für diejenigen, die von seinem Vortrag nichts verstanden. Dieser Vortrag wurde übrigens später mehrmals und in vielen Sprachen abgedruckt.

Nach dem Vortrag fand eine Diskussion statt. Ein junger Philosophiestudent erklärte, die Ansichten Einsteins widersprächen dem, was Kant über den Raum geschrieben habe. Einstein lächelte milde. In dieser preußischen Stadt hatte Einstein den Mut, seine Ansichten selbst einem Kant entgegenzustellen. Welch eine Lästerung!

II

Mein Geld war bald aufgebraucht. Nach halbjährigem Aufenthalt in Berlin kehrte ich nach Polen zurück und promovierte auf Grund meiner Arbeit über die Relativitätstheorie. Danach folgten eine einjährige Tätigkeit als Lehrer in Będzin und die zwei Jahre am Gymnasium in Konin.

In der theoretischen Physik war ich eigentlich Autodidakt. Weder in Krakau noch selbst in Berlin existierte eine Schule in dem Sinne, wie es sie bei Sommerfeld in München, bei Bohr in Kopenhagen oder bei Born in Göttingen gab.

Das Fehlen einer solchen Schule war ein Segen für Einstein. Mir jedoch fehlten die wissenschaftliche Atmosphäre, die Diskussionen und irgendein Zentrum der theoretischen Physik.

Theoretische Physiker waren in Polen nicht mit Gold aufzuwiegen. An der Jan-Kazimierz-Universität in Lwów und an der Universität in

Poznań gab es überhaupt keinen Lehrstuhl für theoretische Physik. Als ich der erste und einzige Doktor der theoretischen Physik in Polen wurde, hegte ich nicht den geringsten Zweifel, daß mir die Universitätskarriere offenstehen würde, gäbe es da nicht ein kleines Aber: Ich war Jude. Der einzige Weg, etwas Geld zu verdienen, war die Lehrertätigkeit an jüdischen Schulen. Allerdings zogen es die jüdischen Schulen der Hauptstadt vor, Nichtjuden als Lehrer einzustellen. So blieben nur die Schulen in der Provinz. Die Erinnerung an die leeren Tage in Konin und Będzin wird mich mein Leben lang verfolgen.

In jenen unglücklichen Jahren glaubte ich nicht mehr daran, es jemals weiterzubringen als bis zum Gymnasiallehrer. Aber ich träumte davon, aus den polnischen Provinzstädtchen herauszukommen und Arbeit in einer Universitätsstadt zu finden. In Betracht kam nur Warschau. In Krakau war die Schule zionistisch gefärbt und hätte keinen Lehrer eingestellt, der mit den Kommunisten sympathisierte. Ich hatte in Konin etwas Geld gespart und fuhr nach Warschau, um mein Glück zu versuchen. Als ich an einer jüdischen Schule in Warschau eine Anstellung fand, war ich bereits dem dreißigsten Lebensjahr näher als dem zwanzigsten. Um mich und meine Familie ernähren zu können, mußte ich, ich erinnere mich noch gut daran, achtunddreißig Stunden in der Woche unterrichten! Bei meinen anfänglich noch recht unbeholfenen wissenschaftlichen Arbeiten erhielt ich jedoch von nirgendwoher Hilfe in Polen. Die einzige Zuflucht war die Universitätsbibliothek und die ziemlich seltenen Briefe von Einstein.

Schließlich überschritt ich die Dreißig. Ich war mir im klaren darüber, daß ich die besten Jahre meines Lebens vergeudete. Die Abneigung, die mir von offizieller Seite zuteil wurde, erklärte ich mir mit meiner jüdischen Abstammung. Vielleicht existierte diese Ursache auch nur in meiner Phantasie. Ich weiß es nicht.

Jedenfalls wäre ich wohl ohne Stanisław Loria, den Professor für Experimentalphysik in Lwów, eines der Opfer von Treblinka, Majdanek oder Auschwitz geworden.

In Lwów war der Lehrstuhl für theoretische Physik lange Zeit unbesetzt geblieben. Lorias Idee bestand nun darin, mir eine Assistentenstelle zu geben und mich gleichzeitig mit Vorlesungen über theoretische Physik zu beauftragen. Ich war damals schon zweiunddreißig Jahre alt. Eine solche Stellung wäre für einen acht oder zehn Jahre jüngeren Studenten geeignet gewesen. Außerdem wurden die Assistentenstellen sehr schlecht bezahlt. Trotzdem sagte ich zu. Von nun an war das Problem meiner künftigen wissenschaftlichen Arbeit gelöst. Fast gleichzeitig waren in meinem Familienleben Veränderungen vor sich gegangen. Halina war meine Frau geworden. Zum erstenmal fühlte ich mich glücklich, sowohl in der neuen Atmosphäre an der Universität als auch in den neuen Familienverhältnissen.

III

In der theoretischen Physik entfaltet sich das Genie des Wissenschaftlers zu seiner vollen Blüte gewöhnlich vor Vollendung des dreißigsten Lebensjahres. So war es mit Einstein gewesen, dessen fruchtbarste Zeit sein fünfundzwanzigstes Lebensjahr war. Ähnlich verhielt es sich mit Heisenberg, mit Dirac und einer Reihe anderer theoretischer Physiker. Begabte theoretische Physiker erreichen die besten Arbeitsergebnisse vor dem fünfunddreißigsten Lebensjahr. Danach erlahmt gewöhnlich die wissenschaftliche Phantasie, jener wichtigste Faktor in der theoretischen Physik, langsam zwar, aber unvermeidlich, und in der Zeit zwischen dem fünfundfünfzigsten und sechzigsten Lebensjahr ist die Arbeit mehr eine Sache der Routine und der Technik als der Vorstellungskraft. Es ist erstaunlich, wie wenige Wissenschaftler sich diese empirische Wahrheit eingestehen. Gewöhnlich glauben sie ihr Leben lang, das ja ein ständiges Zugehen auf den Tod ist, daß gerade »jetzt« ihr wichtigstes Werk entsteht. In der Geschichte der Wissenschaft gibt es nur wenige Gegenargumente zu meiner Behauptung, unter anderem das wohl krasseste Beispiel, den Fall Sommerfeld, der im Alter von sechzig Jahren eine ausgezeichnete Arbeit über die Leitfähigkeit der Metalle geschrieben hat. Doch das sind Einzelfälle.

Meine wissenschaftliche Arbeit konnte erst zu einem Zeitpunkt beginnen, da die wissenschaftliche Phantasie bereits erlahmt. Im vierunddreißigsten Lebensjahr (kurz vor der Machtübernahme Hitlers) fuhr ich für sechs Wochen nach Leipzig, wo die Professoren Heisenberg und van der Waerden lehrten. Erstmalig im Leben fand ich Kontakt zu einer starken Schule der theoretischen Physik. Mit vielen Anregungen für meine weitere wissenschaftliche Arbeit kehrte ich nach Lwów zurück und schrieb bald darauf auf dem Korrespondenzweg eine gemeinsame Arbeit mit van der Waerden. Ich fühlte mich sehr geehrt, als Einstein in einer seiner Abhandlungen diese Arbeit zitierte.

Etwa um diese Zeit starb meine Frau Halina. Ihr Tod war für mich eine Tragödie. Eine gewisse Linderung brachte mir ein einjähriger

Aufenthalt in Cambridge, wo ich ein wenig Ruhe fand. Die Tradition von Cambridge, sein wissenschaftliches Niveau und seine herrliche englische Gotik waren Tag für Tag ein bewegendes Erlebnis für mich.

Dort lernte ich Lord Rutherford und die Professoren Fowler und Dirac kennen, dort arbeitete ich zusammen mit Max Born, den ich für meinen Lehrer und Freund halte.

Mit Einstein blieb ich im brieflichen Kontakt.

Ich schrieb ihm selten und nur, wenn es sich um wissenschaftliche Fragen handelte. Seine Antworten halfen mir immer in meiner Arbeit. Als mein erstes populärwissenschaftliches Buch in englischer Sprache erscheinen sollte, redete der Verleger (Gollancz) auf mich ein, mich an Einstein mit der Bitte um ein Vorwort zu wenden; ein solches Vorwort würde den Leserkreis bedeutend vergrößern. Einstein lebte damals in Princeton; in Deutschland herrschten schon die Nationalsozialisten. Ich schrieb an Einstein und schickte ihm den Umbruch des Buches. Nach zwölf Tagen erhielt ich ein in warmen Worten geschriebenes, sehr schönes Vorwort in deutscher Sprache. In einem Brief schrieb mir Einstein außerdem, daß ihm mein Buch sehr gefalle, und wenn ich aus irgendeinem Grund ein anderes Vorwort wünschte, so würde er es gern ändern.

Ich kehrte nach Lwów zurück. In Wilna war der Lehrstuhl für Physik frei geworden. Durch ein kompliziertes Intrigenspiel verhinderte man, daß ich diesen Lehrstuhl übernahm. Ich war damals bereits achtunddreißig Jahre alt. Das beste Alter für wissenschaftliche Arbeit war unwiderruflich dahin.

Wir schrieben das Jahr 1936. Die Faschisierung Polens machte Fortschritte. Ich war mir im klaren darüber, daß ich in Polen nie eine Professur bekommen würde. So schilderte ich Einstein meine Situation. Natürlich wußte ich, daß dies eine von vielen Bitten um Hilfe war, die er erhielt. Die Antwort kam bald: Das *Institute for Advanced Study* in Princeton (dessen Professor Einstein war) habe mir ein bescheidenes Stipendium zuerkannt, und der Autor des Briefes freue sich, daß wir uns bald begegnen würden.

IV

Nach Amerika reiste ich über London. Es war im Spätsommer 1936. Ganz zufällig begegnete ich dort auf der Straße Professor C. aus Princeton. Er erzählte mir, er verbringe hier die Ferien bei seiner Familie. Ich kannte ihn noch aus der Volksschule oder aus der jüdischen Bürgerschule in Krakau. Vor Jahren war er mit seiner Familie nach Berlin emigriert, wo er studiert und eine ausgezeichnete Doktorarbeit geschrieben hatte. Als Hitler an die Macht kam, mußte er als Jude Deutschland verlassen. Er ging in die Vereinigten Staaten und wurde Professor an der Universität in Princeton. Dieses Zusammentreffen erschien mir als ein sehr glücklicher Umstand, denn ich glaubte, dies würde meine einzige Bekanntschaft in Princeton sein.

Zunächst fragte ich ihn ganz allgemein über die Verhältnisse an den Universitäten aus, und ob es schwierig sei, dort eine Stellung zu bekommen. Er gab mir einen »väterlichen« Rat: Wenn mir an einer Stellung gelegen sei, wäre es besser, ich würde nicht mit Einstein zusammen arbeiten.

Solange Einstein lebte, habe ich nie über diese Warnung geschrieben. Sie war jedoch bezeichnend für die Atmosphäre, von der Einstein in Princeton umgeben war. Doch den Inhalt der Bemerkung von Professor C. begriff ich erst später.

In Princeton kam ich an einem Sonnabend an, verlebte einen toten Sonntag und ging am Montag zur Fine Hall, einem prächtigen Gebäude, in dem das Institut für Mathematik und Theoretische Physik der Universität in Princeton sowie das *Institute for Advanced Study* untergebracht waren. Ich fragte die Sekretärin, wann ich Einstein sprechen könnte. Sie telefonierte mit ihm und sagte dann: »Professor Einstein möchte Sie sofort sprechen.«

Ich klopfte an die Tür Nummer 209 und vernahm ein lautes: »Herein.«

Als ich die Tür öffnete, erblickte ich eine mir energisch entgegengestreckte Hand. Einstein sah bedeutend älter aus als in Berlin, älter, als es der Unterschied von sechzehn Jahren, die seit unserer letzten Begegnung verflossen waren, gerechtfertigt hätte. Sein langes Haar war weiß, das Gesicht abgespannt und gelb. Nur die strahlenden Augen waren die gleichen wie damals. Er trug eine braune lederne Windjacke, ein kragenloses Hemd, zerknitterte braune Hosen und hatte keine Socken an. Ich erwartete eine, wenigstens kurze, private Unterhaltung, solche Fragen wie: Wann sind Sie angekommen? Wie war die Reise? Was hört man in Europa? Doch es kam anders.

»Sprechen Sie deutsch?«

»Ja«, erwiderte ich.

»Dann will ich Ihnen sagen, woran ich zur Zeit arbeite.«

Ruhig nahm er ein Stück Kreide zur Hand, ging zur Tafel und begann mit dem Vortrag.

Seltsam war die Ruhe, mit der Einstein sprach. In seinem Verhalten war nichts von der Ungeduld des Wissenschaftlers, der davon ausgeht, daß das Problem, das ihn seit Jahren beschäftigt, dem Zuhörer ebenso verständlich ist wie ihm. Bevor Einstein zu Formeln und zu Einzelheiten überging, skizzierte er den philosophischen Hintergrund der Probleme, an denen er arbeitete. Während er langsam und würdevoll im Zimmer auf und ab ging und, die erloschene Pfeife im Mund, von Zeit zu Zeit an die Tafel trat, um eine Gleichung anzuschreiben, sprach er in prächtig formulierten, geschliffenen Sätzen. Alles, was er sagte, hätte unverändert gedruckt werden können, und jeder Satz hätte einen vollendeten Sinn gehabt. Der Vortrag war einfach, tiefschürfend und klar.

Ich hörte aufmerksam zu und verstand alles. Einsteins Ideen waren, wie immer, von grundsätzlicher Natur. Er sagte mir, warum ihm die Art und Weise nicht gefiel, in der Born und ich das Problem einer einheitlichen Feldtheorie in Angriff genommen hatten; dann sprach er über seine vergeblichen Versuche, die Materie als Konzentration von Feldern zu begreifen, später über die »Brückentheorie« als Modell der Materie und über die Schwierigkeiten, auf die er und sein Mitarbeiter während eines Jahres intensiver Arbeit gestoßen waren.

Ein Klopfen an der Tür unterbrach den Vortrag. Ein sehr kleiner, hagerer Mann von etwa sechzig Jahren trat lachend und lebhaft gestikulierend ins Zimmer; er sprach eine Mischung aus Italienisch und Englisch. Es war Levi-Civita, der berühmte italienische Mathematiker, damals Professor in Rom, für ein halbes Jahr nach Princeton eingeladen. Dieser zierliche, körperlich schwächliche Mann hatte es einige Jahre vorher abgelehnt, den faschistischen Schwur zu leisten, den man in Italien von Universitätsprofessoren verlangte.

Einstein kannte Levi-Civita gut und schon seit langem. Doch er begrüßte ihn ähnlich wie mich. Mehr mit Gesten als mit Worten sagte Levi-Civita, daß er uns nicht stören wolle, und wies mit beiden Händen zur Tür. Um seinen Gedanken noch besser zu unterstreichen, drehte er seinen ganzen zierlichen Körper zur Tür.

Es war Zeit, daß ich Einspruch erhob.

»Es macht mir nichts aus, zu gehen und ein andermal wiederzukommen.«

Einstein war nicht einverstanden.

»Nein! Wir können alle drei gemeinsam diskutieren. Ich werde kurz wiederholen, was ich jetzt Infeld vorgetragen habe, und dann können wir den weiteren Teil diskutieren.«

Wir willigten gern ein. Einstein wiederholte in etwas gekürzter Fassung seine einleitenden Bemerkungen. Diesmal wählten wir Englisch als Mittel der Verständigung. Da ich den ersten Teil des Vortrags bereits kannte, brauchte ich nicht aufzupassen und konnte mehr die Augen gebrauchen als das Gehör. Ich konnte nur mit Mühe ein Lächeln unterdrücken. Einsteins Englisch war sehr einfach. Es bestand aus etwa dreihundert Wörtern, die er auf besondere Art aussprach. Wie er mir später erzählte, hatte er diese Sprache niemals systematisch gelernt. Jedes Wort war jedoch verständlich dank der Ruhe, mit der er es aussprach, und weil er langsam und deutlich sprach und seine Stimme sehr angenehm klang. Das Englisch Levi-Civitas war wesentlich schlechter, und der Sinn seiner Worte verlor sich in dem italienischen Akzent und in der lebhaften Gestik. Eine Verständigung zwischen ihnen war nur möglich, weil Mathematiker kaum Worte brauchen, um sich verständlich zu machen. Sie haben Symbole und einige technische Termini zur Verfügung, die man selbst dann noch erkennen kann, wenn sie deformiert sind.

Ich beobachtete aufmerksam den ruhigen Einstein und den kleinen mageren, lebhaft gestikulierenden Levi-Civita, wie sie auf die an die Tafel geschriebenen Formeln wiesen und sich einer Sprache bedienten, die ihrer Meinung nach die englische war. Dieses Bild und der Anblick Einsteins, der alle paar Sekunden die Hosen hochzog (ohne Gürtel und ohne Hosenträger), war so großartig und komisch, daß ich es wohl nie vergessen werde. Wiederum fiel es mir schwer, nicht zu schmunzeln, doch dann machte ich mir klar: Da unterhältst du dich hier und diskutierst physikalische Probleme mit dem berühmtesten Physiker der Welt und lachst, weil er ohne Hosenträger geht.

Dieses Zureden hatte Erfolg, ich wurde wieder ernst, gerade in dem Augenblick, als Einstein über seine neueste Arbeit zu sprechen begann, die die Gravitationswellen betraf und noch nicht veröffentlicht war.

Levi-Civita hörte sich Einsteins Argument über die Nichtexistenz von Gravitationswellen an und erklärte im Anschluß, er habe sich mit jemanden zum Lunch verabredet. Dabei bediente er sich einer so lebhaften Gestik, daß auch ich Hunger bekam. Einstein bat mich, ihn nach Hause zu begleiten, damit er mir das Manuskript seiner letzten Arbeit geben könne. Unterwegs sprachen wir weiterhin über Physik. Diese große Dosis Physik ermüdete mich, und ich hatte Schwierigkeiten, Einstein zu verstehen. Er sprach über ein Thema, auf das wir später häufig zurückkamen. Er erläuterte mir, warum ihn die gegenwärtige Quantentheorie nicht befriedige, warum er glaube, sie habe provisorischen Charakter, und warum seiner Meinung nach die Zukunft diese Theorie von Grund auf ändern werde.

Dann sagte er in ganz gewöhnlichem Ton, ohne Verbitterung oder Trauer in der Stimme: »Hier in Princeton glaubt man, ich sei ein alter Trottel.«

Ich ging mit ihm nach Hause, in sein Arbeitszimmer mit dem großen Fenster, das den Blick auf einen schönen Garten freigab, auf die lebhaften Farben des amerikanischen Herbstes, und vernahm an diesem Tage die erste und einzige Bemerkung von ihm, die nicht die Physik betraf.

»Der Blick aus diesem Fenster ist wundervoll.«

V

In meinen Notizen aus jener Zeit, die in englischer Sprache veröffentlicht wurden, finde ich folgenden Abschnitt, 1938 in Amerika niedergeschrieben:

Der Gelehrte, der einen wissenschaftlichen Erfolg erreicht hat und sich für einen Idealisten hält, war während seiner schöpferischen Arbeit bestimmt Materialist, indem er emotional von einer realen Umwelt ausgegangen ist. Erst später hat er sich eine künstliche philosophische Struktur geschaffen, die nichts mit seiner schöpferischen Arbeit zu tun hat und dem Geist dieser Arbeit fremd ist. Auf diese Weise entsteht ein gefährlicher Widerspruch zwischen seiner wissenschaftlichen Arbeit und seinen Worten. Im täglichen Leben, wenn wir um die Gesundheit unserer Kinder, um die Treue unserer Frau besorgt sind oder wenn wir wissenschaftlich arbeiten, handeln wir immer wie Materialisten. Dieses Gefühl für die Materialität der Umwelt ist bei Einstein so groß, daß es häufig ins Gegenteil umschlägt. Wenn Einstein von Gott spricht, denkt er immer an den inneren Zusammenhalt und die logische Einfachheit der Naturgesetze. Ich möchte das ein materialistisches Herangehen an Gott nennen.

Einstein benutzte seinen Gottbegriff häufiger als ein Pfarrer. Einmal fragte ich ihn:

»Morgen ist Sonntag, Herr Professor. Soll ich zu Ihnen kommen, wollen wir arbeiten?«

»Weshalb sollten wir nicht arbeiten?«

»Ich dachte, Sie möchten vielleicht am Sonntag ausruhen.«

Einstein lachte laut und sagte:

»Der Herrgott ruht sonntags auch nicht aus.«

In der Fine Hall gibt es einen Raum, der gewöhnlich geschlossen ist und nur zum Empfang berühmter Gäste geöffnet wird. Auf dem Kamin ist eine Maxime Einsteins eingraviert:

»Raffiniert ist der Herrgott, aber boshaft ist er nicht.«

VI

In Amerika sah ich zum erstenmal Negertänze, Tänze voller Feuer und Lebenskraft. Der Tanzsaal des Savoy in Harlem verwandelte sich in einen afrikanischen Dschungel mit sengender Sonne und üppiger Pflanzenwelt. Die Luft vibrierte förmlich. Diese Lebenskraft strahlten auch die mitreißende Musik und die leidenschaftlichen Tänze aus; der Zuschauer verlor das Gefühl für die Wirklichkeit. Im Vergleich zu den Farbigen wirkten die Weißen nur halb lebendig, lächerlich und gedemütigt. Sie gaben bestenfalls den Hintergrund ab, von dem sich die primitive, grenzenlose Vitalität der Schwarzen noch deutlicher abhob. Man glaubte, Augenblicke der Rast seien hier überflüssig, diese intensive Bewegung könne ewig dauern.

Jenes Bild hatte ich häufig vor Augen, wenn ich Einstein beobachtete. Es war, als existierte in seinem Gehirn ein unerhört lebendiger, pausenlos rotierender Mechanismus. Das war sublimierte Lebenskraft. Manchmal war es geradezu schmerzlich, diesen Vorgang zu beobachten. Einstein konnte über Politik sprechen oder mit der ihm eigenen erstaunlichen Güte einem Bittsteller zuhören und auf Fragen antworten, immer spürte man hinter dieser äußeren Tätigkeit die Kontemplation wissenschaftlicher Probleme; sein Gehirnmechanismus arbeitete ohne Unterlaß, und erst der Tod unterbrach diese unaufhörliche Bewegung.

Einige Wochen nach meiner Ankunft in Princeton begann unsere Zusammenarbeit. Zunächst war ich nicht sehr begeistert davon gewesen. Erst später riß mich Einsteins Gedankenkraft mit. Bis zum heutigen Tag kreist meine wissenschaftliche Arbeit immer wieder um ein Problem, das man kurz als *Bewegungsproblem* bezeichnen kann.

Seine endgültige Lösung wird wohl niemals unser tägliches Leben, die heutige Technik beeinflussen. Es ist eine rein theoretische Frage. Ihr Ziel ist ein besseres Verständnis des Problems der Bewegung; wir wollen es besser, tiefer, logischer begreifen, als dies die Newtonsche Mechanik tut. Diese Frage ist grundsätzlicher Natur und reicht mit ihren Wurzeln bis in die Fundamente der Physik. Je länger ich daran arbeite, desto interessanter erscheint sie mir.

Die grundlegende Idee ist einfach. Aber ihre Bearbeitung erforderte die Entwicklung einer speziellen Rechentechnik, intensiveres Denken und schwerere Arbeit als irgendeine Frage, mit der ich mich bisher beschäftigte. Fast zwanzig Jahre hindurch widmete ich mich – mit gewissen Unterbrechungen – dieser Aufgabe, die vor allem bei der Erforschung der Bewegung von Doppelsternen Anwendung findet.

Das Problem der Bewegung ist so alt wie das menschliche Denken. In der Newtonschen Mechanik haben wir immer ein konkretes Bild: Ein Pferd zieht einen Wagen, und dieser Wagen bewegt sich. Die Kraft bewirkt die Beschleunigung des Körpers, auf den sie wirkt. Dieses mechanistische Bild erscheint uns nur deshalb selbstverständlich, weil wir uns daran gewöhnt haben. Wir haben in diesem Bild sowohl eine Kraft als auch einen Körper, die grundlegenden Elemente der mechanistischen Weltanschauung, das wohlbekannte Zubehör der früheren Physik. Läßt sich jedoch dieses Bild mit unseren Begriffen vom Feld vereinbaren, mit Begriffen, die sich anderswo als so fruchtbar erwiesen haben? Wir müssen das Problem der Bewegung noch einmal analysieren, und zwar mit Hilfe der Begriffe und Denkmethoden, die durch die Feldtheorie in die Physik eingeführt wurden.

Es zeigte sich, daß dies eine schwierige Aufgabe ist. Sowohl in den Feldgleichungen Maxwells als auch in den Gravitationsgleichungen Einsteins war das Bewegungsproblem nicht entsprechend an die Feldtheorie angepaßt. Das Bewegungsproblem steckte noch in dem engen Rahmen der klassischen Teilchenphysik. Ziel unserer Forschungen war die Ignorierung der bestehenden Begriffe des Stoßens, Ziehens, Hebens und eine Neuformulierung des Problems mit den Termini der Feldtheorie, wobei nur Feldgleichungen angewendet werden sollten. Das Problem ist wichtig vom philosophischen Standpunkt, doch sein praktischer Wert ist, wie ich bereits erwähnte, fast gleich Null.

Ich weiß nicht, wieviel Menschen unsere Arbeit studiert haben. Bestimmt waren es nicht viele, trotz der Rolle, die Einsteins Name heute in der wissenschaftlichen Welt spielt. Es ist leicht zu sagen, Einstein sei der größte Wissenschaftler der Gegenwart – vielleicht sogar der größte Wissenschaftler aller Zeiten. Aber schwieriger ist es, Einsteins Rolle in der Wissenschaft zu bestimmen und zu verstehen.

Der Schlüssel zum Verständnis seiner Rolle in der Wissenschaft ist seine Isoliertheit. In dieser Hinsicht unterscheidet er sich von allen Wissenschaftlern, die ich kannte. Dirac ist ihm vielleicht noch am nächsten, obwohl der Unterschied zwischen ihnen beträchtlich ist. Als Einstein im Jahre 1905 seine spezielle Relativitätstheorie formulierte, war sein Name in der wissenschaftlichen Welt unbekannt. Er hat nie an einer Universität Physik studiert, gehörte keiner der bekannten physikalischen Schulen an, er arbeitete damals als Angestellter im Patentamt.

Einmal sagte Einstein: »Bis zu meinem dreißigsten Lebensjahr habe ich nie einen richtigen theoretischen Physiker gesehen.«

Ich hatte damals große Lust zu fragen, ob er niemals in den Spiegel geschaut habe.

Heutzutage scheint es unumgänglich zu sein, daß jeder theoretische Physiker durch eine gute Schule geht, durch ein wissenschaftliches Zentrum also, oder besser noch, durch mehrere gute Schulen, daß er Kontakt zu den Meistern hat, sich die Technik der wissenschaftlichen Arbeit aneignet. Mit Einstein war es anders. Für ihn war die Isolierung ein Segen, denn sie verhinderte, daß sein Verstand ausgetretenen Pfaden folgte. Diese Isoliertheit, das unabhängige Durchdenken von Problemen, die er sich selbst gestellt hat, die Suche nach eigenen Wegen, die Distanz zur Menge – das sind die charakteristischen Merkmale seines Schaffens. Hierin liegen nicht nur Originalität, nicht nur wissenschaftliche Phantasie; hierin steckt mehr, etwas, was nur verstanden werden kann, wenn man Einsteins Arbeitsmethode betrachtet und die Probleme, mit denen er sich beschäftigt hat.

Als Einstein sechsundzwanzig Jahre alt war, beschränkte sich seine wissenschaftliche Leistung nicht auf die Relativitätstheorie. Grundlegende Ideen wie die Theorie der Lichtquanten und die Brown'sche Molekularbewegung sind ebenfalls mit seinem Namen verbunden. Alle diese Arbeiten fanden einige Jahre später Anerkennung, und Einsteins Name wurde unter den Physikern berühmt. So war der

Stand der Dinge im Jahre 1909. Damals interessierten sich die Physiker kaum für das Problem der Gravitation. Der Schwerpunkt der wissenschaftlichen Arbeit auf den Gebieten der Physik lag in der Quantentheorie und zum Teil in der speziellen Relativitätstheorie, die grobe Unstimmigkeiten im Bereich der klassischen Elektrodynamik ausräumte. Die Probleme und Ergebnisse in der Quantentheorie und in der speziellen Relativitätstheorie hielt man für interessant, zeitgemäß und beachtenswert. Doch in der Beschäftigung mit der Gravitationstheorie sah niemand eine wichtige Aufgabe. Berechnungen, die sich auf Newtons Gravitationsgesetz stützten, schienen den Astronomen genügend präzise zu sein. Ich glaube nicht, daß in den Jahren nach der Formulierung der speziellen Relativitätstheorie auch nur eine Arbeit über Fragen der Gravitation erschienen ist. Einstein widmete diesem Problem zehn Jahre seines Lebens, zu einem Zeitpunkt, als sich niemand mehr mit diesem Problem beschäftigte, ja, als sich niemand dafür interessierte. Die spezielle Relativitätstheorie hatte entscheidende Widersprüche in der Physik beseitigt. Sie wurde von der physikalischen Welt allgemein mit Begeisterung aufgenommen. Das Verhältnis der Physiker (zumindest in der ersten Zeit) zur allgemeinen Relativitätstheorie hingegen kann man am besten mit den Worten ausdrücken: »Wen interessiert das schon?«

Einstein erzählte mir von diesem mangelnden Interesse, davon, daß niemand an den Erfolg seiner Methode, dieses Problem in Angriff zu nehmen, glaubte; sein Gesichtspunkt kam allen fremd und seltsam vor. Zehn Jahre lang über einem Problem zu grübeln ohne ein Wort der Ermunterung von seiten der physikalischen Welt – das ist ein Beweis ungewöhnlicher Charakterstärke. Und Charakterstärke ist auch, vielleicht mehr noch als Intuition, mehr als kolossale wissenschaftliche Phantasie, die Quelle seiner wissenschaftlichen Leistungen.

Erst viel später, nach der Formulierung der allgemeinen Relativitätstheorie, kam die Zeit des Ruhms und der Anerkennung; Einstein erlangte Weltruhm unter den Physikern, größeren Ruhm als irgendein anderer Wissenschaftler.

Bis an sein Lebensende blieb Einstein seinen Arbeitsmethoden treu, stellte er sich eigene Probleme, ging eigene Wege. Mit zunehmendem Alter brachte diese Methode nicht mehr so großartige Ergebnisse wie die spezielle Relativitätstheorie. Immer weniger Physiker interessierten sich für Einsteins Arbeit in seinen letzten Jahren. Fast alle Wissenschaftler arbeiten heute in Gruppen, sammeln Material, suchen häufig nur provisorische Theorien, Hauptsache sie stimmen mit der Vielfalt der experimentellen Daten überein. Das ist besonders auf dem Gebiete der Kernphysik deutlich sichtbar.

Erst nach Einsteins Tod erfolgte gewissermaßen eine Renaissance seiner Theorien. Immer mehr begabte junge Menschen beschäftigen sich mit der allgemeinen Relativitätstheorie, die Physiker wie Mathematiker durch die Einfachheit ihrer Gesetze und ihren inhaltlichen Reichtum besticht. Einstein mochte nicht den Geist der »Ingenieurphysik«, wie er sie nannte; einer Physik, die schnelle Ergebnisse sucht, Ergebnisse, die nur mit einer sehr begrenzten Anzahl von Tatsachen übereinstimmen, und zwar durch Hypothesen, die ad hoc aufgestellt werden. Sein Interesse galt immer grundsätzlichen, fundamentalen Problemen. Nur wenige Physiker teilen diese Meinung. Die meisten sind daran interessiert, rasche, die Erfordernisse des Augenblicks befriedigende Resultate zu erzielen, Theorien und Methoden zu erforschen, die kürzer leben als Frühlingsblumen. So ist zum Beispiel ein Buch über die Kerntheorie meist schon veraltet, wenn es in Druck geht.

Einstein betrachtete die Lösung des Gravitationsproblems als die größte Errungenschaft seines Lebens. Einmal sagte er zu mir:

»Die spezielle Relativitätstheorie hätte man unabhängig von mir heute bereits entdeckt. Das Problem war reif. Ich glaube jedoch nicht, daß dies auch auf die allgemeine Relativitätstheorie zutrifft.«

Mit seiner Äußerung unterstrich Einstein, was ich vorhin erwähnte: daß das Interesse der Physiker weit entfernt war von den Problemen, mit denen sich die allgemeine Relatitivitätstheorie beschäftigte und die sie gelöst hat.

Einstein besaß die tief eingewurzelte Gewohnheit, alles selbständig zu bearbeiten. Einmal, als ich eine Berechnung anstellen sollte, die in vielen Büchern zitiert wird, sagte ich:

»Wir können ja nachsehen, wie es dort gemacht wird, da sparen wir viel Zeit.«

Doch Einstein rechnete weiter.

»So wird es schneller gehen«, sagte er. »Ich habe bereits vergessen, wie man in Büchern nachschlägt.«

Bevor wir unsere Arbeit veröffentlichten, erbot ich mich, Literatur über diesen Gegenstand herauszusuchen, um die Wissenschaftler zu zitieren, die an diesem Problem gearbeitet hatten. Einstein lachte laut und sagte:

»O ja! Unbedingt! Ich habe in dieser Hinsicht schon viel gesündigt.«

Da ich hier eine der wundervollen Formulierungen Einsteins zitieren möchte, bin ich gezwungen, bestimmte mathematische Begriffe einzuführen. Die Feldtheorien – wie Maxwells Theorie des elektromagnetischen Feldes oder Einsteins Gravitationstheorie – werden in der Form von partikulären Differentialgleichungen dargestellt. Um eine Lösung für diese Gleichungen zu finden, um daraus ein Ergebnis ableiten zu können, das mit der Erfahrung verglichen werden kann, muß man ein Verfahren anwenden, das »Integrieren« genannt wird. Das ist ein mühevoller und komplizierter Vorgang. Die logische Kette von der Theorie bis zur Beobachtung beruht hauptsächlich auf diesem Verfahren des Integrierens von Differentialgleichungen. Darin liegen unsere größten technischen Schwierigkeiten.

Manchmal, wenn wir schon monatelang an solchen Problemen gearbeitet hatten, pflegte Einstein zu sagen:

»Der Herrgott kümmert sich nicht um unsere mathematischen Schwierigkeiten. Er integriert empirisch.«

In dieser Aussage kommt Einsteins Überzeugung zum Ausdruck, daß die Naturgesetze sich aus einfachsten Theorien herleiten lassen und daß deren Einfachheit und nicht die mit der Deduktion verbundenen Schwierigkeiten die Schönheit der jeweiligen Theorie ausmachen.

VII

Es zeigte sich, daß es sehr schwierig ist, die Gravitationstheorie logisch zu vereinfachen, indem man die Bewegungsgleichungen ignoriert. Streichen wir die Bewegungsgleichungen, so bleiben nur Feldgleichungen übrig, die sehr kompliziert sind und ihr Geheimnis nicht preisgeben. Die theoretischen Physiker kennen sie nur oberflächlich und wissen wenig über ihren tieferen Inhalt. Damals wußten wir nicht, ob diese Gleichungen den Elementarteilchen volle Bewegungsfreiheit gestatten oder ob sie ihre Bewegungsmöglichkeiten einschränken. Mit anderen Worten, wir wußten nicht, ob die Bewegungsgleichungen den Feldgleichungen hinzuzufügen sind oder nicht.

Lange bevor wir mit den gemeinsamen Untersuchungen begannen, hatte Einstein schon eine eigene Vorstellung davon, wie man an dieses Problem herangehen könne: Er wollte die sogenannte *»neue Methode der Näherungen«* anwenden. Einstein glaubte an einen doppelten Erfolg. Er war der Meinung, es werde uns zweierlei gelingen: erstens den Nachweis zu erbringen, daß die Bewegungsgleichungen in den Feldgleichungen enthalten sind, und zweitens einen »verborgenen Schatz« zu entdecken, der es uns gestatten würde, eine Brücke von der klassischen Theorie zur Quantentheorie zu schlagen. Ich bin überzeugt, daß Einstein bis zu seinem letzten Atemzug glaubte, es gebe grundlegende Gesetze, die sowohl die Bewegungen der Sterne, der Planeten als auch das Innere der Atome regieren.

Er ersann einen ungewöhnlichen mathematischen Weg zu diesen Problemen und schlug vor, wir sollten gemeinsam daran arbeiten. Das Ziel, das er dabei verfolgte, stand ihm schon lange vor Augen: Bewegungsgleichungen zu erhalten und einen Zusammenhang zwischen der klassischen Physik und der Quantenphysik zu finden.

Anfangs war ich nicht davon überzeugt, daß die Bewegungsgleichungen in den Feldgleichungen enthalten seien. Noch skeptischer war ich hinsichtlich des anderen Problems. Ich glaubte nicht, daß es einen Zusammenhang gebe zwischen den Problemen der Gravitation und denen der Quantentheorie. Man könnte meinen, daß es unerhört arrogant und dünkelhaft von mir gewesen sei, Einsteins Anschauungen nicht zu teilen. Ich weiß jedoch ganz sicher, daß nichts so gefährlich in der Wissenschaft ist wie die blinde Anerkennung von Autoritäten und Dogmen. Ich möchte, daß meine Schüler in Polen das wissen, und ich bemühe mich, sie zu selbständigem Denken zu ermuntern. Ich wiederhole immer wieder: In der Wissenschaft muß der eigene Verstand immer die höchste Autorität bleiben. Fast jedes Begreifen ist das Ergebnis eines schmerzlichen Kampfes, in dem Glaube und Unglaube miteinander verflochten sind. Ich wollte, daß Einstein meinen Standpunkt versteht und billigt, deshalb sagte ich ihm:

»Wenn ich einmal davon ausgehe, daß Sie immer recht haben müssen, dann bleibt mir nichts anderes übrig, als zuzustimmen und mechanische Berechnungen auszuführen. Die ganze Freude an der wissenschaftlichen Arbeit wäre dahin. Ich fürchte, Herr Professor, meine Skepsis wäre Ihnen unangenehm, und Sie hätten wenig Nutzen von einer Zusammenarbeit mit mir.«

Wenn ich auf jene Zeiten zurückblicke, bin ich voller Bewunderung für die Ruhe, mit der Einstein meine Einwände widerlegte. Er hatte sich schon eingehend mit diesem Problem beschäftigt und war viel weiter als ich; ich hatte ernste Schwierigkeiten, ihm zu folgen. Doch er zeigte sich nie ungeduldig; immer wieder erklärte er mir seine Gedankengänge, die Art und Methode, wie er ein Problem an-packte, setzte er sich ruhig mit meinen Einwänden auseinander, bis ich begriff, worum es ihm ging. Einmal machte er eine Bemerkung, die ich als großes Kompliment empfand:

»Ich kenne Ihren Charakter sehr gut, denn ich bin genauso. Ich glaube niemandem, bis ich nicht alles richtig verstanden habe.«

Anfangs gestaltete sich unsere Zusammenarbeit ziemlich schwie-rig. Statt zu beweisen, daß die Bewegungsgleichungen immer in den Feldgleichungen enthalten sind, versuchte ich lange Zeit hindurch, das genaue Gegenteil herauszufinden. Einstein drängte nicht, er war sehr zartfühlend. Einmal sagte er:

»Würde ich drängen, dann dauerte es noch länger, bis Sie sich davon überzeugen, daß Sie eine falsche Richtung eingeschlagen ha-ben.«

Eines Tages sah ich dann plötzlich Land. Meine Skepsis war wie fortgeblasen. Ich begann mit größter Begeisterung zu arbeiten. So-bald ich die Möglichkeit eines Erfolges erkannt hatte, änderte sich meine Einstellung radikal. Nun war ich überzeugt, daß sich die Be-wegungsgleichungen tatsächlich aus den Feldgleichungen ergeben; aber ich war nicht der Meinung, daß dieses Problem etwas mit der Quantentheorie gemein haben könnte. Deshalb unterstrich ich auch den Unterschied in unseren Anschauungen so deutlich und freimü-tig, wie dies gegenüber einem Menschen wie Einstein nur möglich war.

So begann der zweite Abschnitt unserer Zusammenarbeit, eine Zeit voll freudiger Erregung, voller Erfolge und Enttäuschungen. Die Verwirklichung unserer Aufgabe ging auf zwei Wegen vor sich: Der erste bestand in einem komplizierten Denkprozeß, der zu einer all-gemeinen Theorie führen sollte, der zweite setzte sich aus schwieri-gen Berechnungen zusammen, mit welchen wir die Bewegungsglei-chungen aus den Feldgleichungen herauslösen wollten.

Wir arbeiteten Tag für Tag – vormittags im Institut, an den Nach-mittagen bei Einstein oder bei mir.

Bei Einstein arbeiteten wir in seinem Zimmer, im ersten Stock des Hauses in der Mercer Street. Das Erdgeschoß diente seit der Krank-heit seiner Frau als Hausspital. Damals bestand keine Hoffnung mehr, sie am Leben zu erhalten, obwohl ihr die denkbar beste Pflege zu-kam. Während dieser Zeit, da seine Frau dahinstarb, blieb Einstein ruhig und arbeitete unaufhörlich. Kurz nach dem Tode seiner Gattin kam Einstein wieder in die Fine Hall. Ich suchte ihn in seinem Zimmer auf. Er sah wie ein Mensch aus, der sehr müde ist, sein Gesicht wirkte noch gelblicher als sonst. Ich drückte ihm die Hand, brachte jedoch die banalen Worte der Sympathie oder der Anteilnahme nicht über die Lippen. Wir begannen über eine ernste Schwierigkeit in unserer Arbeit zu diskutieren, als ob nichts vorgefallen wäre. Einstein arbeitete immer mit der gleichen Intensität, sowohl während der Krankheit seiner Frau als auch später, nach ihrem Tode. Es gab keine Kraft, die ihn von der Arbeit abgehalten hätte, solange ein Funke Leben in ihm glomm.

Obwohl er ungewöhnlich verständnisvoll, geduldig und liebenswürdig war, gestaltete sich unsere Zusammenarbeit nicht einfach. Die Ursache der Schwierigkeiten lag in dem Reichtum seiner Ideen, darin, daß er immer voraus war und mich so zu einem Maximum an Aktivität zwang, mich also in einem Zustand dauernder Erregung hielt.

Manchmal, wenn ich nach beendeter Diskussion nach Hause kam, dachte ich fast noch die ganze Nacht über den Gegenstand unseres Gespräches nach. Mitunter kam mir ein Einfall, der das Problem in einem neuen Licht erscheinen ließ. Am nächsten Morgen eilte ich zu Einstein, um ihm davon zu berichten; fast immer stellte sich heraus, daß Einstein bereits denselben Einfall gehabt hatte und noch einen oder zwei bessere dazu. Während unserer Arbeit am allgemeinen Teil des Problems, die sich als sehr schwierig herausstellte und eine Reihe neuer Ideen erforderte, bestand mein origineller Beitrag nur in einem einzigen wesentlichen Aspekt. Ich lieferte den Nachweis, daß das Bewegungsproblem keinerlei Licht auf die Probleme der Quantenmechanik werfen kann. Hier hatte sich meine Skepsis ausgezahlt. Sie hatte mich zu einem Beweis geführt, der ungewöhnlich einfach war. Interessant ist, daß Einstein sich diesem Beweis widersetzte und bemüht war, einen Fehler in meinen Gedankengängen zu finden. Nachdem er alle Kettenglieder überprüft hatte, gab er zu, daß der Beweis schlüssig sei, doch am nächsten Tag erwachte sein Mißtrauen von neuem. Er analysierte jeden Schritt mit ungewöhnlicher Genauigkeit. Doch der Beweis hielt auch dieser Analyse stand. Endlich bekannte er:

»Jetzt bin ich überzeugt, daß wir aus den Gravitationsgleichungen keine Quantenbedingungen bekommen können.«

»Werden Sie Ihre Meinung morgen nicht ändern, Herr Professor?« fragte ich scherzhaft.

Er streckte mir die Hand entgegen und sagt mit übertriebenem Ernst: »Nein, niemals! Ich gebe Ihnen meine Hand darauf.« Und brach in lautes Gelächter aus.

VIII

Neben dem schwierigen Problem, eine allgemeine Theorie zu formulieren, die fast ausschließlich das Ergebnis der Ideen Einsteins war, blieben uns noch die ausführlichen Berechnungen. Dazu war eine komplizierte Technik vonnöten, die besonders zu diesem Zweck ersonnen wurde. Hier hatte Einstein volles Vertrauen zu mir. Er prüfte nie meine Berechnungen nach, diskutierte jedoch immer bereitwillig die Schwierigkeiten, die sich während dieser Berechnungen ergaben. Schließlich gelang es uns, Bewegungsgleichungen für Doppelsterne aufzustellen.

Aus der Newtonschen Theorie geht hervor, daß die Erde und alle Planeten sich auf Ellipsenbahnen bewegen, in deren Brennpunkt sich die Sonne befindet. Für Doppelsterne ist das Resultat (in der Newtonschen Theorie) nur ein wenig komplizierter, denn wir können nicht davon ausgehen (wie im Falle Sonne – Planet), daß die Masse des einen Körpers wesentlich größer ist als die des anderen. Nach der Newtonschen Mechanik bewegt sich jeder der beiden Sterne auf einer Ellipse, und der gemeinsame Brennpunkt dieser Ellipsen befindet sich im sogenannten »Schwerpunkt« dieser beiden Sterne. Dieses Ergebnis, das in der Newtonschen Theorie als genau angesehen wird, stellt vom Standpunkt der allgemeinen Relativitätstheorie nur eine erste Annäherung dar. In einer alten Theorie steckt immer ein gewisses Maß an Wahrheit, aber von den Gipfeln der neuen Theorie werden ihre Grenzen sichtbar. Eine neue Theorie tritt an die Stelle der alten, weil sie einen größeren Bereich von Fakten umfaßt oder weil sie logisch einfacher ist; manchmal fallen aber auch beide Ursachen zusammen. Sie herrscht in der Physik so lange, bis die Notwendigkeit entsteht, unseren Gesichtskreis durch eine neue Theorie zu erweitern, die unsere materielle Wirklichkeit besser, logischer und einfacher beschreibt.

Der Zusammenhang zwischen der alten und der neuen Theorie läßt sich deutlich an unserem Bewegungsproblem ablesen. Im großen und ganzen unterschied sich unser Ergebnis nicht von dem in der Newtonschen Mechanik. Auf einem Umweg hatten wir das gleiche Resultat erzielt: Doppelsterne bewegten sich auf ellipsoiden Bahnen. Doch in unserem Fall war es viel schwieriger gewesen, dieses Ergebnis zu erzielen, weil die grundlegenden Voraussetzungen einfacher waren. Doch daneben gab es noch einen anderen Unterschied zwischen den neuen und den alten Bewegungsgleichungen, der charakteristisch für den Übergang von einer alten zur neuen Theorie ist. Wir erhielten die Newtonschen Bewegungsgleichungen in der neuen Theorie nur als erste Annäherung. Jetzt fragten wir uns, was für Gleichungen wir erhalten würden, führten wir die Annäherung einen Schritt weiter? Nach Monaten verschiedenster Berechnungen fanden wir neue Bewegungsgleichungen, die mit der allgemeinen Relativitätstheorie übereinstimmten und genauer als die Newtonschen Gleichungen waren. Der einzige Unterschied zwischen den Schlußfolgerungen aus diesen neuen Gleichungen und den alten bestand in der sogenannten Perihelbewegung. Jeder Stern bewegt sich nicht nur auf einer Ellipse, auch jede dieser Ellipsen dreht sich sehr langsam und vollführt auf Millionen Umläufen des Sterns auf seiner Bahn eine eigene Umdrehung.

IX

Durch gemeinsame Arbeit wuchs auch unsere Vertrautheit. Immer häufiger unterhielten wir uns über soziale Probleme, über Politik, über die Beziehungen zwischen den Menschen, über Wissenschaft, Philosophie, über das Leben, den Tod und das Glück, vor allem aber über die Zukunft der Wissenschaft und ihr letztes Ziel. Ich lernte Einstein immer besser kennen. Oft gelang es mir, seine Reaktion vorauszusehen. Ich begriff, daß sein Standpunkt in verschiedenen Fragen, so seltsam und ungewöhnlich er vielleicht erscheinen mochte, stets in vollem Einklang mit den wesentlichen Zügen seiner Persönlichkeit blieb.

Einstein kannte eine Menge Leute. Jeder wünschte, seine Bekanntschaft zu machen und seine Freundschaft zu gewinnen. Mit ihm bekanntzuwerden war verhältnismäßig einfach, doch ihn wirklich kennenzulernen war schwierig. Die Post brachte ihm Briefe aus der ganzen Welt ins Haus. Einstein war bemüht, jeden Brief, in dem er einen Sinn entdeckte, zu beantworten. Trotz der Vielfalt der Ereignisse, die sich in sein Leben zwängten, trotz der zahlreichen Kontakte mit den Menschen blieb er allein; er liebte die Isolierung, die ihm die Arbeit ermöglichte.

Einige Jahre vor unserer Begegnung sprach Einstein in der Londoner Albert Hall zur Lage der von Hitler vertriebenen Wissenschaftler.

Er sagte damals, es gebe viele Stellen außerhalb der Universität, die sich für diese Gelehrten eignen würden. Als Beispiel nannte er den Beruf eines Leuchtturmwärters, dessen Arbeit seiner Meinung nach viel Zeit für Kontemplation und wissenschaftliche Forschungen übrig lasse. Die Anwesenden lächelten über diese Bemerkung, doch von Einsteins Gesichtspunkt aus war sie völlig verständlich. Eine der Folgen der Abgeschiedenheit ist, daß man alles von seinem Standpunkt aus beurteilt und nicht imstande ist, das eigene Koordinatensystem zu verändern, indem man sich einen fremden Gesichtspunkt zu eigen macht. Diese Schwierigkeit bemerkte ich schon ziemlich früh an Einsteins Reaktionen. Für ihn war die abgeschiedene Lebensweise das, wovon er träumte: die Befreiung von vielen unerträglichen, umständlichen Pflichten. Die Mehrzahl der Wissenschaftler wünscht sich etwas ganz anderes. Wenn ich mich selbst als Beispiel anführen darf, so muß ich sagen, daß die Isolation in der wissenschaftlichen Arbeit acht Jahre hindurch der Fluch meines Lebens war. Es ist wohl allgemein bekannt, daß ein starkes wissenschaftliches Zentrum die schöpferische Arbeit anregt, während Isolation den Willen zur Arbeit lähmt. Das Genie ist eine Ausnahme, Einstein hätte überall arbeiten können. Seine besten Arbeiten entstanden in der Einöde des Patentamtes. Es wäre jedoch schwierig gewesen, ihn davon zu überzeugen, daß er in dieser Hinsicht eine Ausnahme darstellte.

Er hielt sich für einen sehr glücklichen Menschen, weil er niemals in seinem Leben ums tägliche Brot kämpfen mußte. Besonders gern erinnerte er sich an die Zeit, die er in der Schweiz verlebt hatte. Die Atmosphäre dort war menschlicher, freundschaftlicher und weniger von Intrigen getrübt als an der Universität in Princeton; er hatte damals mehr Zeit für die wissenschaftliche Arbeit.

Mehrmals erzählte er mir, daß er gern körperlich arbeiten und irgendeinen nützlichen Beruf ausüben würde, zum Beispiel den eines Schuhmachers, natürlich ohne dabei die Beschäftigung mit der Physik aufzugeben. Aber an der Universität Vorlesungen halten, um mit der Physik Geld zu verdienen, das wolle er nicht. Hinter einer solchen Haltung verbarg sich etwas Tieferes. Sie verriet gleichsam ein »religiöses« Gefühl für die wissenschaftliche Arbeit. Die Physik ist eine so große und wichtige Sache, daß man sie nicht gegen Geld eintauschen darf.

Obwohl ein solcher Standpunkt naiv erscheinen mag, so stimmt er doch mit Einsteins Charakter überein.

X

Ich habe von Einstein auf dem Gebiet der Physik viel gelernt. Doch am meisten schätze ich, was ich von ihm neben der Physik lernte. Einstein war – ich weiß, wie banal das klingt – der beste Mensch auf der Welt. Dieser Satz ist jedoch nicht so einfach, wie es scheint, und erfordert gewisse Erläuterungen.

Die Quelle menschlicher Güte liegt im allgemeinen Mitgefühl. Mitgefühl für die anderen, Mitgefühl für die Not, für das menschliche Unglück – das sind die Quellen der Güte, die sich als Sympathie kundtun. Die Verbundenheit mit dem Leben und mit den Menschen durch die vielfältigen Beziehungen zur Umwelt lassen gefühlsbetonte Saiten in uns anklingen, wenn wir den Kampf und das Leid der anderen sehen.

Doch es gibt auch einen ganz anderen Quell der Güte: das Pflichtgefühl, das sich auf eigenständiges, klares Denken stützt. Gute, klare Gedanken führen den Menschen zur Güte, zur Loyalität, denn diese Vorzüge machen das Leben leichter, voller und reicher, wir mindern auf diese Weise das Unglück in unserem Umfeld und verringern die Reibungen mit der Umgebung, in der wir leben. Indem wir die Summe des menschlichen Glücks vergrößern, vergrößern wir auch unsere innere Ruhe. Eine richtige soziale Einstellung, Hilfe, Freundschaft, Güte können aus diesen beiden Quellen gespeist werden. Um es anatomisch auszudrücken: aus dem Herzen oder aus dem Kopf. In dem Maße, wie die Jahre meines Lebens dahingingen, lernte ich immer mehr diese zweite Art von Güte schätzen, diejenige, die aus dem klaren Denken kommt. Ich habe zu oft in meinem Leben gesehen, wie destruktiv Gefühle sein können, die nicht durch klares Denken gestützt werden.

Hier stellt Einstein wieder einen Extremfall dar. Ich habe nie im Leben so viel Güte gesehen, die so von jedem gefühlsbetonten Hintergrund losgelöst gewesen wäre. Obwohl nur die Physik und die Naturgesetze in Einsteins Emotionswelt eine Bedeutung besaßen, versagte er nie seine Hilfe, wenn er meinte, sie sei notwendig und könnte wirksam sein. Er schrieb Tausende von Empfehlungsbriefen, diente Hunderten von Menschen mit seinem Rat, sprach stundenlang mit einem Verrückten, dessen Familie an Einstein geschrieben hatte, er sei die einzige Person, die dem Kranken helfen könne. Er war gütig, liebenswürdig, gesprächig und zeigte ein freundliches

Lächeln, aber er wartete mit größter, wenn auch unterdrückter Ungeduld auf den Augenblick, da er allein bleiben würde, um an seine Arbeit zurückkehren zu können.

Über sich schrieb er:

Mein leidenschaftliches Interesse für soziale Gerechtigkeit und mein soziales Verantwortungsgefühl standen in einem seltsamen Widerspruch zu dem ausgeprägten Widerwillen, mich unter die Menschen zu mischen. Ich bin wie ein einspänniges Pferd, das sich nicht zur Gemeinschaftsarbeit eignet. Nie gehörte mein Herz ganz einem Land, einem Staat, meinem Freundeskreis, nicht einmal der eigenen Familie. Diese Bande waren immer mit einem Gefühl der Vereinsamung gekoppelt, und der Wunsch, sich zurückzuziehen und sich abzukapseln, wächst mit dem Alter.

Eine solche Isolierung ist manchmal bitter; ich bedaure jedoch nicht, daß ich von der Möglichkeit abgeschnitten bin, andere Menschen zu verstehen und ihre Sympathie zu erwerben. Natürlich geht mir dadurch etwas verloren, aber ich gewinne auch etwas: Ich bin unabhängig von den Gewohnheiten, Meinungen, Vorurteilen anderer Menschen und erliege nicht der Versuchung, meine innere Ruhe auf so schwache Fundamente zu stützen.

Es gibt nicht viele Menschen, denen der Ruhm weniger bedeutet hätte als Einstein. Trotzdem lernte Einstein auch den bitteren Geschmack des Ruhms kennen, von dem meist nur diejenigen betroffen werden, die danach streben. Er erzählte mir, daß er sich seit seiner frühen Jugend stets vom Lebenskampf fernzuhalten gewünscht hatte. Der Ruhm kam zu ihm, und zwar der höchste, der je einem Wissenschaftler zuteil wurde. Ich habe oft darüber nachgedacht. Zu jener Zeit (im Jahre 1937) besaßen seine Ideen keine größere praktische Bedeutung. Weder das elektrische Licht noch das Radio, noch das Telefon waren mit seinem Namen verbunden. Die wahrscheinlich einzig wichtige technische Entdeckung, die mit Einsteins Namen verknüpft war, war die Theorie des photoelektrischen Effekts. Doch die Quelle von Einsteins Ruhm liegt bestimmt nicht in dieser Erfindung. Den Glanz seines Ruhms verdankt er den Arbeiten über die Relativitätstheorie. Hängt das mit dem Einfluß der Einsteinschen Theorie auf die Philosophie zusammen? Wohl nicht. Die Entdeckungen in der Quantenmechanik haben eine ebenso große Bedeutung für die Philosophie, vielleicht sogar eine noch größere, und doch sind ihre Schöpfer bei weitem nicht so bekannt wie Einstein. Mir scheint, daß es für diesen ungewöhnlichen Ruhm, dessen er sich bei den einfachen Menschen der ganzen Welt erfreut, bei Menschen, welche die Relativitätstheorie nicht kennen und nicht verstehen, mehr Ursachen gibt, und daß sie soziologischer Natur sind. Bestimmt hängt dieser Ruhm nicht davon ab, daß Einsteins Name mit der Atomenergie verbunden ist, denn seine Anfänge reichen bis in das Jahr 1919 zurück, und seitdem strahlt er in immer hellerem Glanz.

Damals war Einsteins großes Werk über die Struktur der speziellen und allgemeinen Relativitätstheorie schon seit vier Jahren abgeschlossen. Eine der Schlußfolgerungen der allgemeinen Relativitätstheorie kann folgendermaßen beschrieben werden: Fotografieren wir während der Sonnenfinsternis die unmittelbare Umgebung der Sonne und später noch einmal denselben Abschnitt des Himmels, das heißt dieselbe Sternenanordnung unter normalen Bedingungen, dann erhalten wir zwei etwas voneinander verschiedene Fotografien. Aus der Relativitätstheorie geht hervor, daß das Gravitationsfeld der Sonne die Bahn des von den Sternen ausgestrahlten Lichts etwas ablenkt; deshalb wird auch die Fotografie jenes Himmelsteils während einer Sonnenfinsternis anders sein als unter normalen Bedingungen. Die allgemeine Relativitätstheorie sagt nicht nur den qualitativen Effekt voraus, sie gibt auch den quantitativen Unterschied an, der zwischen den beiden Fotografien bestehen wird. Englische wissenschaftliche Expeditionen, die man im Jahre 1919 nach Südamerika beziehungsweise nach Afrika entsandte, bestätigten qualitativ und quantitativ Einsteins Voraussagen.

So begann Einsteins großer Ruhm. Und der hielt sein ganzes Leben lang an und ist nach seinem Tode wohl noch gewachsen. Doch die Tatsache, daß die Relativitätstheorie auf Grund einer langen Kette abstrakter Argumente eine Erscheinung voraussagen konnte, die so weit von unserem Leben entfernt ist wie jene Sterne, ist wohl kein genügender Anlaß für eine allgemeine Begeisterung. Und dennoch war es so. Ich habe den Eindruck, daß die Ursachen in der Nachkriegspsychologie zu suchen sind.

Der Krieg war gerade zu Ende. Die Menschen hatten genug vom Haß, vom Töten und von internationalen Intrigen. Schützengräben, Bomben und Mord hatten einen bitteren Geschmack hinterlassen. Jedermann wartete auf eine Ära des Friedens und wollte den Krieg vergessen. Deshalb war diese Erscheinung dazu angetan, die menschliche Phantasie zu beflügeln. Die Blicke richteten sich von der mit

Gräbern bedeckten Erde zum sternenbesäten Himmel empor. Abstraktes Denken, das die Menschen weit von den Kümmernissen des täglichen Lebens wegführte; das Mysterium der Sonnenfinsternis und die Kraft des menschlichen Geistes; die romantische Szenerie, die Dunkelheit, die mehrere Minuten anhielt, das Bild der sich krümmenden Lichtstrahlen – das alles unterschied sich so von der erdrückenden Wirklichkeit. Und noch einen Grund gab es, wahrscheinlich den wichtigsten: Die neue Erscheinung hatte ein deutscher Wissenschaftler vorausgesagt, und englische Wissenschaftler hatten sie bestätigt. Physiker und Astronomen, die noch vor kurzem zwei feindlichen Lagern angehörten, arbeiteten wieder zusammen! War das nicht der Beginn einer neuen Ära, einer Ära des Friedens? Diese menschliche Sehnsucht nach Frieden war – so scheint mir – die Hauptursache für den wachsenden Ruhm Einsteins.

Es ist schwer, sich dem Ruhm zu widersetzen, und es ist schwer, sich seinem Einfluß zu entziehen. Einstein änderte sich dadurch überhaupt nicht. Der Ruhm störte ihn, wenn er dadurch in Konflikt mit seiner Lebensführung geriet, er vergaß ihn jedoch sofort, wenn die äußeren Umstände es zuließen.

Selbst in Princeton, der kleinen Universitätsstadt, wurde Einstein von allen mit begierigen, erstaunten Blicken betrachtet. Während unserer Spaziergänge mieden wir die größeren Straßen und wählten Felder und menschenleere Gassen. Einmal zum Beispiel hielt neben uns ein Wagen, eine nicht mehr ganz junge Frau mit einem Fotoapparat stieg aus und sagte, vor Erregung errötend: »Herr Professor, gestatten Sie, daß ich Sie fotografiere?«

»Bitte sehr.«

Er stand einige Sekunden ruhig da und setzte dann seinen Vortrag fort. Ich bin sicher, daß er nach wenigen Minuten den Vorfall vergessen hatte.

Einmal gingen wir in Princeton ins Kino zu dem Film *»Das Leben Emile Zolas«*. Nachdem wir die Eintrittskarten erworben hatten, betraten wir den überfüllten Warteraum, wo wir erfuhren, daß noch eine Viertelstunde Zeit war. Einstein schlug vor, noch ein wenig spazierenzugehen. Im Hinausgehen sagte ich zum Kontrolleur: »In ein paar Minuten sind wir zurück.«

Doch Einstein war beunruhigt.

»Wir haben keine Eintrittskarten mehr«, sagte er. »Werden Sie uns auch wiedererkennen?«

Der Kontrolleur, der an einen guten Scherz glaubte, erwiderte: »Ja, Herr Professor Einstein, ich erkenne Sie bestimmt wieder.« Während des Films kam mir der Gedanke, daß ich oder meine Kinder wahrscheinlich einmal einen Film mit dem Titel »*Das Leben Albert Einsteins*« sehen werden, und daß dieser Film ebensoviel historische Wahrheit enthalten würde wie der Film, den wir uns soeben anschauten.

Gewöhnlich war sich Einstein seiner Berühmtheit überhaupt nicht bewußt. Doch es gab Augenblicke, da die Aggressivität der Umwelt ihn in seiner Ruhe störte. Einmal sagte er zu mir:

»Ich beneide den einfachen Arbeiter. Der hat sein Privatleben.«

Und ein andermal:

»Ich komme mir wie ein Betrüger vor wegen der vielen Reklame, die um meine Person gemacht wird. Und das ohne jeden Grund.«

Einstein verstand ausgezeichnet jeden Menschen, solange zu dessen Verständnis Logik und Denken notwendig waren. Schlimmer war es, wenn Emotionen ins Spiel kamen. Nur mit großer Mühe begriff er Motive und Gefühle, die nicht Bestandteil seines Lebens waren. Einmal meinte er:

»Ich spreche mit jedem auf die gleiche Weise. Mit dem Mann, der den Müll hinausträgt, und mit dem Rektor der Universität.«

Ich sagte, daß dies anderen Menschen schwerfiele, daß sie sich befangen und verlegen fühlten, wenn sie ihm begegneten; daß eine gewisse Zeit verstreichen müsse, bevor dieses Gefühl schwinde, und daß es auch in meinem Fall so war. Einstein erwiderte:

»Das verstehe ich nicht. Weshalb sollte mir gegenüber jemand befangen sein?«

XI

Selbst wenn meine Erklärungen über den Ursprung von Einsteins Ruhm richtig sind, so bleibt doch noch eine weitere Frage, auf die zu antworten wäre. Wie kommt es, daß dieser Ruhm sich so lange in einer Welt behauptet, die fast täglich ihre früheren Idole stürzt? Die Antwort auf diese Frage scheint mir nicht schwierig.

Alles, was Einstein jemals tat, alles, was er verteidigte, alle seine Aussagen stimmten mit dem Bild überein, das in den Köpfen der einfachen Menschen entstanden war. Seine Stimme verteidigte die Unterdrückten; seine Unterschrift diente der Verteidigung des Fortschritts. Er war wie ein Heiliger mit zwei Aureolen. Die eine repräsentierte die

Ideen der Gerechtigkeit und des Fortschritts, die andere – abstrakte physikalische Ideen. Je unverständlicher diese Ideen waren, desto strahlender schien die Aureole zu sein. Sein Name wurde zum Symbol des Fortschritts der Menschheit und des schöpferischen Geistes, gehaßt und beschmutzt von denen, die Haß säten und die Ideen angriffen, die er verteidigte.

Während unserer Zusammenarbeit tobte der Bürgerkrieg in Spanien. Einstein war sich dessen bewußt, daß von seinem Ausgang nicht nur das Schicksal Spaniens, sondern die Zukunft der ganzen Welt abhing. Ich erinnere mich, wie seine Augen aufleuchteten, als ich ihm erzählte, daß die Nachmittagszeitungen die Nachricht von einem großen Sieg der Republikaner gebracht hätten.

»Das klingt wie Engelsgesang«, sagte er mit einer Erregung, wie ich sie selten bei ihm sah. Doch zwei Minuten später diskutierten wir über Formeln, und die Umwelt hörte für ihn auf zu existieren.

Mehrere Monate mußten verstreichen, ehe ich begriff, daß seine Isoliertheit der Schlüssel zum Verständnis seines Charakters war. Ich bin überzeugt, daß Einstein an dem Tage, da er den Nobelpreis erhielt, nicht stärker erregt war als gewöhnlich, und falls er in dieser Nacht schlecht geschlafen haben sollte, dann nicht wegen der hohen Auszeichnung, sondern wegen eines wissenschaftlichen Problems, das ihn gerade beschäftigte. Die Medaille zu dieser Auszeichnung lag zusammen mit vielen anderen und Dutzenden von Ehrendiplomen bunt durcheinander in einem Kasten, in dem Zimmer, in dem die Sekretärin sie aufbewahrte, und ich bin überzeugt, daß Einstein keine Ahnung hatte, wie jene Medaille aussah.

Einstein hielt sein Außenseitertum durch kleine Idiosynkrasien bewußt aufrecht, die seltsam erscheinen mögen, die ihm jedoch mehr Freiheit gestatteten und seine Bindungen zur Umwelt lockerten. Nie las er einen Artikel über sich selbst. Er behauptete, daß er sich dadurch seine Freiheit bewahre. Einmal versuchte ich, diese Gewohnheit zu durchbrechen. In einer französischen Zeitung war ein Artikel erschienen, der in vielen europäischen Ländern abgedruckt wurde, sogar in Vorkriegspolen und in Lettland. Ich habe nie einen Artikel gelesen, der weiter von der Wahrheit entfernt gewesen wäre als dieser. So behauptete zum Beispiel der Verfasser, Einstein trage eine Brille (er trug nie eine), er wohne in Princeton in einem Zimmer in der fünften Etage (es gab damals in ganz Princeton kein fünfstöckiges Gebäude), er komme um sieben Uhr morgens ins Institut (in Wirklichkeit kam er nie vor zehn), er trage einen schwarzen Anzug (nur in Ausnahmefällen), er halte seine technischen Erfindungen geheim und eine Menge ähnlichen Unsinns. Man könnte diesen Artikel als Gipfel der Dummheit bezeichnen, wenn Dummheit einen Gipfel hätte. In der Fine Hall barsten alle vor Lachen über diesen Artikel, den jemand an der Tafel neben dem Eingang angebracht hatte. Ich glaubte, er sei so komisch, daß es sich lohne, ihn Einstein laut vorzulesen. Auf meine Bitte hin hörte er zu, sogar aufmerksam, aber sein Interesse fand der Artikel nicht, und er sah daran auch nichts Seltsames. Ich merkte es seinem Gesichtsausdruck an, daß er nicht begriff, warum mir der Artikel komisch erschien.

Einer meiner Kollegen fragte mich:

»Wenn Einstein den Ruhm nicht mag – warum tut er dann alles, was gewöhnliche Menschen nicht tun? Warum trägt er langes Haar, eine komische Windjacke, warum geht er ohne Socken, Hosenträger und Gürtel, ohne Kragen und Schlips?«

Indem er seine Bedürfnisse auf ein Mindestmaß beschränkte, wollte er sich seine Freiheit und Unabhängigkeit bewahren. Denn wir sind doch die Sklaven von Millionen Dingen, und unsere Abhängigkeit wächst ständig. Wir sind Sklaven des Badezimmers, des Füllhalters, des automatischen Feuerzeugs, des Telefons, des Radios und so fort. Einstein versuchte, diese Dinge auf das unbedingte Minimum zu reduzieren. Mit langem Haar braucht man nicht so oft zum Frisör zu gehen. Auf Socken kann man verzichten. Eine lederne Windjacke löst das Problem der Jacketts für viele Jahre. Ohne Hosenträger kommt man aus, ebenso, wie man ohne Nachthemden oder Schlafanzüge auskommt. Einstein verwirklichte ein Minimalprogramm: Schuhe, Hemd und Jacke sind unbedingt erforderlich. Eine weitere Reduzierung wäre schwierig gewesen.

Zuweilen dachte ich darüber nach, wie sich Einstein wohl in einer außerordentlichen Lage verhalten würde. Zum Beispiel: Princeton wird aus der Luft bombardiert, die Menschen flüchten in die Luftschutzräume, eine Panik erfaßt die Stadt, jeder verliert den Kopf und vergrößert noch Angst und Chaos durch sein Verhalten. Würde Einstein von einer solchen Situation auf der Straße überrascht, wäre er sicherlich der einzige Mensch, der sich nicht aus der Ruhe bringen ließe. Er überlegte, was unter diesen Umständen zu tun sei, und dann würde er es ohne Hast tun und dabei weiter über seine Probleme nachdenken. Er fürchtete sich nicht vor dem Tod. Einmal sagte er mir:

»Das Leben ist ein erregendes und herrliches Schauspiel. Es gefällt
mir. Aber wenn ich wüßte, daß ich in drei Stunden sterben muß, so
würde das wenig Eindruck auf mich machen. Ich dächte darüber
nach, wie ich diese drei Stunden am besten nutzen könnte. Dann
würde ich meine Papiere ordnen und mich ruhig zum Sterben niederlegen.«

XII

Nach Princeton war ich im September 1936 gekommen. Fünf Monate
später hatte sich meine Zusammenarbeit mit Einstein gut entwickelt,
wir verstanden uns glänzend und erreichten sogar einen Teilerfolg,
obwohl eine endgültige Formulierung der Bewegungsgleichungen
noch in weiter Ferne lag. Es war Zeit, an das nächste Studienjahr, an
das Jahr 1937/38 zu denken.

Über Polen zogen sich Wolken zusammen. Die Vereinigung der
Assistenten der Jan-Kazimierz-Universität in Lwów machte sich die
Mühe, mir einen Einschreibebrief mit der Benachrichtigung zu schik-
ken, daß ich aus deren erlauchtem Kreis ausgeschlossen worden sei.
Die Chancen, in meiner Heimat eine Stellung zu bekommen, waren
gleich Null.

Ich beschloß, mit Einstein über meine finanzielle Situation zu sprechen. Das war ein schwieriger Entschluß. Ich wußte, daß Einstein mir
würde helfen wollen. Aber ich wußte auch, daß seine Möglichkeiten
ziemlich begrenzt waren. Vielleicht erscheint das seltsam, aber es war
bekannt, daß seine Empfehlungen weniger galten als die Empfehlungen von Professoren, die bei weitem nicht so berühmt waren wie er.
Einstein äußerte oft:

»Mein Ruhm beginnt außerhalb von Princeton. In der Fine Hall
gilt mein Wort nicht viel.«

Doch auch außerhalb von Princeton besaßen Einsteins Empfehlungsbriefe einen verhältnismäßig geringen Wert. Der Grund hierfür
war seine außerordentliche Güte. Er hatte im Leben schon so viele
Empfehlungsbriefe geschrieben, daß man sie mehr als wertvolle Auto-
graphe denn als Empfehlungen schätzte. So erzählte man mir zum
Beispiel die Geschichte von einer freien Stelle in einem Krankenhaus,
das einen Röntgenphysiker suchte. Vier Physiker, die vor Hitlers Ver-
folgung geflohen waren, bewarben sich um diese Stelle, und jeder der
Bewerber besaß ein Empfehlungsschreiben Einsteins. Ich fragte ihn,
ob es sich wirklich so verhalten habe, und argumentierte, daß über-

mäßige Güte eher schade als helfe. Doch Einstein war mit mir nicht einverstanden. Er sagte:

»Ich empfahl zwar vier Physiker, aber jeden aus einem anderen Grund; ich nannte auch die Gründe, weshalb ich jeden von ihnen empfahl. So konnten sie einen dieser vier Kandidaten wählen, und das taten sie auch.«

Auf jeden Fall erschien es mir natürlich, Einstein um Rat zu fragen, was zu tun sei, damit ich noch ein Studienjahr in Princeton bleiben konnte. Eines Nachmittags, als wir in seinem Zimmer arbeiteten, trug ich ihm mein Anliegen vor. Wir waren zu jener Zeit auf erhebliche Schwierigkeiten gestoßen, über die wir fast unaufhörlich diskutierten. Doch als ich Einstein sagte, daß ich gern mit ihm eine Privatangelegenheit besprechen möchte, legte er das mit Formeln beschriebene Papier beiseite und versuchte zu verstehen, worum es mir ging. Er stellte mir eine Reihe von Fragen und schien an meiner Angelegenheit sehr interessiert.

»Unter diesen Umständen sollten Sie nicht nach Polen zurückkehren. Wir arbeiten gut zusammen, und wir haben auch schon bedeutende Ergebnisse erzielt. Ich möchte, daß Sie noch ein Jahr hierbleiben. Es dürfte nicht so schwierig sein, auch für das nächste Jahr ein Stipendium zu bekommen.«

Doch das Stipendium wurde mir nicht bewilligt. Offenbar waren die Professoren in Princeton überzeugt, daß unsere Arbeit keine Ergebnisse zeitigen würde. Als eine Verlängerung meines Stipendiums abgelehnt wurde, rief mich Einstein sofort an.

»Ich möchte, daß Sie nicht den Mut sinken lassen, wenn ich auch eine schlechte Nachricht habe. Man hat Ihnen das Stipendium nicht bewilligt. Machen Sie sich keine Sorgen, wir werden etwas in dieser Angelegenheit tun. Am Nachmittag sprechen wir darüber. Ich wollte Ihnen nur versichern, daß wir einen Ausweg finden werden.«

Als ich Einstein traf, sagte er:

»Ich habe mir die größte Mühe gegeben und ihnen gesagt, wie sehr ich Sie schätze und daß wir an einem gemeinsamen Problem arbeiten. Doch sie kamen mit dem Argument, es wäre nicht genügend Geld vorhanden und es bestünden auch noch andere Verpflichtungen. Das war nicht gegen Sie gerichtet. Sie wurden von allen gelobt. Ich weiß nicht, inwiefern deren Argumente der Wahrheit entsprachen. Jedenfalls habe ich harte Worte gebraucht wie nie zuvor. Ich sagte ihnen, daß sie nach meinen Begriffen eine Ungerechtigkeit begingen.«

Dann betonte er wieder, daß er beabsichtige, mir zu helfen.

»Ich weiß, daß ich außerhalb von Princeton bekannt bin und es mir nicht schwerfallen wird, durch irgendeine Organisation ein Stipendium zu bekommen. Vor einigen Jahren gab ich ein Violinkonzert zugunsten der Flüchtlinge aus Deutschland, das sechstausend Dollar einbrachte. Sie sehen also, daß ich etwas tun kann. Ich möchte nicht, daß Sie sich sorgen. Und selbst wenn alles mißlingt, können Sie als mein Privatassistent hierbleiben. Ich verdiene mehr, als ich für mich brauche, und kann Ihnen ohne Schwierigkeit eine Summe bieten, die Ihrem Stipendium entspricht.«

Dieses Angebot weckte gemischte Gefühle in mir: Rührung, Verlegenheit und Zorn.

»Ich bin sehr gerührt«, erwiderte ich. »Aber Sie werden verstehen, Herr Professor, daß ich Ihr Angebot nicht annehmen kann. Ich bin ganz sicher, daß es nicht richtig wäre, wenn ich es annähme. Wenn mir das Institut schon ein Stipendium abgeschlagen hat, dann will ich mir meinen Lebensunterhalt durch eigene Arbeit verdienen.«

Ein wenig ermutigt, ging ich davon. Noch am selben Abend rief Einstein an.

»Ich möchte Ihnen sagen, daß ich einen sehr energischen Brief in Ihrer Angelegenheit geschrieben habe. Und wenn auch das nicht helfen sollte, habe ich einen anderen Plan. Machen Sie sich keine Sorgen, wir finden schon einen Ausweg.«

Diese Sorgen wirkten sich in den nächsten Tagen negativ auf meine Arbeit aus. Als ich mich bei Einstein deswegen entschuldigte, sagte er:

»Nehmen Sie sich weder Ihre Schwierigkeiten zu Herzen noch die Tatsache, daß Sie jetzt nicht arbeiten können. Die Welt hat Jahrhunderte hindurch geduldig auf die Lösung des Bewegungsproblems gewartet, also wird sie auch noch vierzehn Tage länger warten.«

Während ich über meine Lage nachdachte, hatte ich plötzlich einen Einfall: gemeinsam mit Einstein ein Buch zu schreiben. Als dieser Gedanke geboren war, wußte ich sofort, daß damit meine finanziellen Schwierigkeiten behoben sein würden. Ich wußte, daß ein Buch, dessen Mitverfasser Einstein war, auf keinen Fall eine Enttäuschung werden würde, selbst wenn es kein großer Erfolg werden sollte. Auf jeden Fall könnte ich von der Hälfte des Vorschusses, den uns der Verleger zahlen würde, ein Jahr lang leben. Ich durchdachte alle Aspekte dieses Plans, bevor ich mich mit Einstein darüber unterhielt. Ich kannte ihn hinlänglich, um zu wissen, daß er nie seinen Namen für eine Arbeit hergeben würde, deren Mitverfasser er nicht war. Ein Buch mit Einsteins Namen konnte nur ein Werk sein, das ich zusammen mit ihm schrieb. Und das Schreiben eines Buches erforderte Zeit. Hatte ich ein Recht dazu, Einsteins Zeit zu beanspruchen, wenn sein einziges Interesse der Wissenschaft galt?

Auch war ich mir im klaren darüber, daß ich, sollte dieses Buch Geschichtswert besitzen, in den Hintergrund zu treten hatte und Einstein gestatten mußte, seine eigenen Gedanken zu äußern. Es erschien mir zweckmäßig, daß diese Arbeit Einsteins Ansichten über die Entwicklung der Wissenschaft enthielt. Ich kannte seine Ansichten und stand stark unter deren Einfluß.

Ein weiteres Problem war das Schreiben selbst, das zweifellos zeitraubend war. Diese Arbeit konnte ich allein ausführen; dadurch sparte ich Einstein viel Zeit.

Um das Jahr 1916 hatte Einstein ein Buch über die Relativitätstheorie geschrieben, ein angeblich populäres Buch, das es jedoch nicht war. Auf dem Umschlag stand der Vermerk: »Gemeinverständlich«. Einstein lachte laut und sagte mir, daß es »gemein*un*verständlich« heißen müßte. Einstein drückte sich sehr schön und präzise aus; sein Stil besaß einen Hauch von Poesie, doch gleichzeitig war seine Ausdrucksweise schwer verständlich. Es war für Einstein nicht leicht, so zu überlegen, wie ein gewöhnlicher Mensch überlegt.

Ich war sicher, daß ich gerade in dieser Hinsicht viel helfen konnte. So versuchte ich mir selber klarzumachen, daß das Abfassen dieses Buches Einstein nicht viel Zeit rauben und ihn in seiner wissenschaftlichen Arbeit nicht allzu sehr stören dürfe.

Es gab auch noch andere Bedenken. Vielleicht lehnte Einstein die Idee einer Popularisierung ab, weil er mit jenen zahlreichen Gelehrten übereinstimmte, die eine Popularisierung für Betrug an der Wissenschaft hielten, da sie das hohe Niveau der Wissenschaft herabsetze? Obwohl ich annahm, daß dies auf Einstein nicht zutraf, fürchtete ich doch, ihm könnte eine Darstellung des Gegenstandes zuwider sein, die die strenge Sprache der Mathematik und die Beweisführung vermied, nur Ergebnisse vermittelte und die Probleme sowie deren Lösung vereinfachte.

Selbst wenn Einstein diese Ansicht vertreten sollte, hielt ich es für richtig, ihn zu überzeugen, daß es nicht so sei. Ich hätte dann getreu meiner Überzeugung gehandelt, daß die Popularisierung eine gesellschaftlich wichtige Aufgabe ist, da sie eine Brücke zwischen Wissenschaft und Gesellschaft schlägt, die Isolierung des Wissenschaftlers verringert und das geistige Niveau hebt, indem sie einen gesunden Skeptizismus entwickelt, gegen Aberglaube und Dogma ankämpft sowie Begeisterung und Bewunderung für die Errungenschaften des menschlichen Geistes weckt.

Bevor ich zu Einstein ging, legte ich mir noch einmal alle Argumente zurecht, überzeugt, daß ich mit einem berechtigten Vorschlag zu ihm komme, dessen ich mich nicht zu schämen brauche.

Einstein hörte mit olympischer Ruhe zu und schaute in mein gespanntes Gesicht, als ich meine gut vorbereitete Rede begann.

»Herr Professor, ich möchte noch einmal mit Ihnen über meine persönlichen Angelegenheiten sprechen. In den letzten Tagen habe ich gründlich darüber nachgedacht. Ich fürchte, daß es Ihnen schwerfallen wird, für mich ein Stipendium zu erlangen, und von Ihnen Geld annehmen, Herr Professor, das kann ich auf keinen Fall. Ich möchte mein Geld halbwegs ehrlich verdienen.«

Einstein unterbrach mich.

»Was sagen Sie da? Das ist doch gar nicht so einfach. Die Stellen sind alle überbelegt. Eine Beschäftigung zu finden erfordert bestenfalls Zeit, und Ihre Angelegenheit muß rasch erledigt werden.«

»Ich glaube einen Ausweg gefunden zu haben«, entgegnete ich. »Ich habe da einen bestimmten Plan, dessen Ausführung allerdings von Ihnen abhängt, Herr Professor; ich brauchte dabei Ihre Hilfe, aber ich hoffe, daß ich sie nicht mißbrauchen werde.«

»Worum handelt es sich?«

Ich wollte ihm meinen Plan klar und logisch darlegen. Wir diskutierten immer ganz ungezwungen über alles mögliche. Doch hier stockte ich – man sollte meinen, ohne jeden Grund – und konnte nicht sprechen. Statt der gut vorbereiteten Rede brachte ich nur sinnlos gestammelte Sätze hervor.

Einstein betrachtete mich mit maßlosem Erstaunen. Er hatte bisher nie gehört, daß ich gestottert hätte und nicht imstande gewesen wäre, meine Gedanken auszudrücken. Als ich nicht weitersprechen konnte, wartete Einstein eine Weile ruhig. Als sich jedoch das Schweigen in die Länge zog, sagte er:

»Um Gottes willen! So sagen Sie doch, was Sie zu sagen haben. Sie machen mich wirklich neugierig!«

Ich faßte etwas Mut und begann einen verworrenen Vortrag. Durch ständiges Wiederholen legte ich ihm schließlich dar, worum es mir ging. An den Schluß meiner Ansprache setzte ich folgende Bemerkung: »Die größten Gelehrten der Welt haben populäre Bücher geschrieben, die noch jetzt als klassisch angesehen werden. Faradays populäre Vorlesungen, Maxwells populärwissenschaftliches Buch »*Materie und Bewegung*«, die Vorlesungen von Helmholtz und Boltzmann sind noch heute eine erregende Lektüre.«

Einstein sah mich ruhig an, glättete mit den Fingern den Schnurrbart und sagte schließlich leise: »Das ist gar kein dummer Gedanke. Nein, der Gedanke ist nicht dumm!«

Dann erhob er sich aus dem Sessel, streckte mir die Hand hin und sagte: »Das machen wir.«

So wurde unser Buch geboren.

Wir hatten beschlossen, ein Buch zu schreiben, besaßen aber noch keine Vorstellung über dessen Inhalt. Ich schlug als Thema die Relativitätstheorie vor: die Erläuterung ihrer grundlegenden Ideen in einer Weise, daß sie jeder intelligente Leser verstand. Einstein zeigte sich nicht sonderlich begeistert; er behauptete, auf dem Büchermarkt seien schon zu viele Bücher über diese Theorie erschienen.

Der Gedanke, ein gemeinsames Buch mit Einstein zu schreiben, verscheuchte vorläufig alle meine finanziellen Sorgen, denn die Verleger waren bereit, allein schon für die Zusage, gemeinsam mit Einstein ein Buch zu schreiben, einen verhältnismäßig großen Vorschuß zu zahlen.

Einstein, einmal von dem Gedanken beherrscht, zeigte sich täglich mehr begeistert. Solange wir daran schrieben, war er immer mit vollem Ernst bei der Sache. Die Arbeit an dem Buch erschien ihm von Tag zu Tag anziehender. Häufig wiederholte er: »Das war eine ausgezeichnete Idee.«

Wir diskutierten, änderten, revidierten unsere Ansichten, bis das Manuskript fertig vorlag. Plötzlich verlor Einstein jedes Interesse daran. Seine Begeisterung hatte solange angehalten, solange unsere Arbeit gedauert hatte. Genau in dem Augenblick, da das Buch fertig war, erlosch sie.

XIII

Die Idee, wovon das Buch handeln solle, kam von Einstein. Seine Absicht war es, ein gemeinverständliches Buch über die Grundideen der Physik in ihrer logischen Entwicklung zu schreiben. Nach Einstein gibt es nur einige grundlegende Ideen in der Physik, und die lassen sich in Worte fassen. Einstein wiederholte oft:

»Kein Wissenschaftler denkt in Formeln«.

Und wirklich, bevor der Physiker Berechnungen anstellt, muß er ein bestimmtes Bild oder eine bestimmte Idee im Kopf haben, die sich gewöhnlich mit einfachen Worten formulieren lassen. Berechnungen und Formeln sind der nächste Schritt. Unser Ziel wäre es also, die wirklich fundamentalen Ideen in geeigneter Perspektive darzustellen. Einstein meinte, dieser Plan ließe sich in einem Band verwirklichen, in dem alle Teilgebiete der Physik abgehandelt würden.

Als wir diesen Plan diskutierten, war Einstein krank. Er lag, wie immer ohne Hemd oder Pyjama, im Bett, und neben ihm auf dem Nachttisch lag ein Exemplar des »*Don Quijote*«. Er liebte dieses Buch mehr als jedes andere und hatte es viele Male zur Entspannung gelesen. Ich saß nahe dem Bett auf einem Stuhl. Erregt von dem Gedanken an unser Buch, setzte sich Einstein im Bett auf und entblößte seine breite Brust.

»Das wird ein Drama, ein Drama der Ideen«, sagte er. »Es müßte ein mitreißendes Buch werden, interessant für jeden, der die Wissenschaft liebt.«

Ich verstand seine Absicht sehr gut. Nach der ersten kurzen Unterhaltung hatte ich das Bild unseres Buches deutlich vor Augen und war bemüht, die Einzelheiten auszuarbeiten. Die Monate der Zusammenarbeit führten zu einem prächtigen gegenseitigen Verständnis; einige Worte ersetzten manchmal lange Diskussionen. Wir verständigten uns gewissermaßen im Telegrammstil.

Einsteins Plan gefiel mir. Das Thema war schwierig; eine Auswahl der Ideen, die Auslese derjenigen, die es zu betonen galt, das Herausfinden von Berührungspunkten zwischen ihnen – das alles hängt weitgehend von den persönlichen Anschauungen des Physikers ab. Aus diesem Grunde war es wichtig, daß Einsteins Ansichten zu diesen Fragen bekannt wurden. Denn niemand hatte so tief über die Probleme der Physik nachgedacht wie Einstein. Keiner der lebenden Physiker (so dachte ich damals) besaß eine ähnliche Qualifikation, um dieses schwierige Thema zu behandeln. Für mich war es jetzt nicht mehr so wichtig, ob dieses Buch ein finanzieller Erfolg wurde. Wunderbar für mich war die bloße Tatsache, daß ein solches Buch dank meiner Anwesenheit in Princeton erschien. Wenn ich daran dachte, war ich sehr glücklich.

Die anfängliche Konzeption wurde verworfen. Ursprünglich wollten wir einfach ein populäres Buch schreiben. Doch jetzt sollte es mehr werden! Es sollte ein Buch entstehen, aus dem ich und andere Physiker etwas lernen konnten; nicht bestimmte Fakten, sondern einen neuen Gesichtspunkt und in einer geeigneten Perspektive dargelegte Ideen. Das Buch sollte wissenschaftlichen Charakter besitzen, mußte aber gleichzeitig möglichst einfach geschrieben sein. Wir gingen nicht davon aus, daß der Leser bereits Spezialkenntnisse mitbrachte, sondern daß er ein recht hohes intellektuelles Niveau besaß.

Bei der nächsten Unterhaltung einigten wir uns darauf, daß der Stil des Buches einfach sein müsse. Auch über die Methode der Popularisierung hatten wir ähnliche Ansichten; die Veröffentlichungen, die auf das Gefühl der Leser spekulierten, waren uns verhaßt. Um die Aufmerksamkeit des unglücklichen Lesers wachzuhalten, quälen sich manche Autoren irgendwelche Witzeleien ab, die mit dem Gegenstand nichts zu tun haben. Der Erfolg ist, daß der Leser diese Geschichtchen behält, aber schnell wieder vergißt, zu welchem Zweck sie erzählt worden sind. Solche Autoren springen plötzlich von der Physik zur Metaphysik über, sie erregen metaphysische Schauer, die den Leser dazu bringen, einfach in dem Buch zu blättern, weil er nichts davon versteht. In solchen Büchern wird das Universum als eine Ansammlung riesiger Nebel dargestellt, die Millionen Lichtjahre voneinander entfernt sind, und der Mensch als einsames, eingeschüchtertes Wesen im Angesicht des leeren und grausamen Alls. Das Atom hingegen ist phantastisch klein, vergleichen wir seine Ausmaße mit der Entfernung der Spiralnebel voneinander. Eine besondere Rolle aber spielt die Religion! Gott ist der große Mathematiker, und die Größe der Wissenschaft ist nur die Widerspiegelung des göttlichen Ruhms. In solchen Büchern betont man die Ergebnisse, die dem gesunden Menschenverstand des einfachen Mannes zu widersprechen scheinen, und zwar, um ihn zu überzeugen, wie weise und intelligent doch die Wissenschaftler seien.

Doch Schönheit kann man überall finden! Sowohl in den Gesetzen über die Bewegungen der Nebel als auch in den Gesetzen, die das Fallen eines Steins erklären. Gefühle können und sollten in einem guten populärwissenschaftlichen Buch nie durch Exkursionen in die Metaphysik, sondern durch die Mühsal des Begreifens geweckt werden, die schmerzlich ist, aber auch viel Freude bringt und zu einem immer vollkommeneren und tieferen Verständnis führt.

Entscheidet man sich jedoch für diese Art der Popularisierung, dann muß man auf Effekthascherei verzichten. Das bedeutet, normal und einfach zu schreiben, das bedeutet, den Leser zu überzeugen, daß sich die Wissenschaft auf einen gut geschulten und stark entwickelten gesunden Menschenverstand stützt; daß es ihr Ziel ist, ein Bild der uns umgebenden Wirklichkeit zu schaffen.

Eine weitere Schwierigkeit war die Sprache. Bis dahin hatte ich noch nichts in englischer Sprache geschrieben. Ich diskutierte das Buch mit Einstein auf Deutsch, dachte in polnischer Sprache und mußte in englischer Sprache schreiben. Doch ich hatte in Princeton Freunde, die meinen Stil eifrig verbesserten. Zum Ende des Buches hin merkte ich kaum noch, daß ich nicht in meiner Muttersprache schrieb.

Einstein und ich hatten unsere Arbeit so eingeteilt, daß die beiden Aufgaben – die Lösung des Bewegungsproblems und die Niederschrift eines populären Buches – einander nicht im Wege standen. Über das Buch diskutierten wir in Abständen von einer Woche und manchmal auch von vierzehn Tagen. Am Bewegungsproblem hingegen arbeiteten wir viel häufiger. Ich las die einzelnen Abschnitte unseres Buches Einstein vor, der jede gemeinsame Sitzung mit der gleichen Bemerkung einleitete:

»Lesen Sie langsam, damit ich jedes Wort verstehe.«

Er hörte auch wirklich sehr aufmerksam zu. Meist schlug er geringfügige Änderungen vor. Wir diskutierten eingehend darüber, und unsere Zusammenarbeit ging erstaunlich glatt vonstatten. Einstein hielt sich an den Grundsatz, daß die äußere Form meine Sache sei. Gewöhnlich sagte er:

»Es ist mir gleich, wie Sie das schreiben. Das wissen Sie besser. Aber diese Idee muß im Buch enthalten sein.«

Wenn ich Vorbehalte hatte, irgendein Problem im Buch unterzubringen, dann meistens deshalb, weil es mir zu kompliziert erschien und ich der Meinung war, daß es besser sei, es wegzulassen, als den Leser zu entmutigen. Wir erzielten jedoch immer einen Kompromiß und berücksichtigten weitgehend das geistige Niveau unseres idealen Lesers.

Nachdem wir den Abschnitt besprochen hatten, den ich niedergeschrieben hatte, gingen wir zusammen spazieren und diskutierten den nächsten Teil, wobei wir immer bemüht waren, zu einer gemeinsamen Auffassung zu kommen. Einstein war nie autoritär. Das gegenseitige Verständnis wuchs in dem Maße, wie unsere Arbeit voranschritt. Unsere Besprechungen über das Buch wurden immer kürzer und die unterschiedlichen Meinungen immer rascher behoben. Täglich schrieb ich etwa tausend Worte nieder. Schritt für Schritt nahm unser Buch reale Gestalt an.

XIV

Meine Bemerkungen über unser Buch stützen sich auf meine damaligen Notizen. Was halte ich jetzt davon, da ich wieder in der Heimat bin? Was halte ich vor allem von dem Vorwurf, dieses Buch sei idealistisch? Dieser Vorwurf ist meiner Meinung nach nicht richtig. Wir betrachteten uns beide, sowohl Einstein als auch ich, als Materialisten, obwohl keiner von uns damals die Theoretiker des dialektischen Materialismus studiert hatte. Vom heutigen Standpunkt aus meine ich, daß es in dem Teil, der von Philosophie handelt, bestimmte Wendungen gibt, die als idealistisch interpretiert werden könnten. Doch dieser »Idealismus« Einsteins ist viel interessanter als der dialektische Materialismus mancher Sektierer, die dieses Buch angegriffen haben. So erzählte man mir zum Beispiel, daß Z. in einem öffentlichen Vortrag gesagt habe: »Einstein ist Idealist, und Infeld macht dessen Arbeit in Polen.« Als ich das hörte, entgegnete ich:»Ich möchte lieber in Gesellschaft Einsteins bekämpft als in Gesellschaft des Herrn Z. gelobt werden.«

Das war in der Zeit des sogenannten *Personenkults*.

Einige dieser Vorwürfe wurden von Philosophen vorgebracht, die keine Ahnung von Physik haben und sich gegen die Relativitätstheorie als gegen eine idealistische Theorie wandten. In einem der Vorwürfe hieß es, wir träten gegen die Theorie von Kopernikus auf. Ausführlicher habe ich diese Angelegenheit in der Arbeit *»Von Kopernikus bis Einstein«* behandelt.

Ich zitiere daraus:

Ich möchte wenigstens eines der vielen Mißverständnisse beseitigen, die es bei der Interpretation der Relativitätstheorie gibt. Man hört zuweilen, die Relativitätstheorie behaupte, daß es zwischen der Theorie des Kopernikus und der des Ptolemäus keinen Unterschied gebe, daß also – theoretisch gesehen – beide Systeme gleich seien. Derlei Bemerkungen beruhen entweder auf einem Mißverständnis oder auf Unkenntnis. Schuld daran sind manchmal die Verfasser von populärwissenschaftlichen Schriften, die sich nicht exakt genug ausdrücken; doch jemand, der die Relativitätstheorie studiert hat, kann und sollte auf keinen Fall eine solche Schlußfolgerung ziehen. Was die mathematische Struktur der Relativitätstheorie anbelangt, so bringt dort die Invarianz tatsächlich zum Ausdruck, daß man den Begriff des Bezugssystems nicht braucht und daß es keinen Unterschied gibt (ich wiederhole: vom mathematischen Gesichtspunkt aus betrachtet) zwischen dem System des Ptolemäus und dem des Kopernikus. Handelt es sich hingegen um den physikalischen Inhalt, dann sieht die Angelegenheit völlig anders aus.

Die mathematische Beschreibung eines konkreten Ausschnitts der Wirklichkeit, wie die Bewegung eines Planeten, die Bewegung zweier Körper, die Krümmung der Lichtstrahlen ist völlig objektiv und bezieht sich entweder auf ein mit der Sonne oder auf ein mit dem Massemittelpunkt verbundenes System, das heißt auf kopernikanische Systeme. Die Relativitätstheorie als Instrument zur Erkenntnis der Natur bedient sich in dem gleichen Maße des kopernikanischen Systems wie die Newtonsche Theorie. Sie ist jedoch der Newtonschen Theorie insofern überlegen, als sie den Begriff des Inertialsystems nicht braucht. Der Newtonschen Mechanik hat sie voraus, daß ihre Schlußfolgerungen besser mit den Beobachtungen übereinstimmen als die Schlußfolgerungen aus der Newtonschen Theorie. In der Metrik, die wir jeder Theorie hinzufügen müssen, gehen wir davon aus, daß die Messungen von einem Beobachter vorgenommen werden, der sich weit entfernt von der Sonne befindet, und daß das Gravitationsfeld auf ihn kaum noch wirkt. Erde und Beobachter intervenieren nur über die Metrik; sie muß immer vorhanden sein, damit wir aus den Meßergebnissen auf die Eigenschaften der objektiven Welt und die sie regierenden Gesetze schließen können. Für mich steht es völlig außer Zweifel, daß die Relativitätstheorie ein riesiger Fortschritt auf dem Weg unserer Erkenntnis ist, daß ihr physikalischer Inhalt, der sich aus der Erfahrung ergibt, völlig mit den Prinzipien des dialektischen Materialismus übereinstimmt. Die Tatsache, daß manche Formulierungen dieser Theorie idealistisch erscheinen, ist darauf zurückzuführen, daß es sich hierbei um eine unerhört schwierige Theorie handelt, die viele Jahre des Durchdenkens und die Kenntnis der mathematischen Mittel erfordert, und daß sie im Westen formuliert wurde, der für idealistische Interpretationen der Philosophen sehr zugänglich ist. Häufig verstehen die Philosophen die Relativitätstheorie nicht, selbst wenn sie den besten Willen dazu mitbringen. Und oft verurteilt man gern etwas, was man nicht versteht. Die Angriffe gegen die Relativitätstheorie, eine der größten Leistungen des menschlichen Geistes, haben eben hierin ihren Ursprung.

Mit meiner Polemik gegen die Philosophen, die Gegner der Relativitätstheorie sind, renne ich vermutlich offene Türen ein, denn in dieser Hinsicht hat sich in letzter Zeit vieles geändert, sowohl in der Sowjetunion als auch bei uns. Das Sektierertum wird heute besonders scharf bekämpft; man begreift immer besser, daß steifer Dogmatismus ein Feind der Wissenschaft ist.

Die letzten drei Seiten unseres Buches wurden am meisten angegriffen. Im letzten Kapitel, das »*Physics and Reality*« (Physik und Wirklichkeit) betitelt ist, schreiben wir nämlich, daß die Wissenschaft von kreativen Ideen und Begriffen geprägt wird, die freie Schöpfungen des menschlichen Geistes sind.

Diese Feststellung roch manchen Kritikern nach reinem Berkeleyismus.

Was wir mit dieser Feststellung ausdrücken wollten, hatten wir vorher in dem Kapitel »*The Riddle of Motion*« (Das Rätsel der Bewegung) erläutert, in dem wir schrieben:

Die physikalischen Begriffe sind freie Schöpfungen des menschlichen Geistes und werden nicht, wie man glauben könnte, eindeutig von der Umwelt bestimmt. Bei unseren Bemühungen, die Wirklichkeit zu begreifen, sind wir gewissermaßen in der Lage eines Menschen, der versucht, den Mechanismus einer Uhr im Gehäuse zu verstehen. Er sieht das Zifferblatt, sieht die sich bewegenden Zeiger, er hört sogar das Ticken, aber er kann die Kapsel nicht öffnen. Ist er einfallsreich genug, dann kann er sich ein Bild des Mechanismus schaffen, der allen seinen Beobachtungen entspricht; aber er wird nie sicher sein, ob sein Bild das einzige ist, das seine Beobachtungen erklären könnte. Er wird sein Bild nie mit dem wirklichen Mechanismus vergleichen können, und er kann sich nicht einmal vorstellen, daß ein solcher Vergleich möglich wäre. Aber er glaubt bestimmt, daß in dem Maße, in dem sein Wissen wächst, das Bild von der Wirklichkeit immer einfacher wird und ein immer umfangreicheres Gebiet seiner Sinneseindrücke erklären kann. Vielleicht glaubt er auch an eine ideale Wissensgrenze und daran, daß sich der menschliche Geist dieser Wissensgrenze nähert. Diese ideale Wissensgrenze kann er objektive Wahrheit nennen.

Es ist wohl klar, daß die Begriffe, mit deren Hilfe wir einen Ausschnitt der Wirklichkeit beschreiben, nicht vollkommen dieser beschriebenen Wirklichkeit entsprechen. Das wird sofort deutlich, wenn wir an den Unterschied zwischen der Sprache des Alltags und der Sprache der Wissenschaft denken. Stellen wir uns zum Beispiel die

Beschreibung eines Steins vor, abgefaßt von einem gewöhnlichen Beobachter, einem Mineralogen, einem Chemiker, einem Physiker, einem Atomphysiker und einem Kernphysiker. Doch außer diesem Unterschied (zwischen der alltäglichen und der wissenschaftlichen Sprache) bilden sich in dem Maße, wie die Wissenschaft voranschreitet, auch Unterschiede in der wissenschaftlichen Sprache heraus. Die Begriffe, die wir zur Beschreibung der uns umgebenden Wirklichkeit verwenden, ändern sich. Denken wir zum Beispiel an die Lichttheorien von Newton, von Huygens und an das Photonenmodell eines Einstein. Doch je besser wir die Wirklichkeit kennenlernen, desto mehr nähern wir uns, so glaube ich, einer Übereinstimmung zwischen unserer Beschreibung und der materiellen Welt, das heißt, wir nähern uns immer mehr der objektiven Wahrheit. Lebende Wesen auf dem Mars hätten – in Grenzen – die gleiche Physik wie wir.

Wahrscheinlich ist das, was ich hier schreibe und was wir in dem Buch sagen, nicht in der Terminologie des dialektischen Materialismus ausgedrückt, aber wenn man die Autoren deswegen des reinen Idealismus bezichtigt, so ist das einfach auf Ignoranz oder Bosheit zurückzuführen oder aber auf eine Mischung dieser beiden Eigenschaften, die häufig gemeinsam auftreten.

In der Zeit des Personenkults setzten alle möglichen Philosophen solchen Gelehrten wie Einstein, Pauling, Heisenberg, Dirac, Landau, Joffe, dem Nestor der sowjetischen Physik, nun, und auch mir, arg zu. Heute interessieren ihre Artikel und Arbeiten keinen Menschen mehr, und kein Physiker liest sie. Es lohnt jedoch, sich etwas eingehender mit dem Einfluß der Philosophie auf die Physik zu befassen.

Was verstehen wir unter Philosophie, und wen nennen wir einen Philosophen? Auf diese Frage gibt es mindestens drei verschiedene Antworten.

Unter einem Philosophen der Physik verstehe ich einen Physiker, der sich hauptsächlich mit den Methoden der Physik, mit ihren Grundlagen beschäftigt. In diesem Zusammenhang pflegte Einstein von sich zu sagen: »Ich bin mehr Philosoph als Physiker.« In diesem Zusammenhang nannte Sommerfeld Einstein den größten Philosophen der Gegenwart. In diesem Zusammenhang wirkt jeder, der die marxistische Methode auf die Gesellschaftswissenschaften anwendet, auf die Geschichte, die Ökonomie und der gleichzeitig Fachmann auf diesen Gebieten ist, als Philosoph.

Doch das Wort »Philosoph« gebrauchen wir auch in einem ganz anderen Zusammenhang. Im Altertum und in der Finsternis des Mittelalters, bevor die Wissenschaft entstand, das heißt vor dem 16. Jahrhundert, versuchten viele Menschen, die Welt durch reine Spekulation zu begreifen, nicht durch das Experiment, das durch die mathematische Analyse ergänzt wird, sondern durch wertlose Wortspielerei. Diese dramatischen Bemühungen mögen vor allem für einen Geschichtswissenschaftler interessant sein. Auf diese Weise entwickelten sich die Geschichte der Philosophie und die Philosophiehistoriker, die man ebenfalls zu den Philosophen zählt. Sie beschäftigen sich mit Problemen, die vom Standpunkt der heutigen Wissenschaft sinnlos sind. Was interessiert mich im 20. Jahrhundert, daß irgendein Grieche sagte, die Welt setze sich aus vier Elementen zusammen? Ich verstehe jedoch, daß es Menschen gibt, die sich dafür begeistern, obwohl ich meine, daß es zu viele sind.

Es gibt jedoch noch eine dritte Kategorie von Philosophen, die wirklich schädlich sind. Das sind diejenigen, die meinen, daß man sich noch heute die Wahrheit über unsere Welt aus den Fingern saugen, sie von reiner Spekulation herleiten kann. Das sind weder Physiker noch Mathematiker, aber sie möchten die Physik und die Mathematik reglementieren. Zum Glück ist dieser Typ von Philosophen heute im Aussterben begriffen, zum wahren Nutzen der Wissenschaft.

XV

Das erste Jahr meines Aufenthalts in Princeton ging zu Ende. Während der Ferien ist Princeton wohl der unangenehmste Ort auf Erden. Die Stadt ist ausgestorben; die Menschen schleichen wie Schatten über das glühendheiße Pflaster und wiederholen in einem fort: »Nicht die Hitze ist das Schrecklichste, sondern diese Feuchtigkeit!« Ich stand um fünf Uhr morgens auf, um meine tausend Worte zu schreiben, bevor die sengende Sonne das Städtchen in eine Hölle verwandeln konnte. Einstein war wie immer nach Long Island zum Segeln gefahren. Bevor er Princeton verließ, hatten wir eingehend zwei Kapitel diskutiert. Mit dem fertigen Material besuchte ich ihn zweimal auf Long Island.

Im September war das Buch fertig. Wir hatten etwa sechs Monate daran gearbeitet. Jetzt, da wir es beendet hatten, fühlte ich, wie groß die Verantwortung war, die auf mir ruhte, weil mein Name neben dem Einsteins auf dem Umschlag des Buches stehen würde. Ich sagte zu Einstein:

»Ich würde mich bedeutend freier fühlen und wäre weniger vorsichtig, wenn ich der alleinige Autor wäre. Doch ich muß immer daran denken, daß Ihr Name auf dem Einband erscheint.«

Einstein ließ sein lautes Lachen hören und sagte:

»Deswegen brauchen Sie doch nicht so vorsichtig zu sein. Fehlerhafte Arbeiten gibt es auch unter meinem Namen.«

Ich schickte das Manuskript an den Verleger, und wir kehrten zu unserer Arbeit am Bewegungsproblem zurück. Für mich begann das zweite Jahr in Princeton, das Studienjahr 1937/38. Bereits im April 1938 erschien sowohl unsere Arbeit über das Bewegungsproblem in den »*Annals of Mathematics*« als auch unser Buch, dessen Titel lautete: »*The Evolution of Physics*«. Als die Belegexemplare ankamen, brachte ich sie Einstein. Er interessierte sich überhaupt nicht für das Buch, nicht einmal für sein Äußeres. Ebensowenig hatte er einen Blick für unsere Arbeit übriggehabt, als man uns die Korrekturabzüge schickte. Er sagte, er interessiere sich nicht mehr für eine Arbeit, die einmal abgeschlossen sei; er lese auch keine Rezensionen und höre nur ungern das Urteil anderer. Auf diese Weise fühle er sich freier. Ich nehme an, daß er gar nicht wußte, wie unser Buch aussah. Äußere Dinge waren für Einstein unwichtig, und er konnte sich sicherlich nicht vorstellen, daß die grafische Gestaltung eines Buches irgendeine Bedeutung für den Leser haben könnte. Doch die Verleger maßen dem Äußeren dieses Buches große Bedeutung bei. »*The Evolution of Physics*« erhielt den Preis für das schönste Buch des Monats. Als die Verleger mich fragten, wie Einstein der Einband, der Druck und das Papier gefallen hätten, antwortete ich, es habe ihm alles sehr gefallen, denn ich wollte sie durch das Geständnis, Einstein habe das Buch nicht einmal geöffnet, nicht vor den Kopf stoßen.

An dem Tag, da das Buch erschien, rief ein Reporter der »*New York Times*«, einer der bedeutendsten Zeitungen Amerikas, bei Einstein an und bat ihn, ein paar Worte zu dem Buch zu sagen. Darauf erwiderte Einstein:

»Was ich über das Buch sagen kann, steht in dem Buch.«

Für das Buch wurde in Amerika viel Reklame gemacht, und es hatte großen Erfolg. Meine Zukunft auf dem amerikanischen Kontinent war nun eigentlich gesichert. Das Buch wurde in viele Sprachen übersetzt.

XVI

Nach den zwei Jahren in Princeton wollte ich ein drittes Jahr am *Institute for Advanced Study* bleiben. Die Einkünfte aus dem Buch ermöglichten mir einen solchen Entschluß. Man bot mir jedoch eine Stelle an der sehr bedeutenden Universität von Toronto in Kanada an. Ich beschloß, dieses Angebot anzunehmen. Auch Einstein riet mir dazu, obwohl er bedauerte, daß mit meiner Übersiedlung nach Toronto unsere Zusammenarbeit zu Ende sein würde.

Sie war jedoch nicht zu Ende, obwohl sie sich in den nächsten zwölf Jahren, bis zu meiner Abreise aus Kanada, wesentlich lockerte.

In Toronto arbeitete ich im ersten Jahr (1938/39) an der Verallgemeinerung der Bewegungsgleichungen, an demselben Problem also, an dem ich im Vorjahr mit Einstein gearbeitet hatte. In der theoretischen Physik zeigt es sich häufig, daß – ist erst mal eine Bresche geschlagen und sind die Anfangsschwierigkeiten überwunden – manche Prämissen unnötig waren, daß die mathematische Struktur der Theorie präziser und allgemeiner formuliert werden kann. Ich versuchte, die speziellen Prämissen, die das Koordinatensystem betrafen, zu eliminieren und die Bewegungsgleichungen so zu formulieren, daß sie in einem allgemeinen Koordinatensystem Platz fänden, was mehr dem Geist der allgemeinen Relativitätstheorie entsprochen hätte.

Ich schickte Einstein eine erste Skizze meines Manuskripts. Einstein gefiel die Konzeption, er brachte jedoch zwei Bemerkungen an, die sofort die Perspektive der ganzen Arbeit veränderten. Er bemerkte, daß nicht nur die Gleichungen auf diese allgemeine Art formuliert werden könnten, sondern daß sich auch die Methoden zu ihrer Lösung durch die Anwendung derselben approximativen Prozedur, die wir schon vorher benutzt hatten, bestimmen ließen. Darüber hinaus schlug er eine Vereinfachung des ganzen Problems vor, indem er meine Beweisführung geschickt veränderte und die Angelegenheit von einem anderen, sehr originellen Standpunkt aus betrachtete. Das alles wollte ich mit Einstein gründlich diskutieren.

Im Mai 1939, nach fast einjähriger Abwesenheit, trat ich wieder über die Schwelle des Hauses in der Mercer Street. Erst nach einer geraumen Weile fühlte ich mich in seinem Zimmer wieder so ungezwungen wie damals, als wir gemeinsam an den Bewegungsproblemen oder an der *»Evolution of Physics«* arbeiteten. Wir besprachen die neuen Ergebnisse, die sich bereits in unserem Briefwechsel ergeben hatten. Einstein schlug vor, sie gemeinsam zu veröffentlichen. Wir kamen überein, daß ich das Manuskript vorbereiten und es Einstein zur Billigung zuschicken würde. Ich war glücklich darüber, daß die geographische Entfernung unsere Zusammenarbeit nicht beendet hatte.

Dann erzählte mir Einstein von neuen Bemühungen, eine einheitliche Feldtheorie zu konstruieren, von seinen Enttäuschungen und Hoffnungen, wobei er mehrmals wiederholte: »Ich bedaure sehr, daß Sie nicht mehr in Princeton sind. Wir haben uns gut verstanden, und die gemeinsame Arbeit war sehr angenehm.«

Dieser Besuch wirkte bedrückend auf mich. Einmal war ich mir darüber im klaren, daß sich das großartige Erlebnis der Zusammenarbeit mit Einstein seinem Ende näherte. Zum anderen sprachen wir über gesellschaftliche Probleme, und Einstein war pessimistischer gestimmt als jemals zuvor. Dieser Pessismismus teilte sich auch mir mit. Einstein meinte, die Zukunft Europas sei durch die Ereignisse in Madrid und in München vorausbestimmt, das »Schicksal nehme seinen Lauf«. Niemals vorher erschien ihm die politische Lage so hoffnungslos und das Chaos so nahe.

Heimweh erfaßte mich. Als wir später durch den Universitätsgarten spazierten, der voll Sonne und Frühlingsblumen war, schien alles wie früher während unserer Zusammenarbeit zu sein.

XVII

Im September desselben Jahres überfiel Hitlerdeutschland Polen. Ich arbeitete während des Krieges wissenschaftlich auf dem Gebiet der Ballistik und des Radars. Wenn ich mich recht erinnere, bin ich Einstein während dieser Zeit nicht ein einziges Mal begegnet. Wir schrieben uns nur von Zeit zu Zeit. Welche Rolle Einstein bei der Entwicklung der Atomenergie gespielt hat, weiß ich nicht. Nach dem Krieg standen wir in ständigem Kontakt, und zwar aus verschiedenen Gründen. Einige davon waren äußerer, andere tieferer Natur, denn sie hatten mit unserer wissenschaftlichen Arbeit zu tun. Ich möchte hier Einsteins Friedenstätigkeit in den Vereinigten Staaten und meinen Beitrag auf diesem Gebiet in Kanada erwähnen. Bei meiner Arbeit stützte ich mich auf Aussprüche Einsteins, vor allem auf seinen klugen und schönen Artikel *»Only than shall we be free«* (Nur dann werden wir frei sein), den er mir geschickt hatte. Unsere gemeinsame Arbeit für den Frieden, gegen die Erpressung mit der Atombombe

belebte unseren Briefwechsel. Dann erschien mein Buch über Galois
»*Whom the Gods Love*« (Wen die Götter lieben). Ich schickte es Einstein, freilich ohne große Hoffnung, daß er Zeit finden würde, es zu
lesen. Er fand nicht nur die Zeit dazu, sondern schrieb mir auch ein
paar schöne und anerkennende Worte über dieses Buch.

Ich fürchtete, unser Kontakt könnte oberflächlich werden, denn er
beruhte nicht mehr auf einer gemeinsamen Arbeit. Was mich betrifft,
so empfand ich Einstein gegenüber Verehrung und Befangenheit zugleich. Ich mochte ihm nicht zu häufig schreiben. Von Zeit zu Zeit
erhielt ich auch Briefe von seiner Sekretärin, Frau Dukas, einer außerordentlich gütigen Person. Sowie Einstein in irgendeiner Gesellschaft
etwas Gutes über mich sagte, teilte sie mir das sofort mit.

Aus jener Zeit besitze ich noch viele Briefe Einsteins, aus denen
ich die interessantesten Stellen zitieren möchte:

October 23, 1939
*... I can imagine also how worried you are about your sisters in Poland.
I hope that women are not so endangered in such situation. There is no-
thing one can do against those gang of scoundrels. But it seems to me
that destiny is on the march!*

(23. Oktober 1939
... Ich kann mir vorstellen, wie beunruhigt Sie wegen Ihrer Schwestern in Polen sind. Ich hoffe, daß Frauen in einer solchen Situation
nicht so gefährdet sind. Man kann gegen diese Verbrecherbande
nichts tun. Aber es scheint mir, daß auch sie das Schicksal ereilen
wird!)

6. März 1941
*... Unsere Bewegungsarbeit findet merkwürdigerweise mehr Interesse,
als wir damals erwartet haben ...*

*Unsere Bemühungen, eine brauchbare Feldtheorie aufzustellen, ha-
ben zu keinem Ergebnis geführt. Ich neige immer mehr zu der Ansicht,
daß man mit der Theorie des Kontinuums nicht weiterkommen kann,
weil in dieser sich die Riemann-Metrik fast mit Notwendigkeit als die
einzig naturgemäße Begriffsbildung aufdrängt. Unsere Bemühungen um
eine allgemeine Begriffsbildung hatten aber bisher keinerlei Erfolg.*

29. November 1945
*Vor allem mein herzlichstes Beileid zu den schrecklichen Nachrichten,
die auch Sie über das Schicksal Ihrer Verwandten erhalten haben. Es ist
etwas Furchtbares um das jüdische Schicksal, und es ist klar, daß der*

*Einfluß der nationalsozialistischen Propaganda noch für lange ernste
Gefahren für uns in sich birgt ...*

*Ich glaube jetzt mit ziemlicher Zuversicht zu sehen, wie Gravitation
und Elektrizität zusammenhängen, wenn auch eine physikalische Veri-
fikation noch in weiter Ferne liegt.*

den 25. Dezember 1945

*Ich kann Ihnen Ihren Schmerz nachfühlen, zumal auch in meiner Fa-
milie mehrere von den Deutschen umgebracht worden sind.*

*Ich bin recht schockiert darüber, daß die Reaktion auf diese Schand-
taten in diesem Lande nicht so stark und spontan ist, als man es erwarten sollte.*

*Ich bin recht neugierig auf Ihre Arbeit und will Ihnen gerne über
diese interessante Möglichkeit einer einheitlichen Feldtheorie erzählen,
wenn Sie mich einmal besuchen.*

*An den polnischen Botschafter habe ich empfehlende Worte für Herrn ...
geschickt; aus Ihrem Buch weiß ich ja, daß er es wirklich verdient.*

Dieser letzte Brief macht einen charakteristischen Wandel in der Einstellung Einsteins zu einem Problem deutlich, mit dem er sich fünfunddreißig Jahre lang beschäftigt hatte und an dem er bestimmt noch
in seinen letzten Tagen arbeitete. Er bemühte sich um eine einheitliche Feldtheorie, eine Theorie, die den Bau der Elementarteilchen
umfaßt und reguläre Lösungen liefert, Lösungen, welche die Elementarteilchen repräsentieren könnten. Viele solcher Versuche hatte er
begonnen und veröffentlicht, überzeugt, daß sie einen Teil jener Wahrheit enthielten, nach der er sein Leben lang gesucht hatte. Später entdeckte er Unzulänglichkeiten in der neuen Theorie und wurde ihr
schärfster Kritiker, ja, er hielt dieses Problem überhaupt für unlösbar;
dann glaubte er wieder, neues Licht zu sehen. Wird die Theorie, die er
bei seinem Tode hinterließ, der Feuerprobe der Zeit so standhalten,
wie die spezielle und allgemeine Relativitätstheorie ihr standhielten?
Ich zweifle daran. Aber sie wird ein ewiges Denkmal für die Ausdauer
dieses Geistes sein, der es fertigbrachte, sich fünfunddreißig Jahre hindurch hartnäckig einem Problem zu widmen, einem so schwierigen
Problem, daß seine Lösung die menschliche Kraft überstieg. Am Problem der Elementarteilchen arbeiten viele Wissenschaftler, die von einer
ganz neuen Seite herangehen. Dieses Problem sieht heute anders aus
als vor fünfunddreißig Jahren, und zwar dank der Quantentheorie, die
Einstein schaffen half und von der er sich in den späteren Jahren seines

Lebens voller Unbehagen abwandte; er hielt sie für eine häßliche Theorie und meinte, daß eine wirklich schöne Theorie, die unsere Wirklichkeit beschreibt, sich nicht statistischer Methoden bedienen dürfe.

Ich zitiere einen Brief Einsteins:

den 21. April 1946

Ich habe mit vieler Freude Ihre ausgezeichnete Schrift über die atomic bomb gelesen, bin aber leider noch nicht zum Studium Ihrer letzten Abhandlung gekommen.

Heute sende ich Ihnen die Abschrift eines Briefes über unser gemeinsames Kind, der Sie sicher nicht weniger freuen wird als mich.

Seien Sie mir nicht böse, daß ich Ihnen so spärlich schreibe; der Problemteufel hält mich erbarmungslos in seiner Zange und treibt mich zu verzweifelten Anstrengungen, mathematische Schwierigkeiten zu überwinden. Ich sende Ihnen meine letzte Arbeit, in welcher der allgemeine Weg zur Lösung bereits richtig angegeben, die Feldgleichungen aber noch reformbedürftig sind. Die endgültige Arbeit ist schon seit vielen Monaten im Druck. Ich sende sie Ihnen, sobald sie erschienen ist. Ich glaube, endlich einen Zipfel der Wahrheit erfaßt zu haben.

Als ich im Jahre 1936 nach Princeton kam, bot mir Einstein zwei Themen zur Bearbeitung an: das Bewegungsproblem und die Arbeit an der einheitlichen Feldtheorie. Ich wählte damals eilfertig das erste Thema, an dem später auch Hoffmann mitarbeitete; der junge Physiker Peter Bergman wählte das zweite Thema und arbeitete eine Zeitlang gemeinsam mit Einstein an der einheitlichen Feldtheorie. (Im Jahre 1949 schien es mir, daß nach dreizehn Jahren der Zusammenarbeit mit Einstein am Bewegungsproblem – auf diese Zusammenarbeit komme ich gleich noch einmal zu sprechen – dieses Problem völlig gelöst sei. Doch auch heute noch, nach mehr als fünfundzwanzig Jahren, arbeite ich daran mit meinen Schülern.) Einsteins Isolierung und die Tatsache, daß er gewissermaßen abseits vom Strom der Physik stand, berührte mich schmerzlich. Häufig hatte er in Princeton zu mir gesagt: »Die Physiker halten mich für einen alten Trottel, aber ich bin überzeugt, daß die spätere Entwicklung der Physik in eine andere Richtung vonstatten gehen wird als bisher.« Heute haben Einsteins Einwände gegen die Quantenmechanik nichts von ihrer Kraft eingebüßt. Heute, so scheint es mir, wäre er in seinen Ansichten weniger isoliert als im Jahre 1936.

Damals war ich jedoch der Meinung, daß Einsteins Abneigung

gegen die Quantentheorie ungerechtfertigt sei. (Und tatsächlich ist auch nichts von dieser Abneigung in die »*Evolution of Physics*«, aus der wir übrigens kein polemisches Buch machen wollten, eingegangen.) Deshalb auch bat ich einen der Schöpfer der Quantentheorie, als er 1948 in Toronto weilte und nach Princeton fuhr, er möchte sich mit Einstein über die Grundlagen der Quantentheorie unterhalten. Im Jahre 1937 war der große Bohr in Princeton und versuchte – allerdings erfolglos – in einer öffentlichen Diskussion, Einstein von der Richtigkeit seines Standpunktes zu überzeugen. Ich schrieb an Einstein, Professor X (ich will hier nicht den Namen nennen) werde in Princeton sein, und bat ihn, mit ihm über diese Fragen zu sprechen. Ich sagte ihm auch, wie sehr ich Professor X bewundere.

Als Antwort erhielt ich einen Brief, der unter anderem folgende Bemerkungen enthielt:

20. IX. 48

Auch mir gefällt der X ausgezeichnet. Seine wissenschaftliche Phantasie ist aufs höchste zu bewundern, und er steht seinen eigenen Gedanken stets kritisch gegenüber. Diskutieren aber kann ich kaum mit ihm, weil die verschiedenen Argumente in seinen Augen ein ganz verschiedenes Gewicht haben als in den meinen. Mein starres Hängen an der logischen Einfachheit und mein Mißtrauen in den Wert von auch eindrucksvollen Bestätigungen von Theorien, wenn es sich um prinzipielle Fragen handelt, kann er nicht verstehen. Er empfindet solche Haltung als wirklichkeitsfremd und schrullenhaft wie alle, die fest daran glauben, daß die Quantentheorie dem Wesen der Dinge schon ganz nahe gekommen ist. Ich begreife dies sehr gut und gebe mir gar keine Mühe, jemanden irre zu machen. Wenn man mich nicht dazu zwingt (wie die Autoren in dem nächstens erscheinenden Band der Schilpp-Bücher), krieche ich nicht aus meinem Mauseloch heraus, sondern schlage mich still mit den Problemen herum.

Einige Worte über Einsteins letzte Bemerkung. Das Schilpp-Buch, von dem er in diesem Brief spricht, ist ein dicker Sammelband, der unter der Redaktion von Schilpp in der »*Library of Living Philosophers*« (Bibliothek lebender Philosophen) erschien. Dieser Band setzte sich aus Artikeln zusammen, die wenigstens zum Teil auch kritisch sein sollten. Darunter befanden sich Artikel von Bohr und Pauli. Einstein sollte zu Anfang (so war das übliche Schema dieser Bibliothek) über sich, sein Leben und seine Arbeit schreiben und dann, zum Schluß, zur Kritik der anderen Autoren Stellung nehmen. Mir war die Geschichte dieses Buches gut bekannt, da ich selbst der Verfasser eines der Artikel war und in Verbindung mit dem Herausgeber stand. Am Ende jenes Buches befindet sich eine wunderbar geschriebene Antwort Einsteins auf die gegen ihn vorgebrachten Einwände, eine Antwort, die vielleicht klarer und besser als andere Artikel Einsteins sein Verhältnis zur Quantentheorie erklärt.

XVIII

Im Jahre 1948 erhielt ich eines Tages von Einstein einen Brief, der unsere Arbeit am Bewegungsproblem betraf. Ich möchte noch einmal erwähnen, daß ich mich während des Krieges mit diesen Dingen überhaupt nicht beschäftigt hatte, da ich an Problemen arbeitete, die mit dem Krieg zusammenhingen. In diesem Brief zitierte Einstein den Mathematiker Levinson, der uns vorwarf, in unserer Arbeit fehle der Beweis, daß man die Approximationsmethode beliebig fortsetzen könne und daß es nach jedem Schritt einen weiteren gebe. Wir hatten nur zwei Schritte dieses Näherungsverfahrens ausgeführt, den ersten, Newtonschen, und den zweiten, den auf Newton folgenden. Natürlich wird niemand mehr den dritten Schritt ausführen. Zum Vergleich: Wenn wir davon ausgehen, daß der erste Schritt so einfach ist wie das Überqueren des Ärmelkanals, dann ist der zweite im Vergleich zum ersten so schwierig wie die Überquerung des Atlantischen Ozeans. Diesen zweiten Schritt hatten wir getan, und der dritte wäre nun so schwierig wie ein Flug zu den Sternen im Vergleich zur Bezwingung des Atlantik. So erscheint es unwahrscheinlich, daß sich irgendwann einmal jemand dazu verleiten läßt, den dritten Schritt zu tun. Im übrigen habe ich später gemeinsam mit einem meiner Schüler nachgewiesen, daß es niemals erforderlich sein würde, diesen dritten Schritt auszuführen. Doch im Jahre 1948 wußte ich das noch nicht, und jener Mathematiker verlangte Genauigkeit. Es galt den Nachweis zu führen, daß jeder weitere Schritt möglich ist, sofern der vorherige getan wurde.

Einstein schrieb mir darüber einen ausführlichen Brief, wies auf die Notwendigkeit hin, unsere Arbeit zu vervollständigen, skizzierte den Beweis und schlug vor, ihn gemeinsam zu veröffentlichen. (Diese Beweisführung erwies sich übrigens als falsch.) Der genannte Brief leitete noch einmal eine lebhafte Zusammenarbeit am Bewegungsproblem ein. Diesmal schritt die Arbeit auf dem Wege einer regen Korrespondenz voran. Ich besitze eine ganze Menge dieser Briefe von Einstein, die leider infolge einer Havarie des Schiffes, das meine Sachen nach Polen brachte, völlig durchnäßt wurden und kaum noch lesbar sind, da das Seewasser die Tinte wegwusch.

Einstein zeigte sich zu Beginn dieser Zusammenarbeit sehr enthusiastisch. Dann stellte sich heraus, daß es noch viele andere ungelöste Fragen gab, die mit dem Bewegungsproblem zusammenhingen, und wir erhielten eine Reihe von Ergebnissen, die teils unsere alten Vorstellungen vertieften, teils völlig neu waren. Seit dem Beginn unserer Zusammenarbeit waren ja auch schon elf Jahre vergangen, genügend Zeit also, alte Dinge aus einer neuen Perspektive zu sehen. In dieser Zeit hatte ich in Kanada eine eigene Schule geschaffen und besaß auch einen besonders begabten Mitarbeiter, mit dem ich eine Reihe von Arbeiten veröffentlichte und mit dem ich alle diese Fragen diskutieren konnte.

Zwei- bis dreimal wöchentlich tauschte ich mit Einstein Briefe aus. Dennoch blieb eine grundsätzliche Schwierigkeit: Wie konnte unser Näherungsverfahren mathematisch korrekt angewandt werden? Eines Tages kam mir auf dem Heimweg von der Universität ein Gedanke: Wie wäre es, wenn wir Gravitationsdipole einführten? Ihre Existenz müßte bei jeder Näherung eine Lösung ermöglichen. Da sie jedoch im Ergebnis bedeutungslos sind, müßte ihre Existenz nach Beendigung des Näherungsverfahrens annihiliert werden. Verschwanden also jene Dipole, dann erhielten wir die Bewegungsgleichungen.

Aufgeregt kam ich zu Hause an. Ich wollte schnell die Berechnung ausführen, um zu sehen, ob diese Konzeption zum Ziel führte. Nach einer Viertelstunde wußte ich, daß sie eine einfache Lösung der Schwierigkeiten ermöglichte, die uns lange Zeit zugesetzt hatten. Nach dem Mittagessen kehrte ich ins Institut zurück, um diese Lösung mit meinem ehemaligen Schüler, jenem begabten Mitarbeiter und jüngeren Kollegen, den ich oben erwähnte, zu besprechen. Es kam mir seltsam vor, daß dieser begabte, scharfsinnige junge Mann so große Schwierigkeiten hatte, meine Konzeption zu begreifen, die meiner Meinung nach so eindeutig war. Das bewies mir nur, was ich seit langem wußte: Ersinnt man selbst etwas, dann verliert man die Perspektive, und alles kommt einem einfach, ja banal vor; für den Außenstehenden hingegen, der diese Ausführungen mit Skepsis betrachtet, treten Schwierigkeiten zutage, zuweilen neue, zuweilen solche, die wir rasch überwunden und längst vergessen hatten.

Mein Kollege versprach mir, die ganze Berechnung zu prüfen. Am nächsten Tag sagte er mir, er habe einen Fehler gefunden. Ich glaubte nicht daran, und es zeigte sich, daß ich recht hatte. Den Fehler hatte er gemacht. Noch am selben Tag schrieb ich an Einstein einen Brief, in dem ich ihm ganz kurz von meiner Beweisführung berichtete und darauf hinwies, daß sie alle Schwierigkeiten beseitige. Ungeduldig wartete ich auf eine Antwort. Die Antwort kam, doch sie enttäuschte mich sehr; ich fand darin kein Wort der Begeisterung über meine Methode. Der Brief enthielt nur eine Fortsetzung der vorhergehenden Ausführungen Einsteins über diese Schwierigkeiten, die er zu überwinden trachtete, indem er einen ganz anderen Weg ging als ich. Ich fand einen Fehler in seinen Gedankengängen, teilte ihm das mit und bat ihn sehr, meinen Brief zu lesen, in dem eine gute Lösung dieses Problems zu finden sei. Einsteins Antwort beginnt mit folgenden Worten:

22. XI. 1948

Sie haben völlig recht mit dem Einwand in bezug auf den Divergenzsatz in den Näherungsgleichungen. Ich schreibe erst jetzt, weil ich immer noch hoffte, Ihren Brief mit dem bezüglichen Beweis wiederzufinden, was mir aber nicht gelang. Ich hatte den Brief nicht genau gelesen, weil ich damals an der Beweiskraft meiner auf die zerlegte Bianchi-Identität gegründeten Überlegung nicht zweifelte. So bitte ich Sie, mir Ihren Beweis nochmals mitzuteilen.

XIX

Für unsere Zusammenarbeit erschien mir eine persönliche Aussprache mit Einstein erforderlich. Ich schrieb Einstein, daß ich nach Princeton käme. Von New York aus rief ich bei ihm an und erfuhr, daß er in New York im Krankenhaus lag und mich bat, sofort mit ihm Kontakt aufzunehmen. Ich rief im Krankenhaus an, und der Arzt teilte mir mit, Professor Einstein bitte mich, so schnell wie möglich zu ihm zu kommen. Wenn ich mich recht erinnere, lag Einstein damals in einem kleinen privaten Krankenhaus, in einem zwei- oder dreistöckigen Gebäude. Ich mußte eine Weile warten, bis man irgendeine Behandlung beendete. Endlich erschien Einstein in einem alten, abgetragenen Morgenrock. Er sah bedeutend schlechter aus als vor neun Jahren (wir hatten uns seit dem Jahre 1939 nicht mehr gesehen). Ich fragte ihn, was ihm fehle. Laut lachend erwiderte er:

»Das wissen die Ärzte noch nicht. Vielleicht kommen sie bei der Autopsie dahinter.«

Wir gingen hinauf ins Empfangszimmer und begannen wie immer sofort, über unsere gemeinsame Arbeit zu sprechen.

Ich kannte Einstein gut und wußte, daß man ihn am besten nicht unterbrach; er sprach über die Schwierigkeiten, die es in unserer Arbeit noch gab. Offenbar hatte er meinen Brief, in dem ich all diese Schwierigkeiten schon überwunden zu haben glaubte, bereits vergessen. Als Einstein geendet hatte, bat ich ihn, mich anzuhören. Ich sagte ihm, ich hoffte, diese Schwierigkeiten beseitigt zu haben. Ich brachte nur zwei Sätze hervor. Daß man Gravitationsdipole hinzufügen müsse, daß sie die Integrierbarkeit der Gleichungen sichern würden und daß sich aus der Annihilierung dieser Dipole die Bewegungsgleichungen ergäben. Wie immer, wenn er überlegte, glättete er seinen Schnurrbart und stellte mir dann einige Fragen. Ich wußte, daß dies Einsteins Methode war, daß er keine Vorträge mochte, sondern Diskussionen. Als ich ihm drei Fragen beantwortet hatte, rief Einstein begeistert:

»Nun, dann sind unsere Schwierigkeiten behoben. Warum haben Sie mir darüber nie etwas geschrieben?«

Zu dieser letzten Frage schwieg ich diplomatisch. Dann kamen wir schon auf andere Dinge zu sprechen. Ich bedankte mich für die schönen Worte, die er von sich aus, ohne meine Bitte, über mein Buch »Whom the Gods Love« geschrieben hatte.

Er sagte, das Buch gefalle ihm wirklich sehr. Und dann fügte er mit einem etwas boshaften Lächeln hinzu:

»Ich kenne Sie, in Wirklichkeit haben Sie über sich selbst geschrieben.«

Natürlich hatte Einstein in diesem Falle völlig unrecht, es sei denn, dieser Satz enthielt einen verborgenen Gedanken, den ich nicht verstanden hatte. Am Abend speiste ich gemeinsam mit Einstein, seinem Arzt und Gastgeber sowie dessen Familie. Für den nächsten Tag verabredeten wir eine erneute Zusammenkunft. Ich befürchtete, er würde neue Schwierigkeiten herausfinden. Doch nichts dergleichen geschah. Er stellte mir nur eine zusätzliche Frage, um sich zu vergewissern, daß die Berechnungen auch stimmten. Danach unterhielten wir uns darüber, wie diese Arbeit abzufassen sei. Wir kamen überein, daß ich ihm das Manuskript zusenden und dann alle seine Bemerkungen berücksichtigen würde.

Ich fürchte, der Leser dieser Zeilen könnte zu der falschen Auffassung kommen, die größte Schwierigkeit hätte ich beseitigt. So war es nicht. Ich habe in meinem Bericht nur eine der Schwierigkeiten hervorgehoben, zu deren Lösung ich beigetragen hatte. Alles andere erledigten wir brieflich. Hier einige Auszüge aus Einsteins Briefen, die er mir nach unserer Begegnung in New York schrieb:

6. XII. 1948
Aber darin sind wir einig: Das Problem ist im Prinzip gelöst, und es handelt sich noch darum, wie man die Sache am besten darstellen soll. Das Pädagogische ist hier wirklich wichtig, weil sonst kein Teufel die Sache wirklich begreifen wird und immer wieder von anderer Seite an diesem Problem unnötigerweise geknabbert werden wird. Wir müssen uns einfach Zeit lassen, um diese schöne Sache optimal darzustellen.

6. IV. 1949
Ich bin mit der korrigierten Fassung einverstanden. Sie haben da ein großes Stück Arbeit geleistet. Der Leser hat es aber auch nicht leicht, weil es uns doch nicht ganz gelungen ist, das Prinzipielle vom Formalen zu trennen, wenigstens bei der Darlegung des letzten Gedankens.
Aber ich bin einverstanden, daß alles so gedruckt wird, wie es jetzt ist (nach sorgfältiger Durchsicht).

Schon zuvor hatte er mir geschrieben:
Die gemeinsame Arbeit mit Ihnen hat mir unbeschreibliche Freude gemacht, und ich glaube, daß keiner von uns allein damit fertig geworden wäre. Denn der Stoff ist geradezu hinterhältig.

So entstand unsere dritte bedeutsame Arbeit, die im »*Canadian Journal of Mathematics*« abgedruckt wurde.

XX

Zu jener Zeit erhielt ich eine Einladung zu einem Besuch in Polen, und auf die Nachricht hin, daß ich nach Europa reise, kam aus Dublin eine Einladung von meinem früheren Kollegen aus Toronto, von Professor Synge; etwas später trafen noch zwei Einladungen aus England ein, aus Birmingham und aus Manchester. Ein Vortragsthema, das sich geradezu anbot, war meine gemeinsame Arbeit mit Einstein, die Arbeit, die damals bereits im Druck war und deren erste Korrektur ich mitnehmen wollte. Ich schrieb an Einstein, daß ich fahren würde, und fragte ihn, ob er einverstanden sei, wenn ich nach

Gutdünken an seiner eigenen Arbeit, die er mir als dem Redakteur des »*Canadian Journal of Mathematics*« geschickt hatte, geringfügige Änderungen vornehmen und über unsere gemeinsame Arbeit in Europa vortragen würde. In seiner Antwort schrieb Einstein unter anderem:

20. März 1949

Ich danke Ihnen für Ihren Brief vom 16. März. Ich bin völlig damit einverstanden, wenn Sie in meinem Manuskript kleine Änderungen machen. Ich bin natürlich auch völlig einverstanden, wenn Sie in Polen und (oder) in Dublin über unsere Arbeit vortragen. Natürlich freue ich mich sehr, wenn ich Sie vor Ihrer Abreise sehen und das mit Ihnen besprechen kann, was Sie im Sinn haben. Auch bin ich dankbar, daß Sie mir keinen Geburtstagsbrief geschrieben haben. Es war sowieso wie eine Beerdigung bei lebendigem Leibe.

Aus Polen kehrte ich nach Kanada mit dem Wunsch zurück, für ein Jahr mit meiner Familie in die alte Heimat zu fahren. Während dieser Zeit wollte ich entscheiden, ob ich für immer in Polen bleiben würde oder nicht. Nach all dem, was ich in Polen gesehen hatte, kam mir dieser Plan sehr entgegen.

Mir lag jedoch viel daran, in dieser Frage die Meinung Einsteins zu hören. Als ich ihm kurz nach meiner Rückkehr darüber schrieb, erhielt ich folgende Antwort:

Samstag 11. VI. 1949

Ich freue mich, daß Sie wieder da sind, und hoffe, daß Sie sich nicht gar zu tief in das weltliche Geschäft eingelassen haben. Denn die Menschen sind wie Flugsand, und man ist nie sicher, was morgen oben liegt. Wir können ja beide ein Liedchen davon singen. Jedenfalls bin ich sehr neugierig, von Ihnen etwas über Ihre allgemeinen Eindrücke zu hören.

Einen Teil der Ferien verbrachte ich nach meiner Rückkehr aus Polen mit der ganzen Familie in der Nähe von New York. Von dort aus besuchte ich im Juni 1949 Einstein. Offenbar hatte ich eine Vorahnung, daß ich Einstein zum letzten Mal sehen würde, denn ich äußerte den Wunsch, daß ihn auch meine Familie kennenlerne möge: Meine Frau, mein damals zehnjähriger Sohn und die sechsjährige Tochter. Da ich, wie immer, mit einer längeren Unterhaltung rechnete, beschlossen wir, daß ich allein gehen sollte und meine Frau und die Kinder eine Stunde später folgen würden. Ich weiß nicht weshalb, aber ich erinnere mich kaum noch an diesen Besuch. Nur eins weiß ich: daß ich Einstein fragte, was er von meiner endgültigen Rückkehr nach Polen halte. Er überlegte eine Weile und sagte schließlich:

»Dagegen kann niemand etwas haben. Das ist sehr edel, nur ...«

Ich wartete auf die Fortsetzung. Nun sagte Einstein etwas, was mich sehr verwunderte, jedoch nicht beunruhigte.

»Und was wird aus Ihnen, wenn das alte Regime wieder an die Macht kommt? Was wird, wenn die Sowjetunion im Ergebnis endgültiger Friedensverträge einer solchen Lösung zustimmt?«

Ich versuchte, Einstein zu erklären, daß mir diese Eventualität so unwahrscheinlich erscheine, daß man sie für unmöglich halten könne. Ob er mir glaubte, weiß ich nicht.

Bald nach meinem Besuch erhielt ich wieder einen Brief über wissenschaftliche Probleme, der mit folgendem Absatz schloß:

20. VI. 1949

... Ich habe mir oft Gedanken darüber gemacht, daß Sie sich aus einer Art Idealismus zu weit mit der polnischen Angelegenheit einlassen könnten. Bei aller Sympathie mit der gegenwärtigen dortigen Regierung kann ich nicht an der Labilität der Verhältnisse zweifeln. Nach einiger Zeit mögen die Dunkelmänner wieder aus den Mauselöchern hervorkriechen – so ähnlich, wie es in Deutschland in den zwanziger Jahren gewesen ist. Dann würden Ihnen die Brüder die Hölle heiß machen. Wenn es auch in der westlichen Hemisphäre gegenwärtig recht muffig ist, so ist doch nicht anzunehmen, daß der augenblickliche hysterische Zustand gar zu lange andauert oder sich gar zu unerträglichen Zuständen auswächst. Dafür geht es den Leuten zu gut. Bei vollem Bauch werden die Leute nicht zu fanatisch.

Es ist gut zu wissen, daß es wenigstens ein Problem gibt, bei dessen Einschätzung Einstein sich irrte: die Einschätzung der Vereinigten Staaten und Polens. Doch über diese Worte war ich gerührt, da ich wußte, wie wenig ihn immer die Angelegenheiten der Menschen interessierten und wie stark ihn die Naturgesetze beschäftigten. Und diese Worte waren sichtlich von der Sorge um mein Schicksal diktiert.

Zu jener Zeit nahmen wir wieder die gemeinsame wissenschaftliche Arbeit auf. In einem Brief äußerte Einstein den Gedanken, die Bewegungsgleichungen zu vereinfachen.

16. XII. 1949

... Ich fühle, daß wir unser Problem immer noch nicht völlig gelöst haben, sondern uns hinter einem Formalismus verstecken. Unsere publizierte

*Lösung ist richtig, aber wir haben beide das Gefühl, daß die Dipole einen
vermeidbaren Umweg darstellen.*

Einstein wollte die Theorie so verändern, daß eine Lösung der Bewegungsgleichungen ohne Dipole möglich wäre. Ein reger Briefwechsel begann. Schon schien es, daß wir in allen Einzelheiten Übereinstimmung erzielt hätten, als wieder unterschiedliche Auffassungen auftraten. Ich hatte Einstein sogar schon das fertige Manuskript unserer gemeinsamen Arbeit geschickt, als es sich plötzlich zeigte, daß wir uns abermals nicht verstanden. Ich fühlte, daß wir wieder zusammentreffen mußten, damit die neue Arbeit veröffentlicht werden konnte, deren Manuskript noch immer in meinem Archiv ruht. Leider traten Ereignisse ein, die ein Wiedersehen mit Einstein unmöglich machten. Unsere letzte Arbeit wurde nie veröffentlicht.

Ich möchte noch den Anfang eines Briefes zitieren, der aus jener Zeit stammt:

Samstag, 23. VII. 1949

Glauben Sie nur nicht, ich hätte aus Nachlässigkeit zu Ihrem Vorschlage keine Stellung genommen. Ich habe studiert und studiert und wurde davon überzeugt, daß es nicht der wahre Jakob ist. Also habe ich mich unablässig um einen natürlichen Weg bemüht, bis mir das Gehirn beinahe geplatzt ist. Sechs Briefe habe ich angefangen und den Weg immer wieder verworfen. Nun glaube ich den Witz gefunden zu haben – wenn mich der Teufel nicht etwa wieder an der Nase herumgeführt hat.

Wieder konnte ich mich mit Einsteins Lösung nicht einverstanden erklären, und wir verschoben die ganze Angelegenheit bis zur nächsten Begegnung, die leider nie mehr stattfand.

Ich fuhr nach Vancouver, der Hafenstadt am Stillen Ozean, zu einem Physikerkongreß, an dem auch Dirac und Bhabha teilnahmen. Dann kehrte ich nach Toronto zurück und suchte um Urlaub nach, um für ein Jahr nach Polen zu fahren. Der Dekan versicherte mir, daß sowohl er als auch der Rektor der Universität nichts gegen meine Reise einzuwenden hätten.

XXI

»*Ensign*« war der Name einer katholischen Wochenzeitschrift, die hauptsächlich in den Kirchen verkauft wurde. Diese Zeitschrift widmete eine ganze Nummer meiner Reise nach Polen. Sie schrieb, ich sei Atomphysiker, habe von Einstein die Atomgeheimnisse erfahren und würde sie nun hinter den Eisernen Vorhang bringen. Plötzlich brach über meinem Kopf die Hölle herein. Wie ich mich fühlte, was ich unter dem Druck einer immer stärker werdenden Erpressung durchmachte, die bezwecken sollte, daß ich auf meine Reise nach Polen verzichtete, gehört nicht hierher. Ich schreibe nur deshalb darüber, weil ich von dem Augenblick an, da die erwähnte Nummer der Zeitschrift erschien und im Parlament der Oppositionsführer George Drew anfragte, was die Regierung zu tun gedenke, um meine Ausreise zu verhindern, weil ich von diesem Augenblick an wußte, daß mir der Weg in die Vereinigten Staaten versperrt war und ich Einstein nie mehr wiedersehen würde. Ein Schwarm von Reportern telefonierte und belästigte Einstein und mich mit Fragen. Sie wollten wissen, ob es wahr sei, daß ich das Geheimnis der Atombombe besitze. (Eine Idiotie, die noch dadurch unterstrichen wird, daß sich diese Ereignisse bereits nach dem ersten Atombombenversuch in der Sowjetunion abspielten.) So wanderte ich also fast genau ein Jahr nach der letzten Begegnung mit Einstein in meine alte Heimat aus.

In Polen erhielt ich einen bewegenden Brief, den ich so gut versteckt habe, daß ich ihn nicht wiederfinden kann. Darin schreibt Einstein, wie einsam er sich seit dem Tode Ehrenfests und seit meinem Verlassen des amerikanischen Kontinents fühle. Ich besitze darüber hinaus eine Reihe von Antworten auf Briefe, die ich ihm in den verschiedensten Angelegenheiten schrieb. Doch das ist nicht mehr die umfangreiche handschriftliche Korrespondenz, wie ich sie vorher erhielt. Wie leid tut es mir jetzt, wenn ich daran denke, wie ich mit diesen Briefen umgegangen bin. Viele davon verschenkte ich an Kollegen, Freunde und Freundinnen. Manche habe ich verloren, ohne daran zu denken, welchen Wert sie für mich besitzen würden, wenn ihr Verfasser nicht mehr unter den Lebenden weilte. Ich selbst schrieb ebenfalls mit der Hand und besitze keine Durchschläge, so daß ich häufig nicht weiß, worauf sich Einsteins Antworten beziehen.

Nach meiner Ankunft in Polen erhielt ich einen Brief über eine wissenschaftliche Frage, der folgenden Zusatz enthält:

Früher war der Mensch in der Hauptsache nur der Spielball blinder Kräfte – jetzt ist er noch dazu ein Spielball von Bürokraten – und findet sich damit ab. Kennen Sie Lichtenbergs Wort: »Der Mensch lernt wenig durch Erfahrung, denn jede neue Torheit erscheint ihm in neuem Lichte«?

Einen Monat später schrieb er mir ebenfalls zu wissenschaftlichen Fragen, die mit meiner Arbeit in Polen zusammenhingen. Zu Beginn geht er offenbar auf meine Bemerkungen zur Tätigkeit für den Frieden ein.

13. XI. 1950

... Sie wissen, wie sehr mir das Streben nach einem wirklichen Frieden am Herzen liegt. Ich glaube, daß in der jetzigen verfahrenen Situation direkte Versuche der hier in Betracht kommenden Art deshalb keine Aussicht auf Erfolg haben, weil auf allen Seiten das Vertrauen in die ehrliche Absicht des anderen erschüttert ist. Direkte Vorschläge wüßte ich nicht zu machen. Einstweilen können nur Einzelschritte der beteiligten Lager in Frage kommen, die geeignet sind, langsam das Vertrauen herzustellen, ohne das konkrete Maßregeln für die übernationale Sicherheit nicht zustande gebracht werden können.

Ich hatte nie eine Fotografie Einsteins mit seiner Unterschrift besessen, und solange ich in Amerika war, lag mir auch nichts daran. In Polen war mir plötzlich (ich weiß nicht warum) sehr viel daran gelegen. Als ich ihn darum bat, erhielt ich folgende Antwort:

28. XI. 1952

Die gewünschte Photographie schicke ich Ihnen gerne und hoffe nur, daß der gegenwärtig blasende Wind Sie nicht in die Notwendigkeit versetzen wird, dieselbe gelegentlich verstecken zu müssen.

Sie haben mich auch wissenschaftlich etwas gefragt, wohl über die Feldtheorie. Gegenwärtig habe ich nichts Gedrucktes darüber. Es ist aber so, daß die inneren Schwierigkeiten und Alternativen völlig beseitigt sind ... Die Möglichkeit eines Vergleiches mit den Tatsachen liegt aber leider noch in weiter Ferne.

Und zwei Jahre später:

den 8. Dezember 1954

Ich freue mich über die guten Nachrichten über Ihr Leben und Wirken. Die optimistische Auffassung über die internationale Situation teile ich, und kaum konnte man eine so günstige Wendung erhoffen.

Im Jahre 1955 wurde das fünfzigjährige Bestehen der Relativitätstheorie begangen. Ich erhielt zwei Einladungen. Eine nach Bern, die andere nach Berlin. In Bern fand im Juli ein wissenschaftlicher Kongreß statt. In Berlin wurden am 18. und 19. März zwei Vorträge gehalten. Der eine am 18. März von Max Born in Westberlin über das fünfzigjährige Bestehen der Quantentheorie, der andere am 19. März in Ostberlin von mir über das fünfzigjährige Bestehen der Relativitätstheorie. Ich hatte die vage Hoffnung, in einer der beiden Städte Einstein zu begegnen, und bat ihn auch, nach Berlin zu kommen. Obwohl ich wußte, wie gering die Chancen waren, daß Einstein Europa besuchen würde, wollte ich doch den Wunsch des Komitees erfüllen, das diese Vorträge gemeinsam für Ost- und Westberlin organisierte. Die Antwort, die ich von Einstein erhielt, wurde drei Monate vor dessen Tod geschrieben.

den 17. Januar 1955

Ich bin leider (oder soll ich sagen gottlob) nicht mehr gesund genug, um bei solchen offiziellen Anlässen zu erscheinen. Ich denke, es wäre hübsch, wenn Sie in Ihrer Predigt klarmachten, daß der Schwerpunkt der Theorie in dem allgemeinen Relativitätsprinzip liegt. Denn die meisten gegenwärtigen Physiker haben dies noch nicht erfaßt.

Wie ich mich meiner Aufgabe entledigte, kann der Leser überprüfen, denn mein Berliner Vortrag wurde in den »*Naturwissenschaften*« (1955) abgedruckt. Ich weiß nur, es kamen so viele Zuhörer, daß man die Veranstaltung aus den Räumen der Akademie in den größten Hörsaal der Universität verlegen mußte, der voll besetzt war. Zu dem Vortrag waren Physiker aus Westdeutschland und Delegierte aus den Volksdemokratien erschienen.

XXII

Am 18. April 1955 starb Einstein. Ein großes Licht war erloschen. Es starb der wahrscheinlich größte Physiker aller Zeiten. Es starb ein Mensch von unaussprechlicher Güte, einer Güte, die mehr aus dem Verstand als aus dem Herzen kam. Es starb ein Mensch, der das Gewissen der Welt war, der seine Stimme immer zur Verteidigung der Unterdrückten und gegen die Tyrannei erhob. Für mich war die Niederschrift dieser Erinnerungen, die erneute Durchsicht der mit kleiner, gleichmäßiger Schrift bedeckten Briefbogen ein Trost in der Verlassenheit, die ich empfand. Ich weiß nicht, ob sie jemandem auch nur ein schwaches Bild der Größe, der wahren Größe vermitteln werden, der zu begegnen ich das Glück hatte.

Niels Bohr begegnete ich erstmals im Februar 1937. Er kam zu einem mehrtägigen Besuch nach Princeton und wurde dort fürstlich empfangen. Seit langem schon wollte ich ihn hören und kennenlernen. Bohr war ebenso wie Einstein für die Physiker eine fast legendäre Gestalt. Jeder Physiker, der Kopenhagen auch nur streifte, ist des Lobes voll über die wissenschaftliche Atmosphäre, die dort herrschte, über die ungewöhnliche Liebenswürdigkeit, die Bohr jedem entgegenbrachte. Ich hatte mehrmals versucht, meinen Wunsch in die Tat umzusetzen. Doch das Pech verfolgte mich. Bohr war in Cambridge, bevor ich dort ankam und kurz nachdem ich es verlassen hatte. Ein Jahr vorher hatte ich versucht, während der Ferien an der Tagung der theoretischen Physiker teilzunehmen, die Bohr jedes Jahr organisierte. Bohr erkrankte, und die Tagung wurde abgesagt. Während meines kurzen Aufenthalts in Kopenhagen traf ich ihn nicht an. So mußte ich erst den Atlantik überqueren und nach Princeton kommen, um Niels Bohr aus Kopenhagen sehen und hören zu können.

Bohr und Einstein sind – neben Planck vielleicht – die bedeutendsten Namen der älteren Physikergeneration und haben die Physik der ersten Hälfte unseres Jahrhunderts am stärksten geprägt. Heute leben sowohl Einstein als auch Bohr und Planck nicht mehr und sind in die Geschichte der Wissenschaft eingegangen. Als Geistestypen waren sie grundverschieden. Um diesen Unterschied zu präzisieren, möchte ich mich eines Vergleichs aus der Geschichte der Wissenschaft bedienen. Ich betone, daß ich die Verantwortung für den folgenden Vergleich selber trage, daß er mein eigenes Produkt und nicht eine offizielle Stimme der Wissenschaft ist. Tatsache ist jedoch, daß viele Physiker, mit denen ich zufällig über dieses Thema sprach, meine Meinung teilten.

Wenn wir in der Geschichte der Wissenschaft ähnliche Geistestypen wie Bohr suchen, so erscheint mir der Vergleich mit Faraday am geeignetsten. Zwischen diesen beiden Namen liegen hundert Jahre wissenschaftlicher Entwicklung. Deshalb darf man diese Analogie auch nicht zu weit treiben. Doch eine Ähnlichkeit besteht zweifellos, und man kann versuchen, die gemeinsamen Merkmale anzuführen, die für diese beiden Wissenschaftler charakteristisch sind. Bei beiden fällt vor allem die außerordentliche Originalität wissenschaftlichen Denkens auf. Faraday schuf neue Konzeptionen in der Elektrizitätslehre, die sich grundsätzlich von den bis dahin existierenden unterschieden. Mit genialer Intuition begriff er, daß man zur Beschreibung der Erscheinungen auf diesem Gebiete der Wissenschaft mit den Vorstellungen der klassischen Mechanik brechen müsse. Ungewöhnliche Einfachheit und Originalität – das sind die Merkmale des Schaffens von Faraday. Das gleiche fällt bei Bohr auf. Bohr erkannte, daß wir mit den Begriffen der klassischen Mechanik nicht die innere Struktur des Atoms beschreiben können, und führte als erster die Quantentheorie in die Beschreibung der Struktur des Atoms ein, ähnlich wie Faraday als erster den Feldbegriff für die Beschreibung der Erscheinungen der Elektrizität verwandte. Als Folge dieser beiden Entdeckungen trat eine unerhört rasche Entwicklung der neuen Wissenszweige ein.

Doch die Analogien reichen noch weiter. Beide besaßen eine Vorstellungskraft, die an Sehertum grenzte. Faraday sah Kraftlinien der elektrischen und magnetischen Felder, wo für andere Physiker seiner Zeit nur völlige Leere herrschte, ein von allen physikalischen Problemen freier Raum. Es genügte, Bohr einmal zu hören, die Bewegung seiner Hände zu sehen, die Bilder und Modelle, die er zeigte, um zu verstehen, daß Bohr richtiggehend sah, wie ein Atom gebaut ist, daß er in Bildern dachte, die er ständig vor Augen hatte. Und schließlich noch eine Analogie: Beide operierten mit verhältnismäßig einfachen mathematischen Mitteln. Natürlich verbieten uns die hundert Jahre Entwicklung der Physik, welche die wissenschaftliche Tätigkeit Bohrs von der Faradays trennen, diesen Vergleich allzu wörtlich zu nehmen. Faraday besaß kein so profundes mathematisches Wissen. Doch angesichts des Raffinements, mit dem die heutigen Theoretiker bei der Anwendung der Mathematik vorgehen, waren auch die mathematischen Mittel Bohrs ungewöhnlich einfach. Bohrs Stärke beruhte nicht auf der mathematischen Analyse, sondern auf einer gewaltigen und wundersamen Vorstellungskraft, die konkrete Bilder schaute und neue, von niemandem erahnte Zusammenhänge entdeckte.

Einstein repräsentiert einen völlig anderen Geistestyp. Man könnte ihn eher – wenn wir auf die Geschichte der Wissenschaft zurückgreifen wollen – mit Newton vergleichen. Einstein dachte in logischen Kategorien und weit weniger in Bildern als Bohr. Das von Newton zum erstenmal formulierte Gravitationsgesetz war das Ergebnis eines fünfzehnjährigen angestrengten Denkprozesses und enthielt im Prinzip die endgültige Lösung dieses Problems für die nächsten zwei Jahrhunderte und noch darüber hinaus bis zu dem Augenblick, da Einstein seine allgemeine Relativitätstheorie formulierte. Die allgemeine Relativitätstheorie, die erstmalig seit Newton das Gravitationsproblem anpackt, ist das Ergebnis einer zehnjährigen Denkarbeit ihres Schöpfers. Doch einmal formuliert, enthält sie die grundsätzliche Lösung dieses Problems, und die Arbeiten anderer änderten nichts mehr am Grundgehalt dieser Theorie.

Die Ansichten Einsteins und Bohrs über den Stand der damaligen Physik (im Jahre 1937) waren grundverschieden. Bohr sah in den Fortschritten der Quantenphysik der letzten Jahre eine wesentliche Errungenschaft, die einen bleibenden Platz in der Wissenschaft behalten würde. Einstein war skeptisch, er war ein Gegner der Anwendung statistischer Methoden in der Wissenschaft, er glaubte fest daran, daß das gegenwärtige Stadium der Physik ein Zwischenstadium sei. Mit dieser Ansicht über den Stand der zeitgenössischen Wissenschaft war Einstein im Jahre 1937 fast völlig isoliert, und er war sich dessen durchaus bewußt. Er verstand jedoch die Begeisterung der Jungen, die dem Arbeitstempo entspringt, der Tatsache, daß die Entwicklung so rasch voranschreitet. Es gelang jedoch niemandem, Einstein für die letzten Errungenschaften der neuen Physik einzunehmen.

Im Bewußtsein der Allgemeinheit ist der Name Einstein mit der Relativitätstheorie verknüpft. Einstein machte jedoch auch auf einem anderen Gebiet der Wissenschaft grundlegende Entdeckungen, und zwar bei der Anwendung der Quantenhypothese auf Strahlungserscheinungen. Einsteins Arbeiten spielten eine wesentliche Rolle bei der Entwicklung dieser Theorie. Sein entscheidender Schritt beruhte gerade auf der Anwendung statistischer Methoden in der Wissenschaft, derselben Methoden, gegen die er später auftrat. Als ich ihn einmal fragte, warum er ein Gegner der Methoden sei, die er selbst in die Wissenschaft eingeführt habe, erhielt ich zur Antwort: »Ich habe sie als Provisorium eingeführt, als eine augenblickliche Notwendigkeit, ich glaubte jedoch nicht, daß andere diese Notwendigkeit in eine Tugend verwandeln würden.«

In den zwanziger Jahren erschien in der amerikanischen physikalischen Zeitschrift »*Physical Review*« eine Arbeit Einsteins und seiner Mitarbeiter, in der seine diesbezügliche Meinung dargelegt wurde. Wenig später wurde in derselben Zeitschrift eine Arbeit Bohrs abgedruckt, in der Einsteins Einwände gegen die damalige Physik des

Atom-Inneren entkräftet werden sollten. Ein Mitarbeiter Bohrs erzählte mir, daß Bohr diesen Artikel mehrmals überarbeitete und den polemischen Ton immer mehr abschwächte; er behauptete, der Mangel an Courtoisie in der Diskussion sei immer ein Beweis dafür, daß man die Argumente des Gegners nicht verstanden habe.

Was meine persönliche Überzeugung betrifft, so muß ich bekennen, daß ich während meiner ganzen Princetoner Zeit in den Fragen der Quantenmechanik eher unter dem Einfluß Bohrs als unter dem Einsteins stand, obwohl Einstein oft versuchte, mir seine Gedankengänge zu erläutern. Jetzt, acht Jahre nach Einsteins Tod, meine ich, daß wohl er recht hatte. Doch die Grundprobleme der Quantenmechanik sind unerhört schwierig. Überhaupt ist die zeitgenössische Physik so schwierig, daß der, der sie von Grund auf kennen- und lieben lernt, für immer Physiker bleibt und sich nur nebenbei mit ihren Grundlagen beschäftigt. Für die Philosophen hingegen sind diese Grundlagen völlig unzugänglich.

Doch kehren wir in das Jahr 1937, nach Princeton zurück. Die Leitung des physikalischen Instituts organisierte etwas, was ziemlich geschmacklos war: eine nahezu öffentliche Diskussion zwischen Bohr und Einstein. Ich war bei dieser Diskussion mit einigen anderen Neugierigen zugegen. Angeblich war Bohr in der Hauptsache deswegen nach Princeton gekommen, um Einstein von den Methoden der Quantenphysik zu überzeugen.

Erst heute ist mir klar, wie unangenehm diese Diskussion für Einstein sein mußte. Einstein war der Typ des Einsiedlers, und Kontakte mit den Menschen hatten ihm nie Vergnügen bereitet, obwohl er tat, was er konnte, um das nicht zu zeigen. Bohr hingegen war unerhört gesellig, und jegliche Erörterungen und Diskussionen bereiteten ihm großes Vergnügen.

Einstein trat sehr selten im dunklen Anzug auf, einem sehr alten Anzug, dem einzigen, den er besaß. Dazu trug er einen Hemdkragen, wie man ihn heute zum Frack trägt, und eine schwarze Krawatte. Ich erinnere mich noch gut, daß er zu jener Diskussion im dunklen Anzug erschien. Er sprach jedoch sehr wenig, kaum ein paar Worte. Bohr unterbrach ihn häufig und hatte die Zuschauer auf seiner Seite. Es war fast wie bei einem Länderspiel Polen gegen die Bundesrepublik in Warschau. Das Ergebnis dieser Diskussion fiel so aus, wie man es von vornherein hatte erwarten können: Sowohl Bohr als auch Einstein blieben bei ihren unterschiedlichen Ansichten.

Unabhängig von dieser Begegnung hielt Bohr 1937 in Princeton zwei weitere Vorträge. Man kann sich kaum einen schlechteren Redner vorstellen als Bohr. Er sprach so leise, daß man ihn kaum in den ersten Reihen des Saales hören konnte. In der großen, überfüllten Aula, in welcher der Vortrag stattfand, mußte man einen Lautsprecher anbringen. Mit Rücksicht auf die Tafeln und die Bewegungen des Referenten befestigte man ihm das Mikrofon an der Rockklappe. Bohr verfing sich dauernd in den Kabeln, aus denen man ihn alle paar Minuten befreien mußte. An den Tisch gelehnt, wischte er unaufhörlich mit einem Lappen darauf herum. Er sprach gleichsam zu sich selbst; die einzelnen Wörter, die er hervorstieß, fügten sich nicht glatt zu Sätzen zusammen, er unterbrach seinen Vortrag mehrmals durch Kritik an den eigenen Worten und durch die Bemerkung, daß er sich nicht klar genug auszudrücken vermöge. Auf diese Weise sprach er anderthalb Stunden, wobei jeder Gedankengang wesentlich für das Verständnis der folgenden war. Und trotzdem, obwohl der Vortrag so starke technische Mängel aufwies, machte er doch einen ungewöhnlich tiefen Eindruck. Man sah, mit welcher Mühe er sich die Sätze abrang und wie schwer es ihm fiel, diese komplizierten Probleme präzise zu formulieren. Hier sprach ein Mensch, der die Grundlagen der heutigen Wissenschaft tief und originell durchdacht hatte. An manchen Stellen war der Vortrag fast ausschließlich an Einstein gerichtet. Immer wieder bezog er sich auf private Diskussionen mit Einstein, mit dem über diese Probleme zu diskutieren er – wie er sich ausdrückte – das Privileg gehabt hatte. Nach dem ersten Vortrag und der offiziellen Diskussion standen Bohr und Einstein noch beisammen und diskutierten, umgeben von einem Kreis von Zuhörern, wobei Einstein in der Hauptsache ebenfalls zuhörte, während Bohr so lange und so feurig sprach, daß er sich zu einem privaten Empfang, der zu seinen Ehren gegeben wurde, verspätete.

Bereits vorher hatte eine Diskussion stattgefunden, in der Bohr über die neue Physik sprach, über die Physik, die sich auch Zugang zu den Schulen verschaffen müsse. Das sei nur noch eine Frage der Zeit. Das genaue Zitat Bohrs zu diesem Thema lautet: »Lange wird man die Errungenschaften der neuen Physik nicht vor der Jugend verbergen können. Ihr Einfluß wird dann einen Wandel im Denken der neuen Generation bewirken.«

Von Zeit zu Zeit fielen in der Diskussion ausgezeichnete Bemerkungen. Als Bohr die fehlerhafte Arbeit eines bekannten Physikers erwähnte, entschuldigte er seine Kritik damit, daß dieser Wissenschaftler immerhin einer der besten Experten auf diesem Gebiet sei, »denn ein Experte ist der, der dank den eigenen Erfahrungen die schmerzlichsten und tiefsten Fehler kennengelernt hat, die man auf seinem engsten Forschungsgebiet machen kann.«

Zum Schluß dankte man Bohr bewegt und lobte, wie das bei solchen Gelegenheiten üblich ist, überschwenglich seine wissenschaftlichen Verdienste. Bohr war verlegen und antwortete mit einer Anekdote: Am Hofe des Schahs von Persien lebte ein Arzt. Solange seine Ratschläge wirkten, bezahlte ihn der Schah gut und reichlich. Doch als dem Schah mit zunehmendem Alter die Krankheiten zuzusetzen begannen und der Arzt ihm nicht mehr helfen konnte, meinte der Herrscher vorwurfsvoll: »Da habe ich dich jahrelang mit Reichtümern überhäuft, und du kannst mich nicht kurieren.«

Darauf erwiderte der Arzt:

»Du hast mich, o Kaiser, für mein Wissen bezahlt, denn wolltest du mich für das bezahlen, was ich nicht weiß, reichten die Schätze ganz Persiens nicht aus.«

Das war meine einzige Begegnung mit dem »Geist von Kopenhagen«.

Diese Bezeichnung ist unter Physikern allgemein bekannt. In Kopenhagen, wo Bohr Professor wurde, entstand eine berühmte Schule der theoretischen Physik, die buchstäblich auf die ganze Welt ausstrahlte und heute noch ausstrahlt. Bohr war in Kopenhagen ebenso bekannt wie der König von Dänemark. Bohrs Schule übte großen Einfluß auf die zeitgenössische Physik aus. Fast alle Physiker der Gegenwart waren irgendwann einmal in Kopenhagen. Und obwohl Bohr nicht mehr lebt, ist Kopenhagen noch immer ein Mekka der Physiker. Bohrs Sohn, ebenfalls Professor der Physik, ist ein würdiger Nachfolger seines Vaters.

Mit Kopenhagen verbinden Warschau sehr gute Beziehungen. Physiker aus Kopenhagen besuchen Warschau, und unsere Dozenten und Professoren sind oft in der Hauptstadt Dänemarks zu Gast.

Der sowjetische Physiker und Nobelpreisträger Professor Tamm erzählte mir folgende Geschichte. Während eines Besuchs Bohrs in Moskau fragte ihn Landau (ebenfalls Nobelpreisträger):

»Wie kommt es, daß Kopenhagen ein so berühmtes Zentrum der theoretischen Physik ist und so viele begabte Menschen hervorbringt?«

»Ich weiß es wirklich nicht«, antwortete Bohr. »Vielleicht nur deshalb, weil wir uns nicht scheuen, durch dumme Fragen unsere Unwissenheit kundzutun.«

MAX PLANCK UND SEIN 100. GEBURTSTAG

Die moderne Physik, das heißt die Physik des 20. Jahrhunderts, wird durch zwei Konstante charakterisiert: die Konstante für die Lichtgeschwindigkeit, die mit dem Buchstaben c bezeichnet wird, und das sogenannte Plancksche Wirkungsquantum, eine von Planck entdeckte Naturkonstante, die überall mit dem Buchstaben h bezeichnet wird. Diese beiden Konstanten kommen in der Relativitätstheorie (hauptsächlich c) und in der Quantentheorie (h) vor.

Das Wirkungsquantum h führte zum erstenmal Max Planck im Jahre 1900 ein, um Schwierigkeiten in der Strahlentheorie zu erklären. Er besaß den Mut festzustellen, daß wir von einer bestimmten Diskontinuität – die eben durch jenes h bezeichnet wird – ausgehen müßten, um die richtige Formel für die Strahlenintensität eines schwarzen Körpers zu erhalten. Das war der noch schüchterne und begrenzte Beginn der Quantentheorie. Später lernten wir dank den Arbeiten Bohrs und vieler anderer die immer größere Bedeutung des Wirkungsquantums h für die Beschreibung unserer Wirklichkeit kennen.

Planck begegnete ich als junger Student, als ich an seinen Vorlesungen teilnahm. Im Herbst und Winter 1920/21 hielt ich mich ein Semester lang in Berlin auf. Planck lehrte damals an der Berliner Humboldt-Universität Thermodynamik. Er war ein schon älterer Herr Anfang der Sechzig, schlank, kahl, liebenswürdig und einfach im Umgang. Dieses Studienjahr war wahrscheinlich das letzte vor seiner Emeritierung.

Die Thermodynamik hatte mich nie besonders begeistert. Plancks Vorlesungen waren eine Kurzfassung seines Buches, das ich schon vorher studiert hatte. Seine Vorlesungen waren glatt, vielleicht zu glatt, und erschienen mir ein wenig langweilig. Einmal, erinnere ich mich, blieb Planck, der ohne Vorlage sprach, mitten in einer Beweisführung stecken und konnte sie nicht beenden. Da zog er seelenruhig ein Blatt mit Notizen aus der Tasche und setzte seinen Vortrag fort. Ein Vorlesungszyklus Plancks über theoretische Physik umfaßte drei Jahre. In diesem Zeitabschnitt brachte Planck – er las fünf Stunden wöchentlich – die gesamte theoretische Physik unter, die der Student brauchte.

In Berlin gab es damals zwei Lehrstühle für theoretische Physik. Den wichtigsten hatte Max Planck inne, den anderen Max von Laue (ebenso wie Planck Nobelpreisträger). Sie waren beide konservativ eingestellt, und der Hitlerfaschismus war für beide etwas Abscheuliches. Planck war jedoch schon zu alt, als daß er sich zu einem Protest aufgeschwungen hätte. Laue hingegen protestierte laut gegen die Hitlerbarbarei. Ich erinnere mich, Laue war mutig, aber er besaß ein Antitalent für Vorlesungen. Er sprach schwerfällig, verschluckte halbe Wörter, so daß man ihn nur mit größter Mühe verstehen konnte. Man übertrug ihm auch ausschließlich monographische Vorlesungen.

Planck leitete die Übungen zu seinen Vorlesungen selbst. Heutzutage werden die Übungen zum Beispiel in Warschau von jungen Assistenten geleitet, die meist noch gar nicht promoviert haben. Es wäre undenkbar, daß ein Professor sie leitete, schon gar nicht ein älterer Professor und erst recht nicht ein Nobelpreisträger.

Die Übungen fanden jeden Montag von neun bis zehn Uhr statt. Zu Beginn dieser Stunde diktierte Planck eine Aufgabe. In der Regel war es nur ein Problem, man mußte sich jedoch ordentlich abquälen, um es zu lösen. Hatte man die Übungsaufgabe gelöst, so warf man sie in einen Kasten, der jeden Donnerstag pünktlich um neun Uhr geleert wurde. Die Aufgabe später abzugeben, hätte niemand gewagt. Auf das Blatt mit der Lösung schrieb man neben den Namen die Nummer seines Platzes. Am Montagmorgen fand der Student an seinem Platz die Übung mit den Buchstaben g (gut) oder n (nicht gut) vor. Die Übungsstunde war damit ausgefüllt, daß jemand, der die Aufgabe besonders gut oder originell gelöst hatte, seinen Lösungsweg an der Tafel demonstrierte.

Um eine Unterschrift im Studiennachweis zu bekommen, daß man an den Übungen teilgenommen hatte, mußte man mindestens fünf Aufgaben, darunter wenigstens drei gute, abgeben.

Doch weder Planck noch Laue schufen eine Schule in dem Sinne, wie Bohr oder Sommerfeld oder Born eine geschaffen hatten. Natürlich schufen sie eine umfangreiche Schule durch die Arbeiten, die sie geschrieben hatten, aber nicht durch ihren persönlichen Einfluß. (Soviel mir bekannt ist, hatte Planck nur einen Schüler, der bei ihm promovierte.) Heute gibt es viele solcher Schulen. Auch in Warschau haben wir eine. Aus den zwanziger Jahren kenne ich jedoch nur drei Zentren, in denen solche Schulen existierten. Und doch nahmen an den Vorlesungen und Übungen Plancks etwa hundert Personen teil.

Am 24. und 25. April 1958 beging ganz Deutschland Plancks 100. Geburtstag. Damals gab es noch nicht die Mauer, die Ostberlin von Westberlin trennte. Die Feierlichkeiten wurden gemeinsam in Ostberlin und in Westberlin durchgeführt. Anschließend fand eine Sitzung der Physikalischen Gesellschaft der DDR in Leipzig statt, an der manche der Gäste, die zum hundertsten Geburtstag Plancks gekommen waren, teilnahmen. Ich nahm als Abgesandter der polnischen Akademie der Wissenschaften an den Feierlichkeiten teil, von denen ich hier berichten möchte.

Die Festveranstaltung in Ostberlin begann um 13.00 Uhr (ein seltsamer Zeitpunkt für derlei Feierlichkeiten!). Schon eine halbe Stunde vorher hatten sich vor der wiederaufgebauten Staatsoper viele Menschen eingefunden, und auch der Saal war bis auf den letzten Platz besetzt. Nachdem der Vorhang zurückgezogen wurde, erblickten wir eine Bühne voller Blumen, dazwischen eine Büste von Planck und darüber, über dem Präsidiumstisch, in wundervoller Schrift die Plancksche Gleichung. Im Präsidium saß eine Reihe älterer Herren in schwarzen Anzügen, mit goldenen Ketten um den Hals – den Kennzeichen der akademischen Würde.

Nun wurden mehrere Reden gehalten. Der damalige Präsident der Akademie der Wissenschaften zu Berlin, Max Volmer, sprach über Plancks Wirken an der Akademie, über sein Verhältnis zu Einstein, darüber, daß es Planck zu verdanken sei, wenn Einstein nach Berlin übergesiedelt und Mitglied der Akademie der Wissenschaften zu Berlin geworden war. Danach folgte eine längere Ansprache Laues. Als ich sie später abgedruckt las, zeigte es sich, daß sie sehr interessant war. Doch weder ich noch einer der Physiker, mit denen ich sprach, hatte auch nur ein Wort verstanden. Weshalb? Es gibt zwei Versionen. Die eine besagte, Laue hätte zu leise und zu undeutlich gesprochen, die andere, daß gerade zu dem Zeitpunkt die Lautsprecher nicht in Ordnung gewesen seien. Zum Schluß überreichte Otto Hahn der Akademie eine Büste Plancks.

Aus der Oper begaben wir uns an den Kupfergraben, in das Gebäude des Physikalischen Instituts. Dieses Gebäude wurde damals der Deutschen Physikalischen Gesellschaft von der Regierung der Deutschen Demokratischen Republik zur ewigen Nutzung übergeben. Die Feierlichkeit gewann noch an Bedeutung, da sie mit der Rückgabe von Plancks Bibliothek, seiner Bücher, Notizen und Manuskripte, durch die Sowjetunion gekoppelt war. Wir besichtigten die Ausstellung und hörten die schöne und einfache Ansprache des Nestors der sowjetischen Physik, Professor Joffes. Lise Meitner, eine Schülerin und Freundin Plancks, sprach bewegende Worte; es waren persönliche Erinnerungen, aus denen uns das Bild eines edlen Menschen entgegentrat, der, wie Joffe sagte, nicht nur Deutschland, sondern der ganzen zivilisierten Welt gehörte.

Gegen achtzehn Uhr fand in der Staatsoper ein Empfang statt. Anwesend waren alle führenden Staatsmänner der Deutschen Demokratischen Republik mit Walter Ulbricht an der Spitze. Da wir seit dem Morgen nichts gegessen hatten (die Feierlichkeit in der Oper fand, wie ich bereits erwähnte, um dreizehn Uhr statt), hatte ich riesigen Hunger. Das Essen war reichlich, gut und nur von kurzen Trinksprüchen unterbrochen. Im Namen der Akademie der Wissenschaften der Sowjetunion sprach Bogoljubow, im Namen der *Royal Society* Dirac, im Namen der Vereinigten Staaten Weisskopf, der kurz vor diesen Feierlichkeiten bei uns in Warschau zu Gast gewesen war.

Am Abend fand in der Deutschen Staatsoper eine Vorstellung statt, doch ich fühlte mich schon zu erschöpft, als daß ich sie hätte besuchen können.

Am nächsten Tag war eine Feierstunde in Westberlin. Die Gemeinsamkeit dieser beiden Veranstaltungen wurde dadurch unterstrichen, daß in der ersten Veranstaltung – in der Ostberliner Staatsoper – Max von Laue aus Westdeutschland sprach – während in Westberlin unter anderen Gustav Hertz sprach, der einzige Nobelpreisträger, der in der DDR wohnte.

Die Feierstunde in Westberlin begann um sechzehn Uhr in der neuerbauten Kongreßhalle im Tiergarten; sie ist etwa zehn Minuten Weges vom Brandenburger Tor entfernt, das die beiden Sektoren trennt. Das moderne Gebäude ähnelt keinem anderen, das ich jemals sah. In die Kongreßhalle zu gelangen, war nicht einfach. Ich traf gut eine halbe Stunde vor Beginn dort ein, und schon hatte sich eine riesige Menschenmenge eingefunden. In dem Saal soll es tausendsiebenhundert Plätze geben, doch Anwärter auf einen Platz gab es bedeutend mehr. Hauptsächlich wohl wegen des angekundigten Vortrages Heisenbergs, der über seine Theorie sprechen sollte. Vor dem Eingang begegnete ich Born, der mir vorschlug, wir sollten gemeinsam versuchen hineinzugelangen. Fünf Zerberusse bewachten den Eingang. Als wir ihnen unsere Einladungen zeigten, sagten sie uns, wir müßten hinuntergehen, zu einem anderen Eingang. Hinunter, das bedeutete in einen Nebensaal, wo nur ein Lautsprecher angebracht war, durch den die Ansprachen aus dem Hauptsaal übertragen werden sollten. Wir wären auch gehorsam der Aufforderung gefolgt, hätte nicht hinter uns plötzlich jemand in deutscher Sprache gerufen: »Aber Professor Born und Professor Infeld! Sie kommen natürlich in den oberen Saal mit.«

Unter dem Protest der Zerberusse gelangten wir hinein. Später klärte sich die Angelegenheit. Die Zerberusse hatten von sich aus bestimmt, daß alle Gäste mit einer Nummer unter eintausendsiebenhundert in den oberen Saal zu gehen hatten, die anderen in den Nebensaal! Daraufhin saßen viele junge Studenten, Menschen, die nichts mit Physik zu tun hatten, im Hauptsaal, während manche Physiker, die von weither zu dieser Feierlichkeit gekommen waren, im Nebensaal vor dem Lautsprecher saßen.

Das ist ein merkwürdiger Saal. Die Wände völlig monoton. Keinerlei Gemälde, nur längliche Holztäfelchen in den verschiedensten Winkelstellungen angebracht, um die möglichst beste Akustik zu schaffen. Eine hervorragende Deckenbeleuchtung. Die Sessel bequem, abwechselnd hell- und dunkelblau, wie ein Schachbrett. In diesem seltsamen Saal fühlte man sich sofort entspannt, man ruhte aus. Das Programm begann mit Musik. Danach die Ansprache Heisenbergs, mit Gleichungen, Zeichnungen, Bildern, die auf eine Leinwand geworfen wurden, welche hinter einer Schiebewand zum Vorschein kam.

Heisenberg sprach von Dingen, die ich bereits kannte, und dann verstand ich ihn. Oder von Dingen, die ich nicht kannte, und dann verstand ich nicht, worum es ihm eigentlich ging. Der Vortrag war angeblich für ein breites Publikum gedacht, jedoch mit philosophischen Anspielungen gespickt, die für mich völlig unklar blieben. Ungefähr begriff ich soviel, daß er die Platonische Idee der des Demokrit entgegenstellte und dabei behauptete, daß die heutige Physik die Richtung Platos eingeschlagen habe. Mir schien, man könnte mit gleichem Recht diese These umkehren. Auf Heisenbergs Theorie, die Hauptgegenstand seines Vortrags war, komme ich gleich zurück. Nach Heisenberg sprach Hertz, geistreich, kurz und schön darüber, was Plancks Idee der Experimentalphysik gegeben hat.

Im selben Gebäude fand für einige der geladenen Gäste ein Abendessen statt. Ich saß in der Nähe einer Nichte Plancks, einer älteren, charmanten Dame, die mir Einzelheiten aus dem Leben ihres Onkels und über den Tod seiner beiden Söhne erzählte. Einer war während des Ersten Weltkrieges bei Verdun gefallen, der andere wurde von Hitler hingerichtet. Der unglückliche Planck überlebte sie beide.

Von Berlin aus fuhren wir auf einer ausgezeichneten Autobahn nach Leipzig. Vor dem Physikalischen Institut in Leipzig drängten sich wieder viele Menschen, so daß wir uns mühsam einen Weg bahnen mußten. Hier begann der Kongreß nach den Begrüßungsansprachen mit einem Vortrag Heisenbergs als dem Hauptpunkt des Programms. War ich während der Veranstaltung zu Ehren Plancks von Heisenbergs Vortrag enttäuscht, so machte dieser Leipziger Vortrag, der für Physiker bestimmt war, großen Eindruck auf mich. Er besaß eine ausgezeichnete logische Struktur, wurde sehr schön gesprochen, und alle wesentlichen Punkte waren klar beleuchtet.

Man hat mich schon oft nach meiner Meinung über die bereits berühmte Theorie Heisenbergs gefragt. Ich habe dazu zwei Bemerkungen: Erstens enthält sie eine Reihe sehr interessanter Ideen. Für die wichtigste halte ich die Einführung einer nicht unbedingt positiven Metrik in den Hilbert-Raum. Diese Idee wurde zwar, wie Heisenberg selbst zugibt, schon vor ziemlich langer Zeit im Kopfe Diracs geboren, ihre konsequente Anwendung ist jedoch das Werk Heisenbergs. Zweitens ist die Arbeit noch nicht mehr als ein Plan. Der Erfolg der Theorie wird von den Ergebnissen abhängen. Doch auf diese Ergebnisse wird man noch warten müssen, und mir scheint, daß der Schöpfer dieser Theorie hinsichtlich ihrer Zukunft zu optimistisch ist. Tatsache ist, daß in den letzten Jahren die Zahl der Physiker, die sich skeptisch zu dieser Theorie verhalten, ständig wächst.

Nach Heisenbergs Vortrag fand eine Diskussion statt. Mir imponierte die Sicherheit und Geschicklichkeit, mit der Heisenberg alle Fragen und Einwände beantwortete.

Ich möchte noch das Programm des nächsten Tages erwähnen, an dem ich die Ehre hatte, den Vorsitz bei den Beratungen zu führen. Es sprachen Bogoljubow, der berühmte sowjetische Physiker, seit kurzem Leninpreisträger, und Nobelpreisträger Dirac. Mich interessierte vor allem der Vortrag Diracs, denn er behandelte ein Thema aus der allgemeinen Relativitätstheorie; ein Thema, an dem zwei meiner Schüler aus Toronto, Pirani und Schild, vorher gearbeitet hatten. Der Vortrag und auch die Arbeit selbst waren sehr schön und elegant. Am

Nachmittag veranstalteten wir ein Seminar, in dessen Verlauf wir über diese Arbeit diskutierten.

Ich möchte auch die Vorträge nennen, die mir weniger gefielen. Eines der Referate war philosophischer Natur und wimmelte von Phrasen, wie man sie bei uns in Polen nicht einmal in der schlimmsten Zeit hörte. Schade, daß man von demselben Katheder, von dem herab die klugen Worte Heisenbergs und Diracs erklangen, Sätze wie »Der Begriff der Möglichkeit ist eine Negation des Begriffes Unmöglichkeit« und ähnliche Offenbarungen vernahm.

Im großen und ganzen muß man jedoch die Feierlichkeiten zu Ehren Plancks sowie die Tagung in Leipzig als außerordentlich gelungen bezeichnen. Sie zeugen davon, daß eine Solidarität der Wissenschaftler entsteht, die immer besser begreifen, daß es nur *eine* Wissenschaft gibt, und die durch ihr Beispiel nicht nur auf die Möglichkeit einer Koexistenz, sondern auch auf die Möglichkeit der Zusammenarbeit hinweisen, die für die Entwicklung der Wissenschaft so wichtig ist.

CHARLES PERCY SNOW

Um die literarische Tätigkeit Charles Percy Snows verstehen zu können, muß man vor allem Cambridge kennen und verstehen. Snow ist ein Produkt von Cambridge. Dort spielt auch in der Hauptsache die Handlung seiner Bücher.

Cambridge! Eine seltsame Stadt, oder vielmehr ein Städtchen. Und doch ist es einzig in seiner Art. Im Jahre 1934, in dem die Handlung von Snows erstem Buch spielt, war diese Stadt das größte Zentrum von Nobelpreisträgern. Aus jener Zeit erinnere ich mich an die Namen solcher Physiker wie Lord Rutherford, J. J. Thomson, J. Chadwick, P. M. S. Blackett, J. D. Cockcroft, P. A. M. Dirac. Sie alle waren um das Jahr 1934 in Cambridge, und sie alle besaßen bereits im Jahr 1934 den Nobelpreis für Physik, oder sie erhielten ihn wenige Jahre später.

Ich erinnere mich gut der alten schmutzigen Arbeitsräume im *Cavendish Laboratory*, mit dem die Geschichte der Physik der zweiten Hälfte des 19. Jahrhunderts und der ersten 35 Jahre unseres Jahrhunderts verknüpft ist. James Clerk Maxwell, Lord Rayleigh, J. J. Thomson, Lord Rutherford – das sind die Namen der jeweiligen Leiter des *Cavendish Laboratory*, die in die Geschichte der Wissenschaft eingegangen sind. Heute ist das goldene Zeitalter der Experimentalphysik in Cambridge vorbei. Seit dem Jahre 1934 hat sich in der Welt viel verändert, und die Zentren der physikalischen Forschung haben sich verlagert. Wollte man jedoch um das Jahr 1934 einen Physiker von Weltgeltung sehen, dann hielt man sich am besten in Cambridge auf. Früher oder später mußte er dort auftauchen.

Die Wissenschaft und das Leben der Studenten haben der Stadt ihren Stempel aufgeprägt. Die Universität ist eine Ansammlung autonomer Colleges, alter, reicher Klöster der Wissenschaft. Erbaut sind die Colleges im Stil der englischen Gotik, bewachsen mit wildem Wein, aus Steinen, die von Wind und Wetter geschwärzt sind, voller Höfe und Kreuzgänge und verschiedenartiger Zimmer; in ihnen wohnen die Studenten (jeder hatte zwei Zimmer) sowie die *fellows*, das heißt die wissenschaftlichen Mitarbeiter eines College, Lehrer und Dozenten. Auf den Höfen gibt es dichte, seit Jahrhunderten gepflegte Rasenflächen, die nur von den Fellows, jedoch nie von einem Studenten betreten werden dürfen. Abends tragen die Studenten kurze Togen, die nach dem Diplom etwas länger sein dürfen. Die Lebensgewohnheiten beruhen auf mittelalterlichen Bräuchen und ändern sich nur sehr langsam; die Formen der Vorlesungen gehen auf die Vorlesungen des Erasmus von Rotterdam zurück, doch ihr Inhalt ist modern.

Mit der Rückseite stoßen die Colleges an ein malerisches Flüßchen, in dem sich Trauerweiden spiegeln und auf dem sonntags ungezählte Boote dahingleiten, in denen verliebte Pärchen der Grammophonmusik lauschen. So war es in den Jahren 1933–35, als ich in Cambridge war. Heute ersetzen wahrscheinlich Transistorempfänger die Grammophone.

Im Jahre 1934 gab mir ein Kollege ein Buch zu lesen, das soeben erschienen war. Er erzählte mir, der Fellow eines der kleineren Colleges habe es geschrieben und der Held des Buches sei angeblich Bernal. Bernal kannte ich vom Sehen. Ich setzte damals meine ersten Schritte in der Welt der Wissenschaft, viel zu spät allerdings, wenn auch nicht durch meine Schuld, und hatte aus diesem Grunde starke Hemmungen. Ich wußte jedoch, daß Bernal, an den ich mich vor allem wegen seiner sonderbaren Frisur und der Sandalen an den bloßen Füßen erinnerte, ein junger, aufsteigender Stern in Cambridge war.

Snows Buch »*The Search*« (Die Suche) las ich in einem Atemzug. Neben fiktiven Namen (unter einem dieser Namen trat Bernal auf) gab es auch authentische Namen, darunter den von Dirac, einem Fellow des St. John's College, der den gleichen Lehrstuhl innehatte wie einst Newton.

In diesem Buch erzählt uns Arthur Miles seine Geschichte. Sie ist ein Ausschnitt aus dem Leben eines Chemikers, aus einem Leben, dessen Inhalt der Kampf um die Möglichkeit wissenschaftlicher Arbeit ist, Kampf um Erfolg und eine Stellung, um Ruhm und persönliches Glück in der Liebe. Wir finden hier eine ausgezeichnete Beschreibung der Technik wissenschaftlicher Arbeit, wie sie in der Gelehrtenwelt üblich ist, in einer Welt, in der wir neben erhabener Uneigennützigkeit auch Neid, Kleinmut und Intrigen begegnen. Neben dem Typ des Einzelgängers, neben Menschen, deren einziger Lebensinhalt die wissenschaftliche Arbeit ist, gibt es auch Karrieristen, die nur auf der Suche nach einem guten und sicheren Posten sind, bereit, dafür ganz gewöhnliche wissenschaftliche Fälschungen zu begehen.

In der Mittelschule hat Miles einen kranken, apathischen Physiklehrer, der nach einem langweiligen, veralteten Programm unterrichtet. Eines Tages kommt dieser Lehrer glücklich und erregt in die Klasse und erzählt den Schülern von neuen Atomtheorien:

Zwei Wissenschaftler haben entdeckt, wie sich die Sache mit dem Atom verhält. Einer von ihnen ist der Engländer Rutherford, der andere ein Däne, er heißt Niels Bohr. Ich sage euch, Freunde, das sind große Männer, und vielleicht kommen euch später einmal, wenn ihr älter seid, eure Cäsaren und Napoleons, diese Bilderbuchhelden, im Vergleich zu jenen Wissenschaftlern wie krähende Hähne auf einem Misthaufen vor.

Diese Unterrichtsstunde ist für Miles ein Erlebnis, an das er immer wieder zurückdenken wird. Dann folgt eine Schilderung der ersten Studienjahre an der Universität, der ersten Freunde und der ersten Liebe. Allmählich stellen sich erste Erfolge ein: die wissenschaftliche Arbeit, ein Vortrag in der *Royal Society* und die Berufung zum Assistenten nach Cambridge.

Hervorragend wiedergegeben ist die Atmosphäre an der Universität von Cambridge, die Atmosphäre dieses Provinzstädtchens, das gleichzeitig das größte wissenschaftliche Zentrum der Welt war, diese Mischung aus kleinlichem Klatsch, Snobismus und höchster wissenschaftlicher Kultur. Wir finden dort eine Beschreibung der berühmten Mittwochsitzungen der Physikalischen Gesellschaft:

Jene Mittwochsitzungen im Cavendish Laboratorium werde ich nicht so leicht vergessen. Sie waren für mich die Essenz aller Emotionen, die mir die Wissenschaft gab. Woche für Woche verließ ich die Sitzungen er-

regt und begeistert und wanderte in den kahlen, feuchten Nächten durch die alten Straßen der Stadt. Ich sah und hörte die größten Wissenschaftler der Welt, ich weilte in ihrer Nähe. Der überfüllte Hörsaal, besetzt von Fußboden bis zur Decke, von der untersten Reihe, wo die Professoren saßen, bis zu den hintersten Bänken, wo sich die Studenten fieberhaft Notizen machten; die Projektionslampe, die wie zum Hohn an dieser berühmtesten Stätte der Experimentalwissenschaft dauernd versagte; die seltsame Erregung, die sich uns allen mitteilte, die alle in ihrem Bann hielt und von der uns bei jedem Anflug eines Scherzes ein Lachen befreite. Ich erinnere mich jener großen Referenten so lebhaft, daß ich auch jetzt noch ihre Worte vernehme und den Widerhall spüre, den diese Worte weckten. Dort hörte ich Rutherford, Niels Bohr, den Sokrates der Atomwissenschaft, der so liebenswürdig war, etwa zweieinhalb Stunden in seinem dänischen Englisch zu uns zu sprechen, Dirac, dem man früh prophezeite, aus ihm würde ein zweiter Newton ...

Ich möchte hier noch einen kurzen Auszug zitieren. Er enthält eine hochinteressante Ansicht, die von Dirac geäußert wurde (obwohl der Autor dessen Namen nicht nennt):

Eines Abends, nach der Sitzung eines wissenschaftlichen Klubs in Cambridge, blieben wir noch länger beisammen und sprachen über die Zukunft der Wissenschaft. Plötzlich vernahm ich die Stimme eines der größten mathematischen Physiker, der mit großer Einfachheit sagte:

»Gewiß, die fundamentalen Gesetze der Physik und Chemie wurden ein für allemal formuliert. Nur die Einzelheiten müssen noch bearbeitet werden; wir wissen nichts über den Atomkern, aber die grundlegenden Gesetze treffen auch auf den Atomkern zu. In gewissem Sinne sind die Physik und die Chemie abgeschlossene Wissenschaften.«

Seit der Zeit, da Newton die wissenschaftliche Arbeit mit der Beschäftigung von Kindern verglich, die am Ufer des Meeres Steinchen sammeln, sind zweihundert Jahre vergangen. Der Mann, der jetzt von einer abgeschlossenen Wissenschaft spricht, ist der Nachfolger Newtons.

Die Fortsetzung des Romans spielt in London, wo Arthur Miles eine Stellung an der Universität annimmt. Dort befreundet er sich mit Constantin, dem eigentlichen Helden des Buches. Constantin besitzt das wichtigste Rüstzeug für die wissenschaftliche Arbeit: schöpferische Phantasie. Darüber hinaus zeichnet ihn ein ungewöhnliches Wissen aus, nicht nur auf dem Gebiet der Physik, Chemie, Biologie, sondern auch in Geschichte, Archäologie und Ökonomie. In seinen gesellschaftlichen Anschauungen ist er radikal, deshalb bekleidet er eine Stellung, die ihm nur wenig Möglichkeiten für eine wissenschaftliche Arbeit läßt. Unerwartet erfolgt eine große Entdeckung Constantins. Innerhalb weniger Tage wird er berühmt. Die Zeitungen bringen täglich Bilder von ihm und spaltenbreite Berichte über seine Entdeckung. Er wird Mitglied der Königlichen Akademie (*Fellow of the Royal Society* – FRS – der höchste wissenschaftliche Titel in England), und die Akademie beruft eine Kommission, die über den Bau eines speziellen biochemischen Instituts für Constantin befinden soll. Er ist als wissenschaftlicher Leiter dieses Instituts vorgesehen. Mitglied der wissenschaftlichen Leitung und Leiter der Administration soll Miles werden, den die Kommission in ihre Reihen aufnimmt. Die Beschreibungen der Sitzungen des Komitees, der kleinen Tauziehereien und der großen Intrigen, gehört zu den großartigsten Seiten des Buches. Man verhandelt darüber, wo die Sitzungen der Kommission stattfinden sollen (die Mitglieder kommen aus verschiedenen Städten), diskutiert über die Preise der Eisenbahnfahrkarten und die Einkünfte der Professoren und streitet sich schließlich darüber, welcher Universität das Institut anzuschließen sei. Die Vertreter der Städte Cambridge, Oxford, Manchester und London kämpfen gegeneinander. Jeder will das Institut für seine Universität haben. Eine geschickte Intrige Miles' ermöglicht im letzten Augenblick die Entscheidung. Das Institut kommt nach London. Wenige Tage vor der Sitzung, in der die Kommission über die administrative Leitung des Instituts entscheiden soll, erhält Miles interessante wissenschaftliche Ergebnisse. Rasch schickt er eine Notiz an die Zeitschrift »Nature«. Die Ergebnisse werden gerade zur rechten Zeit erscheinen. Seine Stellung wird dadurch gestärkt, die Zweifel unter den Mitgliedern der Kommission, die ihm nicht gewogen sind, werden beseitigt. Plötzlich kommt es zu einer Katastrophe. Die Ergebnisse erweisen sich als falsch, da bestimmte Fakten übersehen wurden. Die ganze Kommission, die ganze wissenschaftliche Welt wendet sich von ihm ab. In den Augen der Kommission ist Miles plötzlich ein Dilettant, ein Scharlatan, seine ganze bisherige wissenschaftliche Arbeit wird in Zweifel gezogen, und die Kommission lehnt seine Kandidatur ab. Die Leiter der wissenschaftlichen Karriere, auf der er bisher so geschickt emporgeklettert war, bricht infolge eines unbedachten Schrittes katastrophal zusammen. Miles sucht verzweifelt seinen alten Professor auf und vernimmt von ihm die folgenden Worte:

Die Wahrheit sollte immer und zu allen Zeiten verkündet werden.

Das ist der einzige ethische Grundsatz, der eine Entwicklung der Wissenschaft ermöglicht. Öffnen wir nicht wissentlich falschen Behauptungen Tür und Tor, wenn wir nicht auch die irrtümlich aufgestellten falschen Behauptungen verurteilen? Eine absichtlich begangene wissenschaftliche Fälschung ist das größte Verbrechen, dessen sich ein Wissenschaftler schuldig machen kann. Wir wissen, daß es auch solche Wissenschaftler gibt, wenngleich ihre Zahl gering ist. Diese Verbrechen werden sich jedoch mit wachsender Konkurrenz häufen, und deshalb meine ich, daß falsche Behauptungen eindeutig verurteilt werden müssen. Von einem allgemeinen Gesichtspunkt aus betrachtet, vom Standpunkt der Gerechtigkeit in der Wissenschaft, der Wissenschaft als ganzes gesehen, geschieht es zu Recht, daß man Sie schlecht behandelt, ist es richtig, daß Sie für das Allgemeinwohl leiden.

Constantin – das ist Bernal, Miles – das ist der Autor. Obwohl er keinen Fehler in der wissenschaftlichen Arbeit begangen hat, gab er sie auf und widmete sich der Literatur.

Wie ich bereits erwähnte, verschlug mich das Schicksal im Herbst des Jahres 1936 nach Princeton. Zu Anfang des Jahres 1937 beschlossen Einstein und ich, ein populärwissenschaftliches Buch zu schreiben. So entstand »*The Evolution of Physics*«. Ich weiß nicht mehr, wie die *Cambridge University Press* im Sommer 1937 von unserem Vorhaben erfuhr. Ich erinnere mich nur, ein Telegramm erhalten zu haben, daß ihr Vertreter C. P. Snow in die Vereinigten Staaten komme und mit mir zusammentreffen wolle. Da Princeton während der Ferien eine ausgestorbene, heiße Stadt ist, vereinbarten wir unser erstes Rendezvous in einem New Yorker Hotel.

Jedes Jahr findet in irgendeiner Stadt der USA eine Versammlung von »Legionären«, von Veteranen des Ersten Weltkrieges, statt, von Leuten im reifen Mannesalter also, deren Ehrgeiz es ist, während dieser paar Tage den jungen Rowdy zu spielen, grölend, singend, betrunken durch die Straßen zu ziehen, Möbel zu zerschlagen und Passanten zu belästigen. Ich wußte nicht, daß der Tag, für den ich mich in New York verabredet hatte, in die Zeit eines solchen Treffens fiel und daß gerade New York die Stadt dieses Treffens war. Mit Mühe bekam ich ein Zimmer. Das Hotel war mit »Legionären« überfüllt. Das Lärmen und Schreien war unerträglich. Außerdem war ich erkältet. Alles Bedingungen, die einer ersten Begegnung nicht gerade förderlich sind.

Als Snow mein Zimmer betrat, glaubte ich, er sei in meinem Alter. Es stellte sich jedoch heraus, daß er sieben Jahre jünger war. Er hatte rötliches Haar (jetzt ist es sicherlich schon grau), war ziemlich kahl und hatte grobe Züge; die Augen hinter den Brillengläsern blickten sanft und klug. Gekleidet war er nachlässig wie die meisten Wissenschaftler in Cambridge. Sein Auftreten war ein wenig schüchtern, von jener Schüchternheit der Engländer, die sie davor bewahrt, allzu rasch Freundschaften zu schließen. Er bat mich, ihm das Manuskript zu zeigen. Ich sagte ihm, daß es noch nicht fertig sei, daß von den letzten drei Kapiteln zwei nur in der Rohfassung vorlägen, das letzte gar nur im Entwurf.

Gierig griff er nach den Kapiteln, die bereits auf der Maschine abgeschrieben waren, und begann zu lesen. Die Fenster meines Zimmers gingen auf den Hof hinaus. Von dort her kamen Schreie, laute Unterhaltungen, das Klirren zerschlagenen Geschirrs. Snow hatte alles um sich herum vergessen. Das Hotel und ich und die »Legionäre« existierten für ihn nicht mehr. Nachdem er die bereits abgeschriebenen Kapitel gelesen hatte, drängte er, ihm auch zu geben, was in der Rohfassung vorlag. Diese Abschnitte las er ebenfalls. Dann fragte er, ob ich noch irgend etwas hätte. Schließlich zeigte ich ihm die Skizze zum letzten Kapitel, machte ihn jedoch darauf aufmerksam, daß ich diesen Teil außer einer einleitenden Diskussion noch nicht mit Einstein besprochen hätte. Er verschlang auch dieses Kapitel mit äußerster Konzentration.

Ich fragte Snow, was mit den rein amerikanischen Beispielen geschehen solle. Er erbot sich, selbst englische Beispiele dafür einzusetzen.

Wir beschlossen, am nächsten Tag nach Long Island zu Einstein zu fahren. Obwohl sich Einstein für die Herausgabeformalitäten überhaupt nicht interessierte, schloß ich keinerlei Verträge ab, ohne mich vorher mit dem Hauptverfasser des Buches zu verständigen. Die Eisenbahn nach Long Island ist wohl die schlechteste, heißeste und unangenehmste Bahn in den Vereinigten Staaten. Wir hatten ziemlich viel Zeit für eine Unterhaltung. Mir blieben jedoch nur Fetzen einer Konversation, die von langen Augenblicken des Schweigens unterbrochen war, in Erinnerung.

Ich fragte ihn, woran er jetzt arbeite. Ob an der Fortsetzung von »*Search*«? Er verneinte, er habe ein fertiges Manuskript, es interessierten ihn die gegenseitigen Beziehungen zwischen den Menschen. Dieses Manuskript war sicherlich »*Strangers and Brothers*«, das erste

Buch eines mehrbändigen Zyklus, der ihm Anerkennung und Ruhm brachte. Auf die Frage nach seinem Lieblingsschriftsteller antwortete er, ohne zu zögern: Dostojewski.

Im Augenblick, erzählte er, habe er die Redaktion des populärwissenschaftlichen Magazins »Discovery« übernommen, das von der *Cambridge Press* herausgegeben werde; er fragte mich, ob ich daran mitarbeiten wolle.

Schließlich langten wir in dem Ort und in der Villa an, wo Einstein in den Sommermonaten wohnte. Wir trafen ihn nicht an. Er war bei seinem täglichen Ausflug mit dem Segelboot. Einstein mochte diesen Sport sehr, der ihm die so notwendige geistige Entspannung brachte.

Endlich erschien der Meister. Er war merkwürdig gekleidet: die weißen Hosen bis zu den Knien hochgekrempelt, der kräftige Brustkorb entblößt und auf dem Kopf ein weißer Damenhut. Ich stellte ihm Snow vor und teilte ihm den Zweck unseres Besuches mit. Er war sofort einverstanden, und die übrige Zeit war damit ausgefüllt, eine Unterhaltung in Gang zu bringen.

In Gegenwart von Menschen, die er gut kannte, gab sich Einstein lebhaft, witzig, er lachte laut und schien sich selbst köstlich zu amüsieren. Waren jedoch Menschen anwesend, die er nicht kannte, so zeigte er sich schüchtern, verschlossen und sprach nur ungern. Snow, der ebenfalls schüchtern war, hatte jedoch einige Fragen allgemeiner Natur vorbereitet, mit welchen viele Leute häufig bei Einstein erschienen. Ich erinnere mich nicht mehr dieser Fragen, nur des allgemeinen Klimas dieser Unterhaltung, die ein bißchen gezwungen und steif war. Ich weiß nicht, ob Snow sich später Notizen machte. Wahrscheinlich, denn nach Einsteins Tod veröffentlichte er die Fragen und Antworten im »Statesman«, einer kulturpolitischen Wochenzeitschrift, in der von Zeit zu Zeit seine Rezensionen und Essays erscheinen.

Die »*Evolution of Physics*« wurde in der *Cambridge University Press* abgedruckt. Zu Snow hatte ich auch noch später Kontakt, als er Redakteur des »Discovery« war. Doch als der Krieg ausbrach, riß diese Verbindung ab, und ich wußte lange Zeit nichts über das Erscheinen von »*Strangers and Brothers*« (im Jahre 1940) und der nächsten sieben Bücher dieses Zyklus. Ich las sie erst, als ich schon in Polen lebte. Zu dieser Zeit erfuhr ich aus Artikeln im »Statesman«, daß Snow als eine der interessantesten literarischen Gestalten Englands gilt, daß man ihn mit Proust und Dostojewski vergleicht, daß er geadelt wurde und daß es eine umfangreiche Literatur über sein Schaffen gibt.

Das erste Buch dieses Zyklus, das ich in die Hand bekam, war »*The Masters*«, worüber ich eingehender berichten möchte.

Vor allem muß man wissen, wer ein *master of college* ist. Man kann ihn im gewissen Sinne mit einem Ordensmeister vergleichen. Er wird von den Mitgliedern des College gewählt und ist von ihnen abhängig, untersteht jedoch keiner übergeordneten Instanz. Gewöhnlich ist solch ein Master ein berühmter und älterer Gelehrter. Um ein Beispiel zu nennen – Master des *Trinity College* ist gegenwärtig Lord Adrian, der berühmte Biologe und Nobelpreisträger. Master eines anderen College wurde Chadwick, der Entdecker des Neutrons. Der berühmte Physiker Sir John Cockcroft, früher Direktor des Instituts für Atomenergie, ist jetzt Master des einzigen neuen College, des sogenannten *Churchill College.*

In dem Buch »*The Masters*« berichtet Lewis Eliot, Jurist, Wissenschaftler und Fellow seines College, über sich selbst. Jeder Band dieser Serie ist eine selbständige Geschichte, in jeder von ihnen treten dieselben Personen auf. Einige Bände sind dem Leben Lewis' gewidmet, andere den Schicksalen der Menschen und den Angelegenheiten, denen er begegnet. In diesen Bänden kommen die verschiedensten Probleme unseres Jahrhunderts zur Sprache, die hauptsächlich England betreffen, so daß sie unserer sozialistischen Welt fremd erscheinen.

Das Buch »*The Masters*« (herausgegeben 1951) erscheint in Struktur und Inhalt recht einfach. Die Handlung spielt im Jahre 1937. Der alte Master ist todkrank. Noch zu seinen Lebzeiten beginnen die Gespräche, Konventikel, Intrigen, das gegenseitige Überzeugen, wer zum neuen Master gewählt werden soll. Nichts anderes geschieht. Es gibt keine Liebesgeschichte, keine heftigen Zusammenstöße, niemand (außer dem alten Master) stirbt, niemand wird geboren, und doch liest sich das Buch wie der beste Kriminalroman. Im College gibt es dreizehn Fellows, die den neuen Master zu wählen haben. Im Verlauf der Handlung sehen wir sie alle mit den Augen Lewis Eliots, der einer von ihnen ist. Eingehend analysiert er diese Personen, seine Analyse stimmt mit ihren Taten und mit ihrer Handlungsweise überein. Die Zeichnung der Gestalten ist so suggestiv, daß mein Sohn und ich uns zum Scherz monatelang im Stil eines von ihnen unterhielten.

Im letzten Sommer kam ich in der Schweiz in einem Sanatorium mit einer ungewöhnlich intelligenten Ärztin aus Polen zusammen (diese Attribute charakterisieren fast eindeutig die Dame). Sie las gerade »*The Masters*« und flehte mich an, ihr zu sagen, wer schließlich gewählt wurde. Das Buch hatte sie so gefesselt, daß sie nicht den Schluß abwarten konnte, um die Antwort selbst zu finden.

Schlußfolgerungen über Snows Einstellung zur Gesellschaft können wir aus dem Büchlein »Science and Government« ziehen. Wir begegnen dort zwei Wissenschaftlern. Sie leben beide nicht mehr, so daß man ungezwungen über ihre gegenseitige Abneigung und ihren Einfluß auf den Verlauf des Zweiten Weltkrieges schreiben kann. Einer von ihnen war Tizard, der andere Lindemann. Tizard war ein mäßiger Wissenschaftler, der jedoch sehr wohl die Bedeutung der Wissenschaft begriff. Er war ein verdienter Beamter, ein *civil servant*. Ihm verdankt England die Organisierung der Luftabwehr, er hat die organisatorischen Voraussetzungen für die Entwicklung des Radars geschaffen, der das Land vor den Angriffen der Hitlerschen Bomber schützte.

Die andere Gestalt ist interessanter, und ähnliche Typen finden wir in allen Ländern. Lindemann war Professor in Oxford. Er erhielt diesen Posten auf Vorschlag seines früheren Freundes und späteren Feindes Tizard. Löschte man aus der Geschichte der Wissenschaft den Namen Lindemann, so würde sich darin nichts ändern. Ich persönlich bin keiner wissenschaftlichen Arbeit Lindemanns begegnet. Alles, was ich von ihm weiß, ist, daß er ein populärwissenschaftliches Buch geschrieben hat und daß ich darüber eine vernichtende Kritik Bohrs gelesen habe. Jener Lindemann war jedoch ein großer Snob. Ihm lag sehr viel an der Meinung der Mächtigen dieser Welt: der Lords, der Politiker. Er verkehrte viel in ihrer Gesellschaft und wurde von ihnen »Prof« genannt. Er lernte auch Churchill kennen, der ihm später rückhaltlos vertraute. Von da an beginnt Tizards Abstieg; an seine Stelle tritt Lindemann als maßgeblicher Berater Churchills. Bald darauf wird aus Lindemann der Lord Cherwell, er ist nun Mitglied des Oberhauses. Es läßt sich kaum feststellen, um wieviel Monate durch Lindemanns Ratschläge der Krieg verlängert wurde. Er schlug schwere Luftangriffe vor allem auf die Arbeiterviertel der deutschen Städte vor und suchte Churchill zu überzeugen, daß er auf diese Weise Deutschlands Niederlage herbeiführen würde. Die Arbeiterviertel wählte er deshalb, weil dort die meisten Menschen zusammengeballt waren. Die Versicherung wirklicher Wissenschaftler (zum Beispiel Blacketts), daß Lindemanns Angaben über die Höhe der Schäden um das sechsfache zu hoch seien, überzeugten Churchill nicht. Nach dem Kriege stellte sich heraus, daß sie um das zehnfache zu hoch waren. Natürlich hat diese

Politik die Errichtung einer zweiten Front verzögert, denn Lindemann und Churchill glaubten, man könne Deutschland allein durch Luftangriffe besiegen, und England und die Vereinigten Staaten strengten alle ihre Kräfte in dieser Richtung an.

Welche Lehre läßt sich daraus ziehen?

Jeder Staat besaß seine Lindemanns und wird sie wohl auch weiterhin besitzen. Das sind Pseudowissenschaftler, die auf dem Umweg über die Politik Einfluß gewinnen möchten, oder auch Wissenschaftler, deren politischer Ehrgeiz ihre wissenschaftlichen Qualitäten bei weitem übersteigt.

Worin liegt das Neue und die Bedeutung von Snows Schaffen für die englische Literatur und für die Weltliteratur? Vielleicht ist es am besten, wenn ich ein Beispiel aus unserem Leben anführe. Wir wollen, daß der Schriftsteller uns eine Welt schildert, die uns (das heißt den Intellektuellen) leider wenig bekannt ist, die Welt der Arbeiter und Bergleute. Wir sagen einem solchen Schriftsteller: »Geh in die Fabrik, geh in die Kohlengrube, arbeite dort ein halbes Jahr und schreibe dann über diese Welt, die du von innen her kennen gelernt hast.«

Dem heutigen Menschen erscheint die Welt der Wissenschaft, ihre Größe und Kleinheit, ihre Weisheit und Dummheit geheimnisvoll und interessant. Aber wir können dem Schriftsteller nicht sagen: »Begib dich für ein halbes Jahr in diese Welt, lerne sie kennen und beschreibe sie.« Um sie kennenzulernen, braucht es zehn Jahre intensiver Arbeit. Diese Welt kann nur jemand beschreiben, der ihr angehört oder aus ihr hervorgegangen ist und der von der Natur überdies mit dem Talent eines Schriftstellers bedacht worden ist.

Snow stellt eine solche einzigartige Mischung dar. Er hat eine neue Welt in den Roman eingeführt, eine authentische Welt, die Welt der Wissenschaft, die er durch sein eigenes Leben und aus eigener Erfahrung kennt.

IN KANADA

I

Ich erinnere mich gut jenes kleinen, schmutzigen zweistöckigen Häuschens in der St. George Street 47 in Toronto. Jetzt soll es abgerissen worden sein. Damals, vor zwanzig Jahren, sah dieses Gebäude vernachlässigt aus und war seit vielen Jahren nicht renoviert worden. In dem Haus war das Institut für angewandte Mathematik oder eigentlich für theoretische Physik der Universität Toronto untergebracht, an der ich von 1938 bis 1950 tätig gewesen bin. Im Erdgeschoß befand sich ein schmaler und schmutziger Hörsaal. In der ersten Etage das Zimmer des Direktors, das gleichzeitig Konferenzraum war, in der zweiten Etage, die eigentlich eine Mansarde war, mein kleines Arbeitszimmer. Außerdem die Zimmer von drei anderen Mitgliedern unseres Instituts und die kleinen Räume für die Assistenten. Dieses Institut wurde speziell für Professor Synge geschaffen, vormals Professor des *Trinity College* zu Dublin in Irland.

Professor Synge (etwa in meinem Alter) war mehr ein begabter Mathematiker denn ein Physiker und allgemein bekannt und geschätzt wegen seines ungewöhnlichen Fleißes und seiner mathematischen Begabung. Es kam vor, daß er nach einer abendlichen Diskussion am nächsten Tag eine fertige Arbeit auf den Tisch legte, wundervoll geschrieben und fehlerfrei ausgeführt. Er war Mitglied der Königlichen Akademie zu London – *Fellow of the Royal Society*. Er hielt ausgezeichnete Vorlesungen und besaß einen außerordentlich rechtschaffenen, wenn auch etwas frostigen Charakter.

Die Menschen in Kanada verspürten anfangs sehr wenig vom Krieg. Die Gaststätten waren fast normal versorgt, die Preise nur geringfügig gestiegen, es gab alles im Überfluß, und das einzige Zeichen des Krieges war die Werbung von Freiwilligen für die Armee. Nur die Flüchtlinge aus England brachten Kunde von bombardierten Städten und schlaflosen Nächten, und die wenigen Polen, die über die Sowjetunion und Japan nach Kanada gelangt waren, erzählten von ihrem Leid und dem ihres Landes.

Wir überlegten gemeinsam mit Professor Synge, wie wir etwas für unsere Sache tun könnten. Synge traf in Ottawa mit General McNaughton zusammen, dem Kommandierenden der kanadischen Armee während des Ersten Weltkrieges und späteren Leiter eines wissenschaftlichen Instituts in Ottawa, welches *National Research Council* – Nationaler Forschungsrat – genannt wurde. General McNaughton händigte ihm alte Notizen aus, Blätter aus dem Ersten Weltkrieg, die eine Reihe von Zahlen über das Wirken der Artillerie enthielten, und bat ihn, dieses Material mathematisch zu analysieren. Jeden Sonnabend trafen wir mit Professor Synge und einigen anderen Kollegen zusammen, machten uns Gedanken über diese Angaben und versuchten, auf ihrer Grundlage eine übersichtliche Theorie zu schaffen. Nach einigen Monaten beendeten wir die Arbeit und schrieben einen Artikel, der eine Analyse jener veralteten Daten enthielt. Professor Synge übergab das Manuskript General McNaughton, aber meine Kollegen und ich, wir waren davon überzeugt, daß der General diesen Bericht in den Papierkorb werfen würde.

Einige Jahre später traf ich zufällig einen Oberleutnant der kanadischen Armee, meinen ehemaligen Schüler, der mir erzählte, daß unsere Arbeit in irgendeiner halbgeheimen Zeitschrift veröffentlicht worden sei. Doch damit nicht genug.

Nach dem Kriege war ich zu einem Vortrag General McNaughtons, mit dem mich damals jemand bekannt machte. Auf der Suche nach einem Gesprächsthema sagte ich ihm, daß ich einer der Verfasser jener Arbeit sei, die wir gemeinsam mit Professor Synge ausgeführt hatten. McNaughton war sehr erfreut über diese Mitteilung und entgegnete, daß selbst die Sowjetunion auf diese Arbeit aufmerksam geworden sei; von einem sowjetischen General habe er gehört, daß sie die grundlegende Arbeit über Ballistik in der sowjetischen Armee sei. McNaughton schloß mit der schmeichelhaften Bemerkung, daß wir durch unseren Beitrag manches Menschenleben gerettet hätten. Als ich diese Geschichte Professor Synge erzählte, zweifelte er ebenso wie ich daran, daß die Analyse veralteter Daten auch nur einem einzigen Menschen das Leben retten konnte.

II

Nach einiger Zeit ging ein Zustand zu Ende, den wir in Kanada *»phony war«* nannten, was man mit »Scheinkrieg« übersetzen könnte. Für Polen war der Krieg nur allzu wirklich, doch außerhalb Polens ereignete sich eine Zeitlang überhaupt nichts, es gab keine Opfer. Als dann der *»phony war«* in Kanada zu Ende ging, forderte uns das *Research Council* in Ottawa auf, an einer wissenschaftlichen Arbeit für Kriegszwecke teilzunehmen. Wir kamen in Ottawa zu einer Sitzung zusammen: einige Wissenschaftler, darunter Synge und ich, sowie sehr hohe Militärs. Am Nachmittag sollte eine Besichtigung der wissenschaftlichen Laboratorien der Armee stattfinden. Bevor es dazu kam, sagte mir Professors Synge, daß es wohl besser sei, wenn ich nach Toronto zurückkehrte und meine kostbare Zeit nicht mit der Besichtigung von Laboratorien vergeudete. Diese merkwürdige Besorgnis um meine Zeit konnte ich nicht verstehen. Schließlich stieß Synge hervor:

»Ich kann Sie nicht belügen, ich muß Ihnen die ganze Wahrheit sagen.« Und so erfuhr ich, daß ich das sogenannte »*Clearing*« nicht bekommen hatte. Das Wort »*Clearing*« bedeutet »Reinigung«. Jeder, der Zugang zu militärischen Dingen besaß, mußte durch die RCMP, das heißt durch die *Royal Canadian Mounted Police*, die Königliche Kanadische berittene Polizei (gleichbedeutend mit dem FBI – dem Bundeskriminalamt der USA), politisch »gereinigt« werden. Ich glaubte, ich hätte das »*Clearing*« wegen meiner linksgerichteten Anschauungen nicht erhalten. Synge behauptete jedoch, ein Oberst hätte ihm gesagt, man sei mir gegenüber deshalb so vorsichtig, weil ich in Polen Familie habe. Ich sei zwar kanadischer Staatsangehöriger, doch wenn die Deutschen mir militärische Geheimnisse entlocken wollten, so könnten sie welche erhalten, indem sie meine Familie in Polen quälten!

Einige Monate später erhielt ich dann doch das »*Clearing*« und beteiligte mich an theoretischen Arbeiten auf dem Gebiete des Radars, speziell über Wellenleiter: dies war das einzige Thema, über das ich Informationen besaß, die damals als geheim galten. Wir arbeiteten gemeinsam auf diesem Gebiet, hielten Sitzungen in Ottawa und in Toronto ab und schrieben Arbeiten, die vertraulich behandelt wurden.

Nach dem Krieg wurden sie jedoch alle »disqualifiziert«, das heißt, als Arbeiten eingestuft, die im Druck erscheinen können, und sie wurden auch tatsächlich veröffentlicht. Es waren nicht allzu wichtige Arbeiten, aber sie waren auch nicht ganz ohne Bedeutung.

Nach der Niederlage der Deutschen an der Wolga wurde es mir zur Gewißheit, daß unsere Seite den Krieg gewinnen würde. Von nun an beschäftigte ich mich auch mit wissenschaftlichen Themen, die mit dem Krieg nichts zu tun hatten.

Zur gleichen Zeit arbeitete eine andere Gruppe in Montreal über Kernphysik und an der Konstruktion einer Atombombe. Darüber wurde kaum einmal ein Wort fallen gelassen, und mir war auch nicht bekannt, wie weit diese Arbeiten gediehen waren. Ich hatte mit dieser Gruppe nichts zu tun, obwohl ich wußte, daß an diesen Arbeiten einer meiner Schüler beteiligt war.

III

Einen ungewöhnlichen Eindruck, schon während meiner Schulzeit, machte auf mich die Geschichte des jungen Mathematikers Galois, die mir mein liebenswerter alter Lehrer Brablec erzählte, an den ich mir die besten Erinnerungen bewahrt habe. Diese Geschichte erschien mir ungewöhnlich tragisch. Ein junger Mann von kaum zwanzig Jahren kommt in einem Duell um. In der letzten Nacht seines Lebens schreibt er eine Arbeit für die Nachwelt; in größter Eile bringt er die Ideen zu Papier, aus denen sich die heutige Algebra entwickelte. Ich hatte mir schon immer gewünscht, einmal die näheren Einzelheiten dieser Geschichte zu erfahren. Später, schon in Amerika, während meiner Zusammenarbeit mit Einstein, bekam ich das Buch von E. T. Bell »*Men of Mathematics*« in die Hand. Es enthielt die Lebensläufe der größten Mathematiker der Welt, darunter auch den von Galois. Mein Interesse wuchs. Ich nahm mir vor, einmal zu dieser Geschichte zurückzukehren und die Quellen zu studieren. Zufällig ergab sich eine Gelegenheit hierfür. Mich besuchte der Lektor meines Buches »*Quest*«, das zu Anfang des Krieges in Amerika erschienen war, und schlug mir vor, ein neues Buch zu schreiben, möglichst eine Biographie; im Auftrag des Verlegers suggerierte er mir eine Biographie über Kopernikus. Kopernikus interessierte mich damals, offen gesagt, wenig. Es erschien mir einfach zu primitiv, den angelsächsischen Leser davon zu überzeugen, daß Kopernikus ein Pole war. Hinzu kam, daß ich in seinem Leben wenig Tragik sah, und auch um Quellenmaterial wäre es in Amerika sehr schlecht bestellt gewesen. Da fiel mir wieder Galois ein, und ich machte einen Vorschlag: Ich wollte versuchen, über sein Leben zu schreiben. Ich forschte nach Quellenmaterial in Toronto, und die Universitätsbibliothek half mir aufzufinden, was es in anderen amerikanischen Bibliotheken gab. So konnte ich eine Menge Material zusammentragen, das bisher noch nirgends zitiert worden war, doch viele Einzelheiten blieben noch ungeklärt. Professor Synge erzählte mir, er habe gehört, daß ein Millionär in Louisville, im Staat Kentucky, ein gewisser William Marschall Bullit, alles Material über Galois' Leben gesammelt habe, daß von ihm bezahlte Leute in Paris, wo ein naher Verwandter Bullits Botschafter war, dieses Material herbeigeschafft hatten und daß dies die einzige Sammlung über Galois sei, die es auf der Welt gebe.

Ich setzte mich mit jenem Millionär in Verbindung, der mich sehr höflich einlud, ein paar Tage bei ihm zu verbringen und seine Sammlung kennenzulernen. Ich nahm die Einladung an. Das war mein erstes näheres Zusammentreffen mit einem amerikanischen Millionär. Vielleicht ist es undankbar von mir, wenn ich aufrichtig über meine Eindrücke berichte, denn Herr Bullit nahm mich sehr gastfreundlich auf; ich wohnte die ganze Zeit über in seinem Palast und hatte zwei Zimmer mit Bad zur Verfügung, in denen Porträts einiger altmodisch gekleideter Damen und Herren hingen, seiner – ich weiß nicht, ob echter oder fingierter – Vorfahren.

Als ich in Louisville eintraf, herrschte drückende Hitze. Der Weg war beschwerlich gewesen, ich kam schmutzig und verschwitzt an. Vom Bahnhof telefonierte ich mit Herrn Bullit. Er bat mich in sein Büro. Ein weiblicher Chauffeur brachte mich zu dem Wolkenkratzer, in dem seine Versicherungsgesellschaft untergebracht war; ich betrat ein Arbeitszimmer, das ebenso groß und ebenso schön war wie das Bürozimmer des Präsidenten der Akademie der Wissenschaften in Polen. Herr Bullit bot mir an, sein luxuriöses Badezimmer zu benutzen, das zu seinem Büro gehörte. Heute, sagte er, wollen wir nicht mehr arbeiten; wir würden zusammen Abendbrot essen und zum Derby gehen, denn er besitze dort eine Loge und habe seine Ankunft schon angekündigt. Wir fuhren mit seinem prächtigen Auto; er saß selbst hinter dem Lenkrad und beschimpfte jeden, der ihm in den Weg kam. Er besaß die Nummer eins, was bedeutete, daß er die wichtigste Person in der Stadt war, denn die Anfangszahlen wurden nach der Bedeutung der Autobesitzer vergeben. Unterwegs sprachen wir nicht viel, denn Herr Bullit war schon ein alter Herr – rüstig hatte er bereits das achte Jahrzehnt auf dem Buckel –, ein bißchen schwerhörig, so daß eine Unterhaltung mit ihm nicht einfach war. Er äußerte folgende »weise« Worte:

»Wenn Galois heute lebte und all die Autos sehen könnte, was würde er wohl dazu sagen?«

Ich war sehr müde und gab auf die dumme Frage eine dumme Antwort:

»In manchen Dingen hat sich aber nichts geändert.«

»Was, was?« fragte Herr Bullit.

»In manchen Dingen hat sich nichts geändert«, schrie ich fast.

»In welchen zum Beispiel?« fragte Herr Bullit.

Ich wußte nicht, wie ich diesem dummen Gespräch ein Ende machen sollte.

»Im Kampf um die Freiheit«, schrie ich.

»Was, was?«

»Im Kampf um die Freiheit«, wiederholte ich und war mir im klaren darüber, daß die Unterhaltung allmählich auf ein idiotisches Niveau herabsank.

»Ach ja, da haben Sie recht. Jetzt kämpfen wir auch um die Freiheit gegen Roosevelt.« Zur Zeit wurde gerade der Wahlkampf Dewey – Roosevelt geführt.

Als wir in seinem palastartigen Haus ankamen, wurde das Abendessen gereicht. Ich erinnere mich, daß es als Vorspeise Mais gab. Später fragte ich viele Bekannte, ob sie wüßten, wie Millionäre Mais essen. Die richtige Antwort darauf konnte mir niemand geben. Man wußte nur, daß die Millionäre zerkleinerte Maiskörner aßen und daß man sie mit besonderen Metallzängchen aufnahm. Doch niemand hatte von einem merkwürdigen Maschinchen gehört, in das man die Maiskörner einlegte, damit sie einem dann von selbst – wie gebratene Tauben – in den Mund fielen. Ein solches silbernes Maschinchen hatte jeder von uns neben seinem Gedeck stehen. Zu den nächsten Gerichten wurden zwei Körbe mit vierzig indischen Gewürzen gereicht, von denen ich nur Pfeffer und Salz kannte.

Nach dem Abendessen fuhren wir zum Derby. Der Wagen mußte irgendwo abgestellt werden. Herr Bullit hielt dem Wächter des Parkplatzes einen langen Vortrag. Er sagte ihm, er solle den Wagen so abstellen, daß er, Herr Bullit, jederzeit hinausfahren könne, daß neben seinem Wagen kein anderer stehen dürfe, daß »wenn du gut zu mir bist, ich gut zu dir bin«. Ich war sicher, daß nach diesen mehrmals wiederholten Worten der Wächter des Parkplatzes reichlich belohnt werden würde. Sein Sohn könnte vielleicht an einem College studieren, und er selbst müßte wenigstens hundert Dollar erhalten. Später stellte sich heraus, daß Herr Bullit ihm statt fünfundzwanzig Cent fünfzig gegeben hatte.

Während des Derbys saßen wir in seiner Loge in Gesellschaft zweier schöner Frauen; ich glaube, die eine war seine Enkelin, die in Begleitung ihres Mannes und einer Bekannten erschienen war. In der Ferne spazierten Pferde umher; die Menschen erhoben sich ohne Sinn und klatschten von Zeit zu Zeit. Ich hatte keine Ahnung, worum es bei solch einem Derby überhaupt geht.

So hörte ich lieber der Unterhaltung der Damen zu. Sie sprachen über ihre Flugzeuge, über die verschiedenen Marken in einer Weise, wie die Damen der Bourgeoisie über ihre Autos sprechen.

Nach dem Derby kehrten wir zum Palast zurück. Wir wanderten durch die Bibliothek, die aus Tausenden von Bänden bestand. Sie war riesengroß und wirklich schön. Ich wollte mir ein paar Bücher mitnehmen, die ich vor dem Schlafengehen gelesen hätte, es gab so viele, daß einem die Entscheidung wirklich schwerfiel. Schließlich suchte ich mir mehrere heraus und ging in mein Appartement, um mich zur Ruhe zu begeben. Meine Zimmer waren mit alten Stilmöbeln, Bildern und Porträts ausgestattet. Im Gedächtnis ist mir die Tatsache haften geblieben, daß im Badezimmer das Toilettenpapier verschiedenfarbig und parfümiert war. Doch die Fensterrahmen saßen locker, sie klapperten so unter den Windstößen, daß ich wegen des Lärms zwischen all dem Überfluß und Luxus nicht schlafen konnte.

Am nächsten Vormittag trafen wir gegen elf Uhr in seinem Büro ein: drei Sekretärinnen standen stramm, eine füllte Wasser in ein Glas, die andere ließ eine Tablette hineingleiten, die dritte stand mit Bleistift und Stenoblock bereit. Er trank gnädig das Wasser mit der Tablette aus, diktierte einen Brief, dann verließen die drei Damen das Zimmer. Herr Bullit zeigte mir seine Sammlung über Galois. Ich betrachtete sie und hörte mir gleichzeitig seine Telefongespräche an. Er erklärte irgend jemandem, daß ihm dieser oder jener gut gefallen habe und daß man ihm eine bessere Stellung geben solle; dann rief er einen anderen an und sagte ihm, daß ihm dieser oder jener nicht gefalle und man ihn aus seiner Stellung entfernen solle. Auf dem riesigen Schreibtisch lag ein Bündel Bleistifte mit der Aufschrift: »*Vote for Dewey!*« – Stimmt für Dewey!

Der Millionärsatmosphäre überdrüssig, beschloß ich zwei Tage später, nachdem ich meine Arbeit getan hatte, nach New York und von dort nach Toronto abzureisen. Herr Bullit fragte mich, womit ich reisen wolle. Ich sagte, mit dem Zug. Er wunderte sich, warum ich nicht ein Flugzeug nähme. Damals war es unmöglich zu fliegen, wenn man nicht Wochen vorher einen Platz bestellt hatte; und selbst wenn man ihn bestellt hatte, war man nicht sicher, ob dieser nicht auf Grund komplizierter Prioritäten von irgendeinem Oberst belegt würde. Ich erklärte ihm das. Daraufhin versicherte mir Herr Bullit, daß er mir einen Platz besorgen würde. Er telefonierte kurz, und tatsächlich fand sich sofort ein Platz. Ich konnte fliegen. Eigentlich war das meine erste Reise mit einem großen Flugzeug. Herr Bullit fuhr mich selbst zum Flugplatz; er raste wie ein Verrückter, denn er war zehn Minuten zu spät losgefahren, um mir zu zeigen, daß die Maschine speziell auf ihn warte. Noch während ich von Louisville schied, mußte ich die Wichtigkeit des Herrn Bullit bewundern. Die Reise war großartig; doch obwohl die Maschine ganz ruhig flog und der Anblick der Lichter von Washington und des Kapitols mir wundervoll erschien, fühlte ich, als ich nach zweieinhalb Stunden, statt nach vierundzwanzigstündiger Bahnfahrt, in New York ankam, ein Mißbehagen über den Aufenthalt in Louisville und war wirklich müde. Herr Bullit war der einzige Millionär aus der Familie der »Raubtiere«, den ich kennengelernt hatte.

Mit meinem Buch über Galois hatte ich, hauptsächlich wegen meiner eigenen Dummheit, viel Kummer. Schließlich erschien es in Amerika und erweckte kein sonderliches Interesse. Japan war seltsamerweise das einzige kapitalistische Land, in dem es größeren Anklang fand; dort erschien auch eine zweite Auflage. Gut aufgenommen wurde es hingegen in den sozialistischen Ländern, vor allem in Polen und in der Sowjetunion. Große Freude bereitete mir ein Brief von Einstein zu diesem Buch, den ich ungekürzt zitiere:

Ich bin ganz entzückt über Ihr Galois-Buch. Ein psychologisches Meisterstück, ein überzeugendes historisches Gemälde und Liebe zu menschlicher und geistiger Größe, verbunden mit einem ungewöhnlich aufrechten Charakter.

Diese Bemerkung könnten Sie, in gutes Englisch übersetzt, Ihrem Verlag zur passenden Benutzung senden. Es ist aber nicht nur so gesagt, sondern es ist aufrichtige Bewunderung dabei. Besonders wirksam finde ich die glaubhafte Zeichnung der dunklen Hintergründe dieses Dramas, überzeugend durch die Zeitlosigkeit der Situation des außergewöhnlichen Menschen. Das war wohl auch, was Sie zum Schreiben gezwungen hat; ich kann's Ihnen nachfühlen.

IV

Professor Synge verließ Kanada noch während des Krieges, um in den Vereinigten Staaten eine bessere Stellung zu übernehmen. Schließlich landete er am *Institute for Advanced Study* in Dublin, seiner Heimatstadt. Unser bescheidenes Institut, das früher selbständig war, wurde jetzt Teil des Mathematischen Instituts, dessen Vorsteher Dekan Beatty war. Da er in meinem Leben eine gewisse Rolle spielte, möchte ich ihn wenigstens in groben Zügen charakterisieren. Man muß jedoch bedenken, daß ein Dekan in Kanada oder in den USA eine andere Position innehat als bei uns. Dort wird der Dekan durch den Rektor der Universität auf Lebenszeit ernannt und besitzt große Macht.

Dekan Beatty war ein älterer Herr, ziemlich borniert und ein sehr mäßiger Mathematiker. Im allgemeinen war er ein anständiger Mensch, aber er war auch imstande, jemandem eins auszuwischen, mehr aus Dummheit übrigens als aus Boshaftigkeit. Für die wissenschaftliche Arbeit seiner Untergebenen besaß Dekan Beatty sehr wenig Verständnis. Doch das Verhältnis zwischen uns war korrekt, sogar gut, manchmal auch herzlich – hauptsächlich wegen der liberalen Ansichten Beattys.

Mir war sehr viel daran gelegen, in Toronto ein starkes Zentrum der theoretischen Physik zu schaffen. Wir waren damals die einzige Schule in Kanada, die in diesem Zweig der Wissenschaft die Doktorwürde verlieh. Ich bin der Meinung, daß ich didaktisches Talent besitze bei eher mäßigem wissenschaftlichen Talent. Während meines dortigen Aufenthalts wurde Toronto auch wirklich zum einzigen Zentrum in Kanada, das bemüht war, theoretische Physiker auszubilden. Doch dafür interessierte sich kein lahmer Hund. Die von mir ausgebildeten Doktoren erhielten Stellungen an anderen kanadischen Forschungszentren oder in den Vereinigten Staaten – nie jedoch an der Universität von Toronto. Auf meine dringenden Bitten, unseren Kreis zu vergrößern, erhielt ich von der sehr reichen Universität die Antwort: »Nein, das geht nicht, wir haben kein Geld!« Nach langem Drängen erklärte sich die Universität schließlich bereit, eine Stelle, die jemand frei gemacht hatte, der in die Vereinigten Staaten gegangen war, mit meinem besten Schüler zu besetzen. Nachdem dieser ein Jahr an unserer Universität gearbeitet hatte, bot ihm eine Universität in den Staaten ein Gehalt an, das um achthundert Dollar höher war. Jener junge Kollege sagte mir, er würde gern in Toronto bleiben, wenn die Universität ihm sein Gehalt wenigstens um zweihundert Dollar erhöhte und damit zeigte, daß ihr an ihm gelegen sei. Trotz meiner angestrengten Bemühungen lehnte der Rektor der Universität, Sydney Smith, ab.

Jede kanadische Provinz hat ihre eigene Universität. Am bekanntesten sind die Universitäten McGill in Montreal und die Universität von Toronto. Die Provinz Manitoba hat eine Universität in Winnipeg, der Hauptstadt dieser Provinz. Am letzten Tag des Studienjahres lädt jede Universität jemanden ein, damit er eine Ansprache an die Studenten richte, die ihr Diplom erhalten. Ich war in Kanada nun schon so weit bekannt, daß die Universität von Winnipeg mich einlud, diese Rede zu halten. Ich sprach über die Gefahr, die die Atmosphäre der Unwissenschaftlichkeit heraufbeschwört. Unter anderem sagte ich, falls die Begabtesten weiterhin aus Kanada in die Staaten abwanderten, würde nach den Gesetzen der Biologie das geistige Niveau in Kanada absinken. Und im Scherz fügte ich hinzu: »Bis dann

Kanada – falls diese Politik weitergeführt wird – in Tausenden von Jahren ein Land der Idioten würde«. Noch am selben Tag erschienen in der Stadt Zeitungen mit der Schlagzeile: »Infeld sagt voraus, daß Kanada ein Land der Idioten wird«.

Diese mangelnde Achtung für die wissenschaftliche Arbeit, für die Stellung des Professors, war charakteristisch für Kanada und in noch stärkerem Maße vielleicht für die Vereinigten Staaten. Meine Unlust wuchs. Ich wußte, daß ich diese Atmosphäre nicht verändern konnte. Und in der Tat änderten sich die Verhältnisse erst, nachdem die Sowjetunion den ersten Sputnik in den Kosmos hatte aufsteigen lassen.

V

In New York lernte ich Julian Tuwim, einen der bedeutendsten polnischen Lyriker, kennen. Zwischen uns entwickelte sich ein freundschaftliches Verhältnis. Jedenfalls empfand ich für Tuwim viel Sympathie, die mit Bewunderung und sogar mit Verehrung verbunden war. Im Jahre 1945 verbrachte Tuwim seine Ferien in Toronto. Eines Tages, als ich ihn aufsuchte, begrüßte er mich in höchster Erregung.

»Haben Sie die letzten Neuigkeiten gehört? Truman hat soeben bekanntgegeben, daß auf eine japanische Stadt eine Atombombe abgeworfen worden sei.«

Ich war sprachlos. Ich hatte nicht erwartet, daß die Vereinigten Staaten so schnell die Atombombe herstellen würden, und hatte auch nicht angenommen, daß man sie auf das in den letzten Zügen liegende Japan abwerfen würde.

Während der nächsten Monate waren die Zeitungen voll von immer denselben und bis zum Überdruß wiederholten Phrasen: »Die größte Erfindung seit der Entdeckung des Feuers!«, »Der Herrgott hat uns dieses große Geheimnis in Obhut gegeben!«, »Wir müssen das große Geheimnis, das nur wir kennen, streng hüten!«, »Solange wir allein die Besitzer dieses Geheimnisses sind, sind wir sicher!«, »Wir müssen uns vor Spionen hüten, die versuchen werden, uns dieses Geheimnis zu entreißen!«

General Roberts, der Chef des Projekts »Manhattan« (so wurde das Atombombenprojekt genannt), behauptete, die Sowjetunion würde dieses Geheimnis frühestens in fünfundzwanzig Jahren, vielleicht auch niemals besitzen. Niemand außer mir trat in Toronto ernsthaft gegen diesen Irrsinn auf. Es begann damit, daß mich ein Gremium von Professoren samt dem Rektor der Universität um einen Vortrag über die Atombombe bat. Sehr kurz handelte ich die Physik der Atombombe ab und analysierte dann all die idiotischen Slogans, die um diese Erfindung entstanden waren. Ich versuchte darzulegen, daß es ein Geheimnis der Atombombe nicht gibt, so wie es kein Geheimnis gibt, wie man ein guter Ehemann wird, und wie es keine geheimen physikalischen Gesetze gibt. Ein wirkliches Geheimnis, erklärte ich, ist es, wie weit die Sache überhaupt möglich ist; mit der Explosion in Hiroshima hatte das Geheimnis aufgehört, eines zu sein. Ferner behauptete ich, daß die Sowjetunion gute Physiker habe und ohne jede Spionage die Atombombe in drei, spätestens vier Jahren würde konstruieren können.

Die Kunde von dieser Vorlesung ging in die Welt hinaus. Seit der Zeit konnte ich mich nicht mehr vor Einladungen zu Vorlesungen über die Atombombe retten. Kreuz und quer durch Kanada reisend, hielt ich etwa fünfzig solcher Vorträge. Außerdem schrieb ich eine Broschüre über dieses Thema. Auch im Rundfunk sprach ich oft zu dieser Frage. Ich hätte diesen Vortrag sogar im Schlaf oder auf dem Kopf stehend halten können. Im Zusammenhang mit meinem Auftreten gab es eine Reihe seltsamer Geschichten. Am komischsten war wohl die folgende: Ich sprach einmal vor sehr reichen Leuten in Toronto. Nach dem Vortrag, dessen Hauptzweck darin bestand, nachzuweisen, daß es ein Geheimnis der Atombombe nicht gibt, fragte mich einer der Zuhörer: »Was können wir tun, um dieses Geheimnis vor Rußland zu bewahren?«

Doch gleichzeitig wuchs der Unwille der Menschen gegen mich, die das haßten, was ich verkündete. Konstruierte die Sowjetunion wirklich in der von mir angenommenen Zeit die Atombombe, so würde die Frage entstehen, woher ich das wußte. Hatte ich nicht schon damals irgendwelche geheimen Beziehungen zu Moskau besessen?

VI

Ich erinnere mich, daß mich während des Krieges Träume verfolgten, deren Motive sich ständig wiederholten. Ich beschreibe einige davon: Ich fahre in Krakau ganz allein mit der Straßenbahn aus dem Stadtviertel Kazimierz in Richtung des Königsschlosses Wawel; die Häuser sind zerstört, ringsum nur Schutt und Trümmer und in der Ferne Gebirge. Oder ein anderes Motiv: Ich bin in Polen, aber ich fürchte mich vor den Nazis, ich fliehe vor ihnen. Oder: Die Körper von Erschlagenen, viele Tote und darunter plötzlich ich; ich warte auf Folterungen, vor denen ich mich fürchte. In Schweiß gebadet, wache ich auf.

Ich hatte allen Ernstes befürchtet, daß Hitlerdeutschland nach den Siegen in Europa die Vereinigten Staaten und Kanada erobern würde. Mein Trost war, daß schließlich mein Leben in meiner eigenen Hand lag, daß ich jederzeit mit meiner Familie Selbstmord begehen konnte. Erst als die Deutschen die Sowjetunion überfielen, erwachte in mir ein Fünkchen Hoffnung. Wir gründeten damals gemeinsam mit Professor Fairley eine Gesellschaft der Kanadisch-Sowjetischen Freundschaft. Die Atmosphäre in Kanada änderte sich plötzlich. Vorbei war die alte Abneigung. Überall sprach man von der tapferen Roten Armee, von dem tüchtigen, großartigen Stalin. Selbst der kanadische Ministerpräsident nahm an einem großen Meeting teil, auf dem der ehemalige Botschafter der Vereinigten Staaten in der Sowjetunion, Davies, als Hauptredner auftrat.

Sofort nach dem Jahr 1945 trat in den Beziehungen der Vereinigten Staaten und Kanadas zur Sowjetunion erneut eine Änderung ein. In der Presse erschienen feindselige, gegen die Sowjetunion gerichtete Artikel. Bis plötzlich im Februar 1946 wie eine Bombe die Nachricht einschlug, man habe sechzehn Personen verhaftet, die im Verdacht standen, Spionage für die Sowjetunion betrieben zu haben. Wie war es dazu gekommen?

Ein Angestellter für Chiffresachen der sowjetischen Botschaft in Kanada, ein gewisser Gusenko, verliebte sich plötzlich in die kanadische Demokratie und machte seiner Geliebten – eben dieser kanadischen Demokratie – einige chiffrierte Dokumente zum Geschenk. Aus ihnen ging hervor, daß angeblich ein aus sechzehn Personen bestehendes Spionagenetz existieren sollte. Diese Personen treten in den Dokumenten unter Pseudonym auf. Gusenko nannte ihre wirklichen Namen. Es stellte sich heraus, daß diese sechzehn Personen in der Hauptsache Intellektuelle waren, Universitätsprofessoren, einige Ingenieure – Menschen, die niemand der Spionage verdächtigt hätte. Zum erstenmal in der Geschichte der angelsächsischen Gerichtsbarkeit kerkerte man Menschen auf administrativem Wege, ohne Gerichtsbeschluß ein.

Die sogenannte Königliche Kommission *(Royal Commission)*, die vom Kabinett ernannt worden war, veröffentlichte einen dicken Band mit den Ergebnissen der Untersuchung und sprach die Eingekerkerten schuldig, bevor eine Gerichtsverhandlung stattgefunden hatte, was eine Vergewaltigung jeglicher Traditionen der gesamten angelsächsischen Gerichtsbarkeit darstellt. Diese Vorwürfe wurden nie widerrufen, auch dann nicht, als die Angeklagten freigesprochen worden waren.

Zwei der Verhafteten kannte ich persönlich, sogar näher. Ich zweifelte keinen Augenblick daran, daß sie beide unschuldig waren. Einer von ihnen war Wissenschaftler, Professor an einer kanadischen Universität, und auch in den Vereinigten Staaten bekannt. Nicht nur ich, sondern auch andere Professoren, auch solche mit konservativen Anschauungen, Persönlichkeiten, die an berühmten amerikanischen Universitäten lehrten, waren von seiner Unschuld überzeugt und wollten ihm helfen. Auf Grund der Anklage wurde er jedoch von seinem Amt an der Universität solange suspendiert, bis das Gericht ihn freisprach. Der andere, ebenfalls ein mir bekannter Wissenschaftler, konnte trotz des Freispruchs in Kanada keine Arbeit finden und mußte nach Europa auswandern.

Unter den progressiven Kanadiern begann es zu brodeln. Eine Organisation zur Verteidigung der Eingekerkerten wurde gegründet. Allerdings konnten nur wenige Mitglieder für diese Organisation gewonnen werden. Kaum acht Personen, darunter zwei Professoren: Fairley und ich. Beide erhielten wir bald den Beinamen »*fellow travellers*«; wörtlich heißt das »Reisegefährten«, im übertragenen Sinn jedoch bedeuten diese Worte etwas ganz anderes – Sympathisanten des Kommunismus. In dem Maße, wie die Temperatur des Kalten Krieges sank, wandelte sich die Bedeutung des Begriffes »*fellow travellers*«. Man bezeichnete jetzt jeden so, der nicht vierundzwanzig Stunden am Tag gegen den Kommunismus kämpfte.

Unsere kleine Gruppe sammelte Geld (das war ziemlich einfach) für Rechtsanwälte und ganzseitige Annoncen in den Zeitungen, in denen wir versuchten, den Bruch der Rechtsnormen in Kanada zu dramatisieren.

Nachdem man diese Menschen einen Monat lang in Haft gehalten hatte, ließ man sie bis zur Gerichtsverhandlung frei. Als dann der Prozeß begann, stellte es sich heraus, daß die Hälfte von ihnen völlig unschuldig war. Die Gerichte fanden nicht einen einzigen Beweis, um sie zu verurteilen. Die übrigen bekamen ein bis fünf Jahre Gefängnis für Vergehen, die im Grunde genommen geringfügig waren. Man hatte sie angeklagt, Informationen über chemische Explosionsmittel weitergegeben zu haben. Es erschien uns merkwürdig, daß die Sowjetunion an solchen Angaben überhaupt interessiert sein konnte. Und noch seltsamer erschien es uns, daß sie ein Geheimnis gegenüber Verbündeten darstellen sollten. Was für Geheimnisse über chemische Explosionen konnte es im Kriege schon geben! Wären hier Geheimnisse über die Atombombe im Spiel gewesen, dann hätte ich das noch eher verstanden. So verlief also die ganze Angelegenheit im Sande.

Ein mir unbekannter Ingenieur, den man zu zwei Jahren Gefängnis verurteilt hatte, schrieb mir einmal im Monat (denn nur einmal im Monat durfte er einen Brief schreiben) und bat mich um Physikbücher sowie um ein Thema für eine Arbeit. Als er aus dem Gefängnis entlassen wurde, kam er mit einer fertigen Arbeit zu mir, die später im Druck erschien. Sie betraf die Theorie von Antennen und wurde häufig zitiert.

Einige Monate später hielt Churchill in Amerika eine Rede, den sogenannten »Fulton speech«, in der er den Begriff »iron curtain« – eiserner Vorhang – prägte. Das war die offizielle Erklärung des Kalten Krieges.

VII

Während des Kalten Krieges veranstaltete die Gesellschaft für Kanadisch-Sowjetische Freundschaft einen Kongreß, auf dem ich Vorsitzender der wissenschaftlichen Sektion war. Daran nahmen auch Stefansson, der berühmte Antarktisreisende, und Norbert Wiener, der Begründer der Kybernetik, teil. Wiener hielt auf dieser Konferenz einen interessanten Vortrag über die sowjetische Mathematik.

Ich hatte Norbert Wiener schon vorher kennengelernt, denn seine Tochter studierte in Toronto, und er selbst war häufig zu Gast in dieser Stadt. Er war in meinem Alter, von kleinem Wuchs, dick, pausbäckig; in seinen Äuglein spiegelte sich Bewunderung für die Umwelt und die sich darin vollziehenden Ereignisse, die er durch sehr dicke Gläser betrachtete. Gern erzählte er von sich selbst. Er war der Sohn eines Professors für russische Sprache an der Harvard-Universität, einer der besten Universitäten der Vereinigten Staaten. Wenn ich mich recht erinnere, war der alte Wiener ein russischer Jude. Mit vierzehn oder fünfzehn Jahren begann Norbert Wiener mit dem Universitätsstudium, mit achtzehn erhielt er die Doktorwürde. Danach begab er sich nach Göttingen, diesem Mekka der Mathematiker, zum weiteren Studium. Irgend jemand erzählte mir eine Begebenheit aus seiner Göttinger Zeit. Wiener hielt einen Vortrag über seine Arbeit, bei dem auch Hilbert zugegen war, einer der bedeutendsten Mathematiker unseres Jahrhunderts. Nach dem Seminar gingen alle, wie jede Woche, in eine Bierstube, wo Hilbert nur Bier und zwei Brötchen bestellte und niemand wagte, etwas anderes zu bestellen. In dieser Bierstube erschien auch Professor Klein, und Hilbert begrüßte ihn mit den Worten:

»Herr Professor, schade, daß Sie sich nicht den heutigen Vortrag angehört haben!«

Was wird er wohl Gutes über mich sagen? dachte Wiener bei sich.

»Wir hatten schon viele interessante Vorträge hier, Vorträge der verschiedensten Art, bessere und schlechtere, aber einen so schlechten Vortrag hatten wir noch nie!«

Und hier eine andere Anekdote, eine von vielen, die über Wiener in Umlauf waren. Einmal, während er am MIT *(Massachusetts Institute of Technology)* vorbeischlenderte, begegnete er seinem Assistenten und begann eine Unterhaltung mit ihm. Sie spazierten auf und ab, und beim Abschied fragte Wiener den Assistenten:

»Wo sind wir uns begegnet? In welche Richtung bin ich da gegangen?«

»Weshalb fragen Sie, Herr Professor?«

»Weil ich daraus schließen könnte, ob ich auf dem Weg zum Mittagessen bin oder ob ich schon gegessen habe.«

Einmal, während eines Kongresses, begegneten wir uns in Boston und unterhielten uns endlos. Dieser ungewöhnliche Plauderer erzählte mir von einer Detektivgeschichte, die er schreiben wollte und in der niemand den Mörder herausfinden würde. Ich weiß nur noch, daß es um den listigen Gebrauch eines Schlittens ging. Wir plauderten bis drei Uhr morgens. Als ich mich todmüde endlich von ihm verabschiedete, fragte er:

»Ist jetzt noch irgendwo eine Sitzung, zu der ich gehen muß?«

»Herr Professor«, antwortete ich, »es ist drei Uhr morgens. Wir sehen uns in der Sitzung um zehn Uhr vormittags.«

Da drückte er mir das Manuskript seiner Kybernetik in die Hand und bat mich, es zu lesen. Ich nahm es mit, und als wir uns um neun Uhr beim Frühstück trafen, fragte er mich, ob ich sein Buch schon gelesen hätte.

Während eines Besuchs bei mir in Toronto plauderte er geistreich über ein philosophisches Buch, das er schreibe, und über mathematische

Maschinen. Er sagte damals, der Mensch könne solche Maschinen erfinden, denen er überhaupt nicht überlegen sein würde. Wir fragten ihn, ob eine Maschine imstande sein könnte, sich selbst Probleme zu stellen und neue Probleme aufzuwerfen. Er bejahte die Frage mit aller Entschiedenheit: Eine Maschine könnte sich selbst Probleme stellen und sie selbst lösen.

Einmal baten wir ihn um einen Vortrag an der Universität von Toronto. Der Saal war überfüllt. Ich verspätete mich etwas und setzte mich deshalb in die letzte Bank, wo noch ein Platz frei war.

Wiener trat an diese Bank und sprach mir den ganzen Vortrag ins Ohr, ohne im geringsten auf das Auditorium zu achten.

Ein andermal machte seine Vorlesung großen Eindruck, denn es handelte sich um ein populärwissenschaftliches Thema; sie enthielt Ideen über Kybernetik, die damals noch neu waren. Wir baten Professor Wiener, den Vortrag zu wiederholen und ihn noch populärer abzufassen, da wir Ärzte, Ingenieure und Biologen einladen würden. Er war damit einverstanden, doch unmittelbar vor Beginn sagte er mir: »Heute spreche ich über etwas anderes«, und begann mit einem so streng mathematischen Vortrag, daß keiner der Ärzte und Biologen, die eigens zu der angekündigten Veranstaltung gekommen waren, ihn verstehen konnte.

Als er mich nach längerer Abwesenheit in Toronto zum erstenmal wiedersah, trat er in mein Zimmer und sagte, noch ehe er mir die Hand reichte: »Das Plancksche Gesetz muß man ändern!«

Gern betonte er seine Kenntnis der chinesischen Sprache. Er behauptete, daß er sie während seines einjährigen Aufenthalts in China erlernt habe. Vielleicht stimmt das auch!

Er war zweifellos ein genialer Mensch, aber nicht in dem Sinne, in dem wir von der Genialität Einsteins sprechen. Einsteins Genialität war ruhig, würdig, gemächlich – Wiener hingegen war ein Feuerkopf, er quoll ständig über von neuen Ideen, sowohl von unsinnigen als auch von großen. Er hätte mehrere Assistenten haben müssen, nur zu dem Zweck, um die wichtigen Einfälle von unwichtigen zu unterscheiden.

VIII

Die polnischen Emigranten in Kanada konnte man grundsätzlich in zwei Gruppen unterteilen. Die eine Gruppe war fortschrittlich, sie bestand aus Kommunisten oder Sympathisanten, aus einer Reihe vernünftiger Menschen, die wußten, daß die Zukunft Polens mit der Sowjetunion verbunden sein würde. Die andere, bedeutend zahlreichere Gruppe war der Sowjetunion gegenüber feindlich eingestellt. Zu der ersten Gruppe hatte ich Kontakt, ich hielt sogar Vorträge für kanadische Arbeiter polnischer Abstammung. Mit der zweiten Gruppe kam ich kaum zusammen. Eigentlich erinnere ich mich nur an zwei Personen. Die eine war ein früherer polnischer Konsul in Deutschland, den es nach Montreal verschlagen hatte und der manchmal nach Toronto kam, um mich zu besuchen. Er war ein recht interessanter Mensch, intelligent, hatte Sinn für Humor, aber er glühte vor Haß gegen die Sowjetunion. Er versuchte mich davon zu überzeugen, daß die Armee der polnischen Exilregierung über den Balkan nach Polen einmarschieren und den Kern einer neuen Kraft, der sogenannten »dritten Kraft«, zwischen Rußland und Deutschland bilden würde.

Als ich ihm nach Montreal schrieb, daß ich jenen Appell an die Vernunft unterschreiben wolle, den damals Oskar Lange abgefaßt hatte, kam er nach Toronto und redete mir zu, dies nicht zu tun, wenigstens noch einen Monat damit zu warten. Sein Drängen überzeugte mich erst recht davon, daß ich diesen Appell sofort unterschreiben müsse.

Schwieriger war es mit dem zweiten Herrn aus diesem Lager, mit Professor Halecki. Auch ihm begegnete ich in Toronto.

Professor Halecki war Präsident der sogenannten Polnischen Akademie im Exil. Sie vereinigte alle polnischen Professoren, die sich während des Krieges außerhalb des Landes befanden. Herr Halecki war nach Toronto gekommen, um einen Vortrag zu halten. Der damalige Rektor der Universität, Herr Cody, lud mich gemeinsam mit ihm zum Abendessen ein. Rektor Cody war ein älterer Herr, er stand unmittelbar vor der Pensionierung; er war Konservativer und ehemals Volksbildungsminister in der Regierung der Provinz Ontario, Ehrenmitglied jener Akademie im Exil. Der sanftmütige frühere Pastor war etwas beschränkt, die Alterssklerose machte sich bereits bemerkbar. Während des Essens führten wir eine steife Unterhaltung, danach gingen wir zum Vortrag von Professor Halecki. Der Vortrag, technisch ganz ausgezeichnet, triefte von Haß gegen die Sowjetunion. Bedrückt und zerschlagen kehrte ich nach Hause zurück. Ich setzte mich sofort hin und schrieb einen Brief an Halecki, in dem ich erklärte, daß ich aus der von ihm geleiteten Akademie austrete. Diesen Brief schickte ich gleichzeitig an die Redaktionen der kanadischen

Zeitungen und an die Redaktion einer polnischen kommunistischen Zeitschrift.

Etwa zur gleichen Zeit schrieb ich einen (meiner Meinung nach) objektiven Artikel zur polnischen Frage für die literarische Monatszeitschrift »Forum«.

In diesem Artikel verteidigte ich die polnischen Staatsinteressen (das war noch vor der Anerkennung der polnischen Volksregierung durch die kanadische Regierung). Die sowjetischen Zeitungen »Iswestija« und »Prawda« sowie viele kanadische Tageszeitungen druckten den Artikel in längeren Auszügen ab.

Bald nach der Bildung der Regierung der Nationalen Einheit wurden zwischen der Volksrepublik Polen und Kanada diplomatische Beziehungen aufgenommen. Etwa um die gleiche Zeit hielt ich in Ottawa einen Vortrag über die Atombombe. Ich nutzte die Gelegenheit und nahm Verbindung zur polnischen Gesandtschaft in Kanada auf. Polnischer Gesandter war damals Doktor Fiderkiewicz. Die Gesandtschaft war in zwei kleinen Hotelzimmern untergebracht, die Dr. Fiderkiewicz gleichzeitig als Wohnung dienten. Ich schloß Bekanntschaft mit ihm, und wir gingen gemeinsam zum Lunch. Bei dieser Gelegenheit erzählte er mir, daß sich polnische Nationalschätze, wie das Schwert des ersten polnischen Königs, Bolesław Chrobry, die Wandgobelins aus dem Königsschloß Wawel und andere wertvolle Andenken in kanadischen Händen befänden. Zunächst hielt ich das für einen Scherz. Es stellte sich jedoch heraus, daß es stimmte. Jetzt, da ich darüber schreibe – im November 1963 –, sind diese Schätze endlich wieder in Polen.

Die ganze polnische Gesandtschaft war bei meinem Vortrag anwesend, und der Vorsitzende der Versammlung begrüßte von der Tribüne herab den polnischen Gesandten.

Dr. Fiderkiewicz wurde später von Milnikiel abgelöst, dem späteren Botschafter der Volksrepublik Polen in England, mit dem mich freundschaftliche Beziehungen verbanden und noch verbinden. Der Gesandte Milnikiel lud mich damals ein, für einige Wochen Polen zu besuchen. Er überbrachte mir eine Einladung der Regierung, an polnischen Universitäten Gastvorlesungen zu halten und gleichzeitig der Regierung mit Ratschlägen zu dienen, wie Unterricht und Studium der Physik in Polen am besten organisiert werden könnten.

Das Studienjahr ist in Kanada sehr kurz – es endet bereits Mitte April –, so daß ich schon Ende April 1949 zum erstenmal nach dreizehn Jahren das vom Krieg zerstörte Europa besuchen konnte.

Ich faßte die Reise in meine Heimat als ein interessantes vierwöchiges Abenteuer auf; war es vorüber, würde ich wieder nach Toronto, in mein gewohntes Leben zurückkehren. Ich war überzeugt, daß ich bis zum Tode in Kanada bleiben, daß ich dort begraben werden würde. Im allgemeinen mochte ich Kanada sehr. Es ist ein liebenswertes, bequemes Land, das Leben war angenehm, ruhig, besonders für eine Familie mit Kindern. Wir wohnten in einer Villengegend, in einem Haus, das von einem Garten umgeben war. Das Leben war leicht, eine gute Schule für meine beiden Kinder, Eryk und Joanna, befand sich in unmittelbarer Nähe, meine Frau bestellte was immer sie wünschte telefonisch, und wir hatten alles im Überfluß. Ich dachte nicht daran, jemals dieses Land zu verlassen, mein Haus, die Freunde, deren Zahl sich von Jahr zu Jahr vergrößerte.

Was die Menschen von meinem kurzen Ausflug nach Polen hielten, sieht man am besten aus den Bemerkungen eines meiner Kollegen, der mir sagte:

»Was denn? Sie haben keine Angst, nach Polen zu fahren? Man wird Sie doch dort bestimmt festhalten!«

»Weshalb?«

»Nun, weil Sie ihnen nützlich sein könnten. Man wird Sie bestimmt nicht hinauslassen.«

Da ich im folgenden viel Negatives über Kanada sagen werde, vor allem über seine Beamten und seine Regierung, kann ich nicht seine guten Seiten verschweigen.

Ich möchte beschreiben, wie man in Kanada einen Paß bekommt. Man geht zur Bank oder zum Postamt und erhält dort ein Formular. Dieses Formular füllt man aus. Fragen gibt es sehr wenige: Wann geboren? Wo? Kanadischer Staatsangehöriger? Fragen, ob man schon früher im Ausland war, ob Familienangehörige im Ausland wohnen, gibt es nicht. Dann schreibt man: »Alle von mir gemachten Angaben entsprechen der Wahrheit, was ich durch meine Unterschrift bestätige.« Man braucht keinerlei Anlagen außer zweien: einen Scheck über zwei Dollar (als Unkosten für den Paß) und ein Paßbild. Das Paßbild muß von einem Geistlichen oder von einem Bankdirektor bestätigt sein. Weshalb gerade von einem Geistlichen oder einem Bankdirektor? So ist es in einem Staat, in dem Bankdirektoren und Geistliche Privilegien besitzen. Wer für ihre Fotografien bürgt, weiß ich nicht.

Nach fünf Tagen erhielt ich den fertigen Paß – gültig für fünf Jahre, für alle Länder der Erde und natürlich für mehrmalige Ausreisen. Als ich in dem Paß blätterte, bemerkte ich, daß man den Vornamen Leo statt Leopold eingetragen hatte. Eines Passes mit einem falschen Vornamen wollte ich mich nicht bedienen. Ich rief das *State Departement* in Ottawa an (nebenbei bemerkt, erhält man dort die Verbindung sofort, ohne daß man den Hörer aufzulegen braucht) und sagte dem sich meldenden Beamten, daß es sich um den Umtausch eines Passes handle. Der Beamte bat mich, einen Augenblick zu warten, und verband mich mit der zuständigen Bearbeiterin. Diese Angestellte bat mich zu warten, bis sie meine Akte gefunden habe. Nach einer Minute sagte sie, ich solle den Paß sofort als Eilsendung zurückschicken; den richtigen Paß würde ich in drei Tagen per Eilpost zugestellt bekommen. Am vierten Tag wollte ich abreisen. Und tatsächlich, am dritten Tag kam mit der Morgenpost der Paß mit meinem richtigen Namen. Dieser geringfügige Vorfall verstärkte noch meine Verbundenheit zu Kanada.

IX

Ich flog nach Irland, da ich von Professor Synge zu einem Vortrag nach Dublin eingeladen worden war. Die Iren sind reizende Plauderer. Dieses Land, in dem es eine Unmenge von Trinkern und Philosophen gibt, besitzt einen unaussprechlichen Zauber, und ich war überhaupt bezaubert von der ersten Begegnung mit Europa nach so vielen Jahren. Ich hielt einen Vortrag am *Institute for Advanced Study*. Die Professoren dort waren: Schrödinger, Träger des Nobelpreises (er starb vor kurzem in Wien), Professor Synge, den ich schon früher erwähnte, Heitler, jetzt in Zürich, Janossy, heute Professor in Ungarn. Ich referierte über meine Arbeit mit Einstein am Bewegungsproblem in der Relativitätstheorie.

Es ist wohl kaum vorstellbar, daß in Kanada ein ehemaliger oder amtierender Ministerpräsident oder auch ein Nationalheld zu dem Vortrag eines Wissenschaftlers kommen würde. Und doch erschien hier in Dublin de Valera, der Präsident und Nationalheld Irlands, zu meinem Vortrag.

Von Irland flog ich geradewegs nach London. Dort wurde ich sehr gastfreundlich von Botschafter Michałowski und dessen Gattin aufgenommen. Sie gaben ein Mittagessen, bei dem, ich erinnere mich gut daran, anwesend waren: Nobelpreisträger Blackett, Professor Bernal, Professor Rosenfeld aus Manchester, Hyman Levi, Professor an der Universität London, und der polnische Lyriker und Leiter des polnischen Kulturzentrums in London, Antoni Słonimski, der diesen Empfang organisiert hatte. Die Stimmung war ungezwungen, alle freuten sich, daß ich nach Polen fuhr, und waren gespannt, wie ich auf die Veränderungen, die sich in der Heimat vollzogen hatten, reagieren würde.

X

Als ich im Jahre 1933 in England weilte, hatte ich dort eine damals sehr schöne Freundin. Sie hatte das Lächeln der Mona Lisa und einen Mann, der ein viertrangiger Schriftsteller war. Er hatte dauernd mit Briefen von G. B. Shaw geprahlt. Nun, nach sechzehnjähriger Abwesenheit von England, hätte ich gern meine frühere Freundin wiedergesehen, obwohl ich eine Begegnung nach so vielen Jahren fürchtete. Während der letzten Jahre hatten wir nicht einmal mehr in brieflicher Verbindung gestanden. Auf meinen Telefonanruf meldete sich niemand. Ich rief also bei einer Bekannten von ihr an und erfuhr, daß meine Freundin drei Monate zuvor gestorben war und bald darauf auch ihr Mann. Nach diesem deprimierenden ersten Eindruck erschien mir London traurig, arm, die Menschen vom Krieg erschöpft und schlecht gekleidet. Das Essen in England war nie sehr schmackhaft gewesen – gute Produkte wurden früher schlecht gekocht. Jetzt kochte man schlechte Produkte schlecht.

Nach dreitägigem Aufenthalt in London flog ich mit einer englischen Militärmaschine über Berlin nach Polen. In Berlin verbrachte ich einen Abend und einen Tag in der polnischen Militärmission, die sich im englischen oder französischen Sektor befand. Zu der Zeit bestand gerade die sogenannte Luftbrücke, und alle Waren, Kohle und Lebensmittel, wurden mit Flugzeugen, die alle paar Minuten in Tempelhof landeten, nach Westberlin gebracht. Man sparte mit dem Essen, mit Licht und mit Heizung. Westberlin machte einen düsteren Eindruck. Es war dunkel – man durfte nur während zwei Stunden Licht brennen. Auf dem Kurfürstendamm fuhren die Straßenbahnen inmitten von Trümmern, zwischen den Schienen wuchs Gras, vor dem Zoo verkauften Frauen Schokolade und sich selbst; Ausschweifung und Laster machten sich breit.

An dieser Not verdienten einige ausgekochte Burschen ein Vermögen. Überall sah man Prostituierte, welche die demoralisierten Soldaten der Alliierten ansprachen.

Von Berlin flog ich mit gemischten Gefühlen nach Polen, nach Warschau. In Polen hatte in Hitlers Lagern meine Familie den Tod gefunden – ich weiß nicht einmal genau, wo; dort war meine jüngere Schwester ums Leben gekommen, meine beste und liebste Freundin, deren Charme und Anmut niemand, der sie gekannt hat, vergessen wird. Andererseits wußte ich, daß mir die gegenwärtige Gesellschaftsordnung in Polen bedeutend näher und sympathischer war als die Gesellschaftsordnung in der Zwischenkriegszeit.

In Warschau erwarteten mich Michajłow – später erfuhr ich, daß er Direktor der Wissenschaftsabteilung im Volksbildungsministerium war – und Majewski, der Assistent von Professor Białobrzeski in Warschau.

Wir fuhren abwechselnd zwischen Trümmerbergen und bis aufs Parterre zerbombten Häusern dahin. Als wir durch eine breite, von Schutt und Trümmern gesäumte Straße kamen, fragte ich nach ihrem Namen und bekam zur Antwort, daß wir die Marszałkowska entlangfuhren, eine der früher belebtesten Arterien Warschaus. Dann bogen wir in die Nowy Świat ein, deren Häuser zum Teil schon wiederaufgebaut, aber noch nicht verputzt waren. Schließlich betraten wir das Hotel »Bristol«, in dem ich wohnen sollte. Dort unterhielten wir uns eine Weile. Sie schilderten mir kurz den Stand der theoretischen Physik in Polen. Es stellte sich heraus, daß die Lage verzweifelt war. In Warschau gab es damals den schon erwähnten Professor der Physik, Białobrzeski, einen älteren Herrn. Ich kannte ihn noch aus der Zeit vor dem Zweiten Weltkrieg. Er hatte nie die Physik ausgebaut und nie eine Schule geschaffen. Außerdem war da noch der Professor für theoretische Mechanik, Professor Rubinowicz, den einzigen theoretischen Physiker in Polen, der im Ausland bekannt war. In Krakau lebte Professor Weyssenhoff, der sich damals – so sagte man mir – zu Studienzwecken in der Schweiz aufhielt; er war sechzig Jahre alt. In Poznań wirkte Professor Szczeniowski, mein ehemaliger Professor aus Wilna, ein Mann um die Fünfzig. Lediglich in Toruń gab es zwei junge Professoren, deren Namen ich aus Veröffentlichungen ihrer Arbeiten kannte: Nachwuchs aus der Nachkriegszeit.

Noch am selben Tag stattete ich Tuwim einen Besuch ab. Er lebte schon seit einigen Jahren in Polen. An seiner Tür fand ich eine Aufschrift etwa folgenden Inhalts: »Ich empfange absolut niemand, unter keiner Bedingung und auf keinen Fall ohne vorherige telefonische Vereinbarung. Meine Telefonnummer lautet ...« Ich überlegte, ob ich eintreten oder die sechs Stockwerke hinuntergehen sollte, um anzurufen. Ich entschloß mich, mein Glück zu versuchen, und klingelte. Eine Krankenschwester öffnete mir. Ich fragte, ob ich eintreten dürfe. Sie ließ mich ohne Widerspruch herein. Ich ging geradewegs ins Zimmer, da niemand Anstalten machte, mich anzumelden. Das Zimmer war voller Menschen. Tuwim war abgemagert und sah schlecht aus; er saß mit dem Rücken zu mir, so daß er mich nicht sehen konnte. Die Gäste unterhielten sich über seine Magenoperation und darüber, daß er mit dem Essen vorsichtig sein müsse. Von meiner Anwesenheit nahm niemand Notiz. Plötzlich drehte sich Tuwim um und erschrak, er glaubte, einen materialisierten kanadischen Geist zu erblicken.

Durch den Besuch bei Tuwim hatte ich unter anderem die Adresse Wiktas erfahren. Wikta war eine alte Freundin von mir – eine der wenigen lebenden Personen, die mich mit der Vergangenheit verbanden. Meine Erinnerung an Wikta reichte mehr als zwanzig Jahre zurück; damals war sie ein schönes Mädchen gewesen, ungewöhnlich klug, wahrscheinlich die intelligenteste und klügste Frau in Polen, von mir und von allen Männern, die sie kannten, vergöttert. Ich rief Wikta an und besuchte sie. Ihre Jugend und die Schönheit waren vergangen, doch ihr Witz und ihre Klugheit waren geblieben. Wikta war mein Cicerone während meines Aufenthalts in Polen und half mir, das Land kennenzulernen und zu verstehen.

Ich hielt Vorlesungen in Warschau, in Krakau und in Wrocław. Warschau war damals eine sehr vitale Stadt, obwohl sie nur noch einige hunderttausend Einwohner zählte. Die Stadt war gestorben, aber ihre Einwohner waren sehr lebendig. Die Frauen trugen eine gewisse Eleganz zur Schau, die mehr auf ihren Erfindungsreichtum als auf ein volles Portemonnaie zurückzuführen war. Als ich äußerte, ich wüßte nicht, wo die Menschen, die ich auf der Straße sehe, wohnten, antwortete man mir:

»Ach! Sie kennen nicht das Warschau von vor vier Jahren! Da gab es nur Berge von Schutt, durch die man nicht hindurch konnte. Die Straßen waren überhaupt nicht zu sehen, es gab keine Schienen, nichts – nur Steine und Steine. Hunderttausend Menschen wohnten damals hauptsächlich in Praga, am anderen Ufer der Weichsel, dort war auch in einem einzigen Gebäude die ganze polnische Regierung untergebracht. Es gab nur einen Toilettenschlüssel, und der hing beim Ministerpräsidenten, so daß alle, die auf die Toilette wollten, zuerst beim Ministerpräsidenten klopfen mußten.«

Nach dem Aufenthalt in Warschau war es sehr angenehm, nach Krakau zu fahren, die Stadt ohne Trümmer, die schmutzig war, aber schön und mir schon fremd. Ich begegnete dort keinem der vielen Menschen, die ich während meiner Jugend gekannt hatte.

Die zerbombte Stadt Wrocław erschien mir häßlich. Die älteren Professoren, die ich an der Universität traf, begegneten mir reserviert, höflich. Höflich, korrekt, doch mit schlecht verhohlener Abneigung. Die jungen Leute hingegen scharten sich um mich.

Die Beamten des Volksbildungsministeriums nahmen mich herzlich auf, herzlicher als die sogenannten akademischen Kreise. Aus der älteren Generation war mir während meines Aufenthalts in Polen Professor Pieńkowski sehr freundlich gesinnt, der sich, besonders vor dem Zweiten Weltkrieg, um die polnische Experimentalphysik verdient gemacht hatte. Er war noch voller Lebenskraft, ein wenig apodiktisch, aber ein ausgezeichneter Organisator, ein Mensch von hoher Intelligenz und großem Charme.

Vieles in Polen gefiel mir nicht. Vor allem stieß mich das Mißtrauen gegenüber den Menschen, die aus dem Westen kamen, ab. Weiterhin der niedrige Lebensstandard, das niedrige wissenschaftliche Niveau, das noch niedriger war als in Kanada. Doch viele Dinge gefielen mir. Vor allem die Menschen, die intelligent und lebendig waren und sehr viel Sinn für Humor besaßen. Obwohl es mit diesem Sinn für Humor nicht ganz einfach war. Sie büßten ihn häufig in dem Augenblick ein, wenn sie ans Rednerpult traten.

Doch das Leben hatte mich so geformt, daß ich den Sozialismus befürwortete, daß ich nachsichtig gegenüber den Mängeln war, die ich sah, und hauptsächlich die angenehmen Dinge im Gedächtnis behielt.

Kurz gesagt, trotz der Fehler, die ich sah, und solcher, über die ich mir vielleicht nicht völlig im klaren war, verliebte ich mich in dieses Polen. Es tat mir leid, daß mein Aufenthalt zu Ende ging, und es fiel mir schwer, Polen zu verlassen. Ich bedauerte, daß ich Wiktas Lachen und meine Muttersprache nicht mehr hören würde, daß ich dieses arme, in Trümmern liegende Land nicht mehr sehen würde. Deshalb freute ich mich auch, als während der letzten Tage meines Aufenthalts Frau Vizeminister Krassowska mir vorschlug, nach Polen zurückzukehren. Was mich am meisten lockte, war die Dynamik der Entwicklung. Ich sah, daß das Morgen besser sein konnte als der heutige Tag. Andererseits fühlte ich mich schon zu alt, um so leicht auf die

Bequemlichkeiten zu verzichten, die in Kanada auf mich warteten. So schlug ich Frau Krassowska einen Kompromiß vor. Mir stand noch ein einjähriger Urlaub zu. Das nächste Jahr mußte ich natürlich in Toronto verbringen. Doch wenn das Studienjahr beendet war, wollte ich für ein Jahr nach Polen kommen. Das versprach ich. Es erschien mir als ein gewisser Trost, daß ich dieses Land doch noch einmal wiedersehen könnte.

Am Ende meines Aufenthalts schrieb ich einen umfangreichen Bericht über den Stand der Physik in Polen, und was zu tun sei, damit sie gesunde. Er enthielt viele, wie ich meine, kluge Gedanken über die Zukunft der Physik in Polen, die wahrscheinlich nie jemand gelesen und nach denen sich niemand gerichtet hat.

WARUM ICH KANADA VERLIESS

I

Jetzt, da ich diese Worte niederschreibe, haben wir Ende November 1963. Mit meiner Frau sprach ich gerade über das Jahr 1949/50, das wir in Kanada verbrachten. Ich suchte die Zeitungsausschnitte hervor, ganze Stapel von Zeitungsausschnitten, die sich vor vierzehn Jahren innerhalb von zwei bis drei Wochen angesammelt hatten. Zeitungsausschnitte aus Sydney in Australien, aus Neuseeland, aus China, aus Paris, aus London, aus verschiedenen amerikanischen Städten, selbst aus den kleinsten kanadischen Städtchen; Zeitungsausschnitte, in denen mein Name genannt wurde. Dieser traurige Ruhm erlosch schnell und flackerte dann einige Monate später noch einmal auf. Ich schreibe diese Worte in großer Erregung und Nervenanspannung, deren ich mich durch ihre Fixierung entledigen möchte.

Dieses Jahr war wohl der traurigste Abschnitt meines Lebens. Halinas Tod war eine große Tragödie gewesen. Doch damals war ich zwanzig Jahre jünger und besaß mehr Lebenskraft. Ich konnte kämpfen und Mißerfolge ertragen. Im Jahre 1950 hingegen war ich schon zweiundfünfzig Jahre alt.

Doch beginnen wir ganz am Anfang. Alles, was ich jetzt schreiben werde, ist die Wahrheit, so wie ich sie sah, so wie ich sie jetzt empfinde; ich werde über alles schreiben, nichts verheimlichen. Wenn ich religiös wäre, würde ich hinzufügen: »So wahr mir Gott helfe.«

Von meinem kurzen Aufenthalt in Polen kehrte ich nur für eine Woche nach England zurück, um in Manchester und Birmingham Vorlesungen zu halten, zu denen man mich eingeladen hatte. Anschließend fuhr ich sofort nach Toronto. Das war Ende Mai oder Anfang Juni. Von meinen Erlebnissen in Polen erzählte ich meiner Frau. Um die Wahrheit zu sagen, kann ich mich nicht erinnern, mit jemand anderem darüber gesprochen zu haben, weil das keinen interessierte. Sobald ich anfing, von Polen zu erzählen, wechselten meine Freunde das Thema. Ich schrieb drei Artikel für »*The Scientific American*«; einen über meinen Besuch in Dublin, den zweiten über den Besuch in England und den dritten über meinen Besuch in Polen.

Über meine Rückkehr aus Polen nach Kanada sprach ich einige Jahre später mit meiner Frau. Sie behauptet, mein Verhältnis zu Kanada habe sich danach geändert. Und in der Tat erinnere ich mich, wie mich der kanadische Wohlstand reizte; jene reichen, obwohl meist geschmacklos gebauten Häuser, die Menschen, die nicht begriffen, was in Europa vor sich ging, die mangelnde Achtung vor der wissenschaftlichen Arbeit – das alles deprimierte mich immer mehr und machte mich nervös. Nach meiner Rückkehr aus Europa fragte ich meine Frau, ob sie einverstanden wäre, daß wir mit den Kindern für ein Jahr nach Polen gingen. Ich sagte ihr, das Jahr würde schwer sein, wir müßten auf viele Bequemlichkeiten verzichten, die uns hier selbstverständlich seien, daß wir aber nach einem Jahr bestimmt nach Kanada zurückkehren würden. Meine Frau bekannte, daß sie damals nur widerwillig zugestimmt habe; sie hatte die Schwierigkeiten gefürchtet, welche die Unkenntnis der Landessprache heraufbeschwört, und ein bißchen auch die Entbehrungen. Diese Befürchtungen hegte sie vor allem in Rücksicht auf die Kinder, die damals zehn und sechs Jahre alt waren. Ich glaubte jedoch daran – und ich sagte das auch meiner Frau –, daß uns die Behörden in Polen bestimmt behilflich sein würden und dieses Jahr nicht so schlimm sein dürfte; und daß mir sehr viel daran läge, nach Polen zu fahren, wäre es auch nur für kurze Zeit.

Vor einer endgültigen Entscheidung wollte ich noch Einstein fragen, was er von meiner Absicht halte. Deshalb fuhren wir für vierzehn Tage nach dem in der Nähe von New York gelegenen New Jersey, wo der Vater meiner Frau wohnte. Von dort aus ging es mit dem Auto nach Princeton, und ich sah nach mehr als zehn Jahren zum erstenmal das vertraute Haus wieder, mit dem mich so viele Erinnerungen verbanden.

Wie bereits erwähnt, sollte ich Einstein an diesem Tag zum letzten Mal sehen. Bis meine Frau und die Kinder kamen, sprachen Einstein und ich über wissenschaftliche Fragen. Er erzählte mir von seiner Arbeit mit der Begeisterung, die er immer für seine letzte Idee aufbrachte. Ich fragte ihn, was er von meiner Absicht halte, für ein Jahr nach Polen zu gehen. Er sagte mir, daß dies sehr schön von mir sei, daß niemand etwas dagegen haben könne, er befürchtete nur, daß sich die Lage in Polen verschlechtern könnte. Er fragte mich, ob ich damit rechne. Das verneinte ich und faßte Einsteins Worte als Ermunterung zu dieser Reise auf.

Bevor ich diese Worte niederschrieb, fragte ich meinen Sohn, ob er sich an den Besuch erinnere. Er bejahte, doch als er die Begegnung beschreiben sollte, fielen seine Erinnerungen sehr blaß aus. Er erzählte mir, Einstein habe laut über irgendwelche politischen Witze gelacht, die ich aus Europa mitgebracht hatte, und daß Einsteins Schwester ihm eine Tafel Schokolade geschenkt habe. Mein Sohn versteckte die Schokolade im Kühlschrank und beschloß, sie nie zu essen. Aber dann verzehrte er sie mit seiner Schwester doch noch. Ich erinnere mich, daß Einstein mir beim Abschied sagte, meine Kinder gefielen ihm sehr. Natürlich verabschiedeten wir uns in dem Glauben, daß wir uns auf jeden Fall vor meiner Abreise, die frühestens in einem Jahr erfolgen sollte, wiedersehen würden.

Als wir durch New Jersey zurückfuhren und die schönen gehegten und gepflegten Häuser sahen, stellte ich mir Amerika als riesigen, prall mit Gold gefüllten Sack vor. Mit welchem Abscheu mich das damals erfüllte! Früher hatte ich nie so empfunden. Das mag ein Beweis dafür sein, welchen Eindruck Polen auf mich gemacht hatte.

Wir kehrten nach Toronto zurück, und meine Frau und ich planten eine Reise nach Vancouver. Ich sollte dort an einem vierwöchigen Kursus der theoretischen Physik teilnehmen. Die Vorlesungen sollten von Dirac und Bhabha gehalten werden, während ich zweimal in der Woche ein Seminar in theoretischer Physik leiten sollte.

Auf dem Wege nach Vancouver legten wir einen vierzehntägigen Erholungsaufenthalt in Banff ein. Banff ist das kanadische Zakopane; es liegt im Gebirge, das höher ist als die Hohe Tatra – höher als dreitausend Meter. Ich fühle mich nicht wohl im Hochgebirge; die Berge bedrücken mich, und es erscheint mir dumm, da hinaufzuklettern, um auf den Ort hinunterzublicken, von dem aus man gestartet ist.

Außerdem verbietet mir eine Herzkrankheit das viele Laufen, so daß ich gezwungen bin, meine Aktivitäten etwas einzuschränken. Doch die vierzehn Tage verbrachten wir recht angenehm in diesem Städtchen, in dessen Umgebung Bären spazierengehen und Elche, denen man auch in den Straßen von Banff begegnen kann, ebenso wie vielen anderen Tiere, die den Menschen weder angreifen noch sich vor ihm fürchten.

Die Wahrscheinlichkeit, dort einem Physiker zu begegnen, ist allerdings sehr gering. So wunderte ich mich nicht wenig, als ich auf der Straße plötzlich Dirac erblickte. Ich kannte Dirac noch von England her und später von seinem kurzen Aufenthalt in Toronto. Mir war bekannt, daß er sehr schweigsam war und auf Fragen nur mit Ja oder Nein antwortete. In Banff jedoch zeigte er sich sehr gesprächig. Er hatte vierzehn Tage in der Einöde verbracht und mit keinem Menschen ein Wort gewechselt, so daß sich ein gewisser Vorrat angesammelt hatte, den er plötzlich über mich ausschüttete. Nichtsdestoweniger waren seine Gedanken stets tiefgründig, Banalitäten sagte er nie.

Endlich kamen wir in Vancouver an. Im Westen Kanadas sind die Menschen anders, lebhafter, phantasievoller als im Osten. Die Universität war ziemlich primitiv eingerichtet, nur das Hauptgebäude für Physik war hübsch, und der Hof sah geradezu prächtig aus mit seinem wundervollen Ausblick auf die Berge und das Meer. Überhaupt ist Vancouver ein herrliches Stückchen Erde, ebenso schön wie der Golf von Neapel, wenn nicht gar schöner.

Die kanadische Mathematische Gesellschaft organisierte einen solchen Kursus für theoretische Physik gewöhnlich alle zwei Jahre, unterdessen sammelte sie bei Bankiers, Fabrikanten und anderen wohlhabenden Leuten Geld für diesen Zweck. Mit dem Sammeln der entsprechenden Mittel beschäftigte sich hauptsächlich Professor Williams aus Montreal. Einmal begleitete ich ihn aus Neugier zu einer reichen Familie, um zu sehen, wie er das machte. Er sprach über die allgemeinen Erfordernisse der Wissenschaft, ohne seine Wünsche zu präzisieren. Meiner Meinung nach war das verlorene Zeit, und ich sagte zu ihm:

»Dieser Besuch hat nichts eingebracht.«

»Macht nichts, macht nichts«, erwiderte er. »Sie müssen langsam darauf vorbereitet, daran gewöhnt werden, daß sie Geld geben sollen.«

In Vancouver hatte die theoretische Physik im großen und ganzen gute Repräsentanten, doch sie besaß nicht die sogenannten »*graduate courses«*, oder Aspirantenseminare, und sie bildete keine Doktoranden aus. Der maßgebende Physiker dort war Professor Volkoff. Er war damals noch jung, ein ausgezeichneter Dozent, gebürtiger Russe, von glühendem Haß gegen die Sowjetunion erfüllt, die er als Knabe während der Revolution verlassen hatte. Mit großem Vergnügen erzählte er mir, daß mein Buch »*The Evolution of Physics*«, das ich zusammen mit Einstein geschrieben hatte, in der Sowjetunion kritisiert worden war. Er gab mir eine Rezension, die speziell für mich ins Englische übersetzt worden war. Aus dieser Rezension erfuhr ich, daß wir, Einstein und ich, nicht recht hätten, daß das Buch idealistisch sei und daß man einen Fehler begangen habe, es ins Russische zu übersetzen.

Außer Professor Volkoff war dort noch Professor Opęchowski, ein Pole. Als ich ihm von meiner Absicht erzählte, nach Polen zu fahren, legte er eine gewisse Sympathie für die alte Heimat an den Tag, erklärte jedoch, daß nationale Gefühle für ihn nicht existierten und er sich in Kanada wohl fühle. Opęchowski war als Physiker mehr ein kritischer, denn ein schöpferischer Geist. Außer diesen beiden Professoren wirkten am Institut für Theoretische Physik noch zwei Deutsche. Einer von ihnen war mir sympathisch und, wie ich glaube, recht progressiv eingestellt, der andere wohl weniger. Dieser sprach von einer Rückkehr nach Deutschland und ist auch wirklich zurückgekehrt. Insgesamt gab es also dort zwei Deutsche, einen Polen, einen Russen und keinen einzigen gebürtigen Kanadier. Fast alle anderen Physiker, die an diesem Kursus teilnahmen, waren meine früheren oder derzeitigen Schüler von der Universität in Toronto, und es war mir sehr angenehm, ihnen dort zu begegnen.

Professor Bhabha, ein gutaussehender, eleganter Inder, den ich ebenfalls in Vancouver kennenlernte, war ein außerordentlich begabter und bekannter Physiker; doch gegenwärtig ist er mehr mit Repräsentation als mit Physik beschäftigt. Außerdem lernte ich dort Professor Zygmund, einen Polen, kennen, der Professor in Chicago und einer der eingeladenen Referenten war. Professor Schwartz aus Paris, ebenfalls Gastdozent dieses Seminars, sprach über die Deltafunktionen, die für die theoretische Physik sehr wichtig sind. Er hat als erster eine genaue Theorie dieser Funktionen aufgestellt. Seine Vorlesungen waren bestechend. Er war überzeugter Trotzkist; später in Polen las ich, daß ihm der Lehrstuhl entzogen worden war, weil er sich für die Unabhängigkeit Algeriens eingesetzt hatte.

Wir kehrten nach Toronto zurück, und bald darauf begann das neue Studienjahr. Unerwartet erhielt ich von Professor E. Wigner, dem späteren Nobelpreisträger, eine Einladung nach Princeton. Er schlug mir vor, in der zweiten Hälfte des Studienjahres 1949–50 einen Vorlesungszyklus über die Relativitätstheorie zu halten. Das war nicht nur ein ehrenvolles und finanziell günstiges Angebot, es eröffnete mir auch Möglichkeiten einer erneuten Zusammenarbeit mit Einstein. Wäre ich für ein halbes Jahr nach Princeton gegangen, dann hätte ich natürlich nicht im nächsten Jahr nach Polen fahren können – darüber war ich mir im klaren. Ich war jedoch der Meinung, daß es sogar lohnte, vorläufig auf Polen zu verzichten, wenn man dafür in Princeton weilen konnte. Solche Gastrollen an anderen Universitäten waren in Kanada eine häufige Erscheinung. Meine Kollegen Mathematiker – vor allem die Professoren Coxeter und Brauer – fuhren alle zwei bis drei Jahre irgendwohin, wofür sie unbezahlten Urlaub erhielten. Im Unterschied zu meinen Kollegen hatte ich während der zwölf Jahre in Kanada weder bezahlten noch unbezahlten Urlaub bekommen.

Als ich Dekan Beatty, den Direktor des Mathematischen Instituts, fragte, ob er mit meiner Gastdozentur einverstanden sei, sagte er, er wolle sich das überlegen und mir in einigen Tagen Bescheid geben. Nach einigen Tagen erklärte er mir, daß er entschieden dagegen sei, weil ich Schüler habe und die Universität mich brauche; ich hätte mich verpflichtet, das ganze Jahr über in Toronto zu bleiben, und müßte wenigstens bis Mitte April hier ausharren, das heißt bis zum Ende des Studienjahres.

Ich antwortete ihm, daß ich demzufolge schon jetzt um Urlaub für das nächste Jahr bitte, da ich die Absicht habe, mehrere Länder, darunter auch Polen, zu besuchen. Ich stellte mir nämlich vor, daß ich, wenn ich Polen zum Ausgangspunkt nahm, für einige Wochen nach Kopenhagen, nach Cambridge oder nach Zürich, wo Pauli wirkte, fahren würde, um immer wieder nach Polen zurückkehren zu können. Ich glaubte, daß ich so eher würde reisen dürfen, daß die Administration eher meiner Reise nach Polen zustimmte, wenn ich dieses Land gemeinsam mit mehreren anderen nannte, die in ihren Ohren weniger gefährlich klangen.

Professor Beatty sagte mir, er sehe keinerlei Hindernisse und werde tun, was in seiner Macht stehe, um den Rektor für diesen Vorschlag einzunehmen, und daß ich ein ganzes Jahr Urlaub, seiner Meinung nach sogar bezahlten, bekommen würde.

Nachdem ich ein offizielles Gesuch eingereicht hatte, erfuhr ich von Dekan Beatty, daß er es warm befürwortet habe und überzeugt sei, daß der Rektor nichts dagegen einzuwenden habe. Nach einiger Zeit teilte er mir mit, daß der Rektor sich tatsächlich mit meiner Reise einverstanden erklärt habe, daß ich im nächsten Jahr bestimmt Urlaub bekommen würde und die endgültige Bestätigung durch das sogenannte *Board of Governors* – den Aufsichtsrat – eine reine Formalität sei, auf die man jedoch bis April warten müsse. Ich war also überzeugt, daß ich nach Polen fahren würde, und schrieb einen offiziellen Brief – ich weiß nicht mehr, ob an Herrn Michajłow oder direkt ans Ministerium –, daß ich die Einladung annehme.

In Toronto fühlte ich mich nicht mehr wohl und wartete ungeduldig auf das Ende des Studienjahrs. Meine Frau erinnert sich, daß ich damals schlecht über meine Kollegen sprach, daß ich nervös war und aus geringstem Anlaß aufbrauste. Auch die wissenschaftliche Arbeit ging mir nicht recht von der Hand. Es war in dieser Zeit, daß mich einer meiner besten Schüler – ich erzählte bereits davon – wegen einer Stelle in den Vereinigten Staaten verließ. Sehnsüchtig wartete ich auf das Ende des Studienjahrs. Ich hoffte, schon im April oder Mai nach Polen fahren zu können.

Zum besseren Verständnis dessen, was später vor sich ging, zitiere ich den Schluß eines umfangreichen Artikels über mein Buch »*Quest*« aus der in Toronto erscheinenden Zeitung »*The Globe and Mail*«, der im Jahre 1944, also sechs Jahre vor den hier beschriebenen Ereignissen, erschienen war:

»*But, he says thoughtfully, a progressive government in a new Poland that needs him would attract him back to Europe.*«

(»… Aber, so sagt er nachdenklich, wenn eine progressive Regierung in einem neuen Polen ihn brauchte, würde er nach Europa zurückkehren.«)

III

Der März ist ein trauriger Monat in Toronto. Der Himmel ist mit Wolken bedeckt, der Winter geht zu Ende, doch über dem Land hängen graue Regenschleier, und der Frühling ist noch fern. An einem solchen Tag rief mich ein Kollege, Professor der Mathematik, an und fragte mich, ob ich nicht noch heute einen Redakteur, der mich sprechen wolle, empfangen möchte. Interviews gab ich ziemlich häufig, und da es sich um den Wunsch meines Kollegen handelte, fragte ich nicht einmal, von welcher Zeitschrift jener Redakteur komme. Ich sagte sofort zu. Es erschien ein Herr Thompson, der sich mir als Redakteur der Zeitschrift »*Ensign*« vorstellte. Später erfuhr ich, daß dies eine Wochenzeitung ist, die in Montreal erscheint. Herr Thompson erzählte mir, daß er früher Redakteur des »*Newsweek*«, einer angesehenen amerikanischen Wochenzeitschrift, gewesen sei. Mir erschien es seltsam, daß er jetzt Redakteur einer so unbedeutenden kanadischen Zeitschrift geworden war. Da ich jedoch nichts zu verbergen hatte, gab ich ihm das gewünschte Interview. Ich zeigte ihm drei Artikel im »*Scientific American*«, in denen ich über meine Reise geschrieben hatte, sagte ihm, daß ich ein Ausreisegesuch für das nächste Jahr nach mehreren Ländern gestellt und Professor Beatty mir versichert hätte, man werde dieses Gesuch befürworten, und daß es mir in Polen im allgemeinen sehr gefallen habe. Das war alles.

Herr Thompson machte auf mich keinen günstigen Eindruck. Er hatte etwas Aalglattes und Listiges zugleich an sich. Er heuchelte Sympathie für mich und bat mich sogar, Artikel für den »*Ensign*« zu schreiben.

Plötzlich, es war Anfang März, rief mich jemand an – ich weiß nicht mehr, von der »*United Press*« oder »*Associated Press*« – und fragte mich: »Ist Ihnen bekannt, daß in zwei Tagen im ›Ensign‹ ein langer Artikel über Sie erscheinen wird?«

»Nein.«

»Dann werde ich Ihnen den Artikel vorlesen, denn ich möchte, daß Sie sich zu dieser Angelegenheit äußern.«

Die Überschrift des Artikels lautete: »*Professor Infeld Recalled to Poland*«. Demzufolge berufe mich die polnische Regierung aus Kanada ab und befehle mir, nach Polen zurückzukehren. Der Inhalt dieses Artikels war sinngemäß folgender (meine Abscheu vor dieser Zeitschrift war so groß, daß ich leider kein Exemplar aufbewahrt habe): Auf zehn Seiten (mit verschiedenen Fotos von mir) stellt der Verfasser Betrachtungen über meinen Fall an: daß ich angeblich eine bekannte Autorität auf dem Gebiete der Atomphysik sei, daß mir die Atomgeheimnisse bekannt seien, die ich von Einstein erfahren hätte, daß ich jene Atomgeheimnisse auf dem Wege über Polen an Rußland weitergeben wolle, daß ich (was jeder Leser aus dem Artikel leicht schlußfolgern konnte) ganz einfach ein Verräter Kanadas sei und daß Kanada alles tun müsse, was in seiner Macht stehe, um mir diese Reise unmöglich zu machen.

Erregt, rot vor Zorn und Scham, lauschte ich den Worten, die glatt über den Telefondraht flossen. Ich sagte meinem Gesprächspartner am anderen Ende der Leitung, daß dies ganz und gar unwahr sei. Mehr konnte ich nicht hervorbringen. Ich führe hier den kurzen Ausschnitt eines Artikels über diese Angelegenheit an, aus einer Zeitung vom 15. März 1950, die in der kleinen Stadt New Westminster in der fernen Provinz British Columbia erscheint:

»Kanadischer Gelehrter von der Presse belästigt«

Ein naturalisierter Wissenschaftler klagte eine katholische Zeitschrift an, sie habe verleumderische und unwahre Nachrichten über seine »Abberufung« durch die polnischen Kommunisten zu Vorlesungen über die Atomenergie verbreitet.

Dr. L. Infeld, 51, ein hervorragender Mathematiker und früherer Mitarbeiter Professor Albert Einsteins, erklärte, der Artikel in der Montrealer Wochenzeitschrift »The Ensign« sei »völlig aus der Luft gegriffen, unwahr und unglaubwürdig. Es sei ein Skandal.«

Weiter schrieb die Zeitschrift:

Infeld ist eine bekannte Autorität auf dem Gebiet der Theorie der Atomenergie und beabsichtigt, in das kommunistische Polen zurückzukehren, um an der Warschauer Universität zu lehren ... Er kennt ausgezeichnet die Theorie und viele praktische Anwendungsmöglichkeiten der Atomenergie ...

»Ich bin seit zehn Jahren kanadischer Staatsbürger (sagt Infeld), und kein Land kann mich abberufen. Ich war nie Atomphysiker und hatte mit der Atomforschung nichts zu tun. Auch verfüge ich über keinerlei geheime Kenntnisse.«

Es stellte sich heraus, der *»Ensign«* war eine kaum bekannte, wenig gelesene katholische Zeitschrift, die in den Kirchen vertrieben wurde. Sie löste jedoch eine sich rasch ausbreitende Welle von Verfolgungen aus.

Die Zeitungsleute wandten sich sofort an den Rektor der Universität, Smith, mit der Frage, ob ich wirklich Urlaub bekommen habe. Smith drehte und wendete sich, so gut er konnte; als Beweis zitiere ich Ausschnitte aus einem Artikel im *»Telegram«* (einer in Toronto erscheinenden Tageszeitung) vom 18. März. Der ganze Artikel ist mehr als doppelt so lang.

»Infeld sucht um Urlaub von Universität nach«
Obwohl Dr. Leopold Infeld, Professor für Mathematik an der Universität in Toronto, bei seinem unmittelbaren Vorgesetzten, dem Dekan des Mathematischen Instituts, ein Urlaubsgesuch eingereicht habe, sei der Rektor der Universität noch nicht offiziell im Besitz dieses Gesuchs, erklärte heute Dr. Sydney Smith.
»Darin liegt nichts Verdächtiges«, sagte Dr. Smith. »Über die Urlaubsgesuche, von denen wir jedes Jahr mehrere bekommen, wird erst in der Aprilsitzung des Aufsichtsrates entschieden.«

Ich befürchtete zunächst, die Geschichte würde hochgespielt werden und ich könnte nicht nach Polen fahren. Doch dann hoffte ich wieder, daß sich nach meiner feierlichen Erklärung, mit Kernwaffen nichts zu tun zu haben, die Wogen etwas glätten würden. Ich dachte, man würde vielleicht die Angelegenheit vergessen und alles könnte zu seinem normalen Zustand zurückkehren.

Hier muß ich etwas über die politischen Parteien in Kanada sagen. Es gibt fünf politische Parteien, aber nur zwei davon waren abwechselnd an der Regierung. Die eine ist die liberale Partei, deren Vorsitzender während des Krieges Mackenzie-King war, der auch das Amt des Ministerpräsidenten bekleidete. Außerdem gibt es eine konservative Partei, die ihren Namen in *»fortschrittlich-konservative«* änderte und deren Vorsitzender damals George Drew war.

Ich kannte Drew nicht, ich war ihm nur einmal flüchtig auf dem Flugplatz von Ottawa begegnet. Meine Frau hingegen hatte mit ihm einen Wortwechsel, als Drew, damals Ministerpräsident der Provinz Ontario, in der Grundschule den Religionsunterricht einführte. Daraufhin wurde ein Bürgerkomitee zum Schutz der weltlichen Schule gebildet. Diesem Komitee gehörten sogar einige Pastoren an. Herr Drew ließ sich herab, eines Tages eine Delegation dieses Komitees zu empfangen. Meine Frau gehörte ebenfalls dieser Delegation an. Sie erzählte mir, daß Drew die Zusammensetzung der Delegation kritisierte, weil nicht alle ihre Mitglieder Kanadier seien. Meine Frau, die damals Bürgerin der Vereinigten Staaten war, entgegnete ihm scharf, daß er damit wohl sie meine, daß sie es jedoch als Mutter zweier Kinder, die in Kanada geboren seien, für ihre Pflicht halte, sich für deren Bildung zu interessieren. Herr Drew bekam daraufhin einen roten Kopf und entschuldigte sich bei meiner Frau. Drew war ein ungewöhnlich gutaussehender Mann; man nannte ihn den *»gorgeous George«* – den prächtigen

George, aber er war ein kleiner und miserabler Politiker. Heute spielt er überhaupt keine Rolle mehr.

Ich komme wieder auf meinen Fall zurück. Es war neun Uhr abends; plötzlich klingelte das Telefon, diesmal ein Anruf aus Ottawa. Eine unbekannte Stimme berichtete, daß Drew meine Angelegenheit im Parlament von Ottawa zur Sprache gebracht habe. In Kanada gibt es einen parlamentarischen Brauch, daß wichtige Staatsangelegenheiten, wenn das Land in Gefahr ist, außerhalb der Tagesordnung behandelt werden können. Offenbar war Drew der Meinung, daß meine Reise nach Polen eine Sache sei, die die Sicherheit Kanadas bedrohe.

Benommen legte ich den Hörer auf. Meine Frau fragte, was geschehen sei, weshalb ich so blaß sei. Ich konnte nur antworten: »Die Hetzjagd auf uns geht weiter.«

In der Nacht konnten wir nicht schlafen. Wir warteten auf die Morgenzeitung »*The Globe and Mail*«. Hier einige Auszüge aus einem langen Artikel mit dem Datum vom 16. März:

Der Vorsitzende der fortschrittlichen Konservativen, George Drew, sagte im Parlament, es wäre merkwürdig, wenn ein Professor der Universität Toronto im kommunistischen Polen Vorlesungen halten könnte, während er gleichzeitig die Hälfte seiner Bezüge weiter bekäme.

In Toronto sagte Dr. Infeld, er bedaure es, daß Herr Drew sich durch den Artikel im »*Ensign*« *habe irreführen lassen. Die Informationen seien* »*völlig unwahr*«, *erklärte er.*

Der Tenor der Rede des Oppositionsführers war, daß man dem Professor aus Toronto nicht gestatten sollte, mit Informationen über die Atombombe hinter den Eisernen Vorhang zurückzukehren ...

Herr Drew stellte den Antrag, die entsprechenden staatlichen Stellen möchten Einblick in die Angelegenheit nehmen.

»Zieht man in Betracht, was unter ähnlichen Umständen bereits geschehen ist, so sollten entsprechende Schritte unternommen werden, um die Umstände zu prüfen, unter denen Dr. Infeld nach Polen zurückzukehren beabsichtigt, ausgerüstet mit dem Wissen, daß er sich während der zweijährigen Zusammenarbeit mit Dr. Einstein in den Vereinigten Staaten und seiner mehrjährigen Tätigkeit auf dem Gebiete der Mathematik und der Physik an der Universität in Toronto erworben hat«, sagte Herr Drew.

Herr Drew unterstrich, daß er außer dem Artikel im »Ensign« *noch über andere Informationen verfüge.*

»Im Artikel wird festgestellt, und ich habe noch andere Beweise für

163

diese Tatsache, daß Dr. Infeld im Jahre 1946 vorhergesagt hat, Rußland würde in drei Jahren die Atombombe besitzen«, äußerte Herr Drew. »Das war eine seltsam genaue Vorhersage. Ebenso ist bekannt, daß dieser Wissenschaftler, der ein Flüchtling aus Polen war und dem die Universität von Toronto einen Lehrstuhl gegeben hat, im letzten Sommer in Warschau und Krakau lehrte, was mich überhaupt nicht wundert.«

»Jedermann wisse«, sagte Herr Drew, »daß in den kommunistischen Staaten das Lehren nicht nur eine Angelegenheit des akademischen Niveaus sei. Wer dort lehrt, muß Qualifikationen besitzen, die mit seinen akademischen Kenntnissen nichts zu tun haben, und muß sich ganz bestimmten Gesetzen unterwerfen.«

Ich fühlte mich verlassen. Man hatte die Staatsmaschinerie gegen mich eingesetzt; der Weg in die Vereinigten Staaten war mir versperrt. Nie würde ich diese Grenze »der Freundschaft und des Friedens« überschreiten dürfen. Damit würde auch die wissenschaftliche Isolation kommen. Von vielen als potentieller Verräter Kanadas betrachtet – würde ich da meine Stellung noch lange halten können?

Ich wußte, daß der Grund dieser Hetzjagd auf mich meine politischen Anschauungen waren. Ich schämte mich vor den Menschen. Der Tag, an dem der Bericht über Drews Interpellation in den Zeitungen erschien, war regnerisch und grau. Ich mußte zu einer Vorlesung, doch vorher hatte ich noch etwas auf der Bank zu erledigen. Ich erinnere mich, wie ich unglücklich und bedrückt durch den Regen ging. Unterwegs sah ich achtlos weggeworfene Exemplare von »The Globe and Mail« mit diesem Artikel und meinem Bild auf der ersten Seite, zerknüllt und zertreten. Ich ging zur Bank, um einen Scheck einzulösen. Ich weiß noch, daß der Kassierer mich merkwürdig ansah. Gewöhnlich wechselten wir ein paar Worte über des Wetter. Diesmal nicht. Dann hielt ich meine Vorlesung; ich schämte mich vor meinen Studenten. Ich stellte mir vor, daß mich alle für einen Spion hielten und daß sie glaubten, ich wolle Kanada verraten und die Atomgeheimnisse außer Landes bringen.

Zu Hause läutete unablässig das Telefon; Journalisten drängten auf ein Interview. Schließlich wählte ich einen Korrespondenten von der »Associated Press« aus, da mir seine Stimme im Hörer weniger zudringlich erschien als die der anderen. Der Korrespondent stand zur festgesetzten Zeit vor der Tür. Ich erinnere mich noch, daß es draußen besonders stark stürmte. Die Fragen, die er mir stellte, betrafen in der Hauptsache meine Beteiligung an der Atomforschung. Er schrieb einen guten, objektiven Artikel in meiner Angelegenheit und verhehlte auch nicht seine persönliche Sympathie für mich. Ich glaubte, Drew würde sich dadurch bewegen lassen, seine Vorwürfe zurückzunehmen. Doch wie reagierte dieser Politiker darauf? Er stellte fest, daß ich die Unwahrheit gesagt hätte.

In verschiedenen Zeitschriften erschien eine Reihe von Diskussionsartikeln, und man verwickelte auch Einstein in die Angelegenheit. Seine Sekretärin schrieb im März 1950 an mich:

Vielen Dank für Deinen Brief. In der vergangenen Woche rief die »Associated Press« bei uns an. Ich war so überrascht, daß ich die Beherrschung verlor. Ich rief in den Hörer: »Völliger Unsinn!« Professor E. sagte später, das sei der einzig richtige Kommentar gewesen. Ich nehme an, Dein Abgeordneter will mit Rankin wetteifern. Deine Erklärung ist sehr gut.

Laß Dich nicht aus dem Gleichgewicht bringen. In 50 Jahren ist alles vorbei.

Grüße von der ganzen Familie an Dich und die Deinen,
    Helen D.

In Zusammenhang mit dieser Angelegenheit kam es zu einer nationalen, wenn nicht gar weltweiten Diskussion. Zur Illustration zitiere ich einige Pressestimmen. Die ordinärste und zudringlichste führe ich nur teilweise an, denn der Schluß des Artikels betrifft nicht mich, sondern andere Personen, die man ebenfalls mit Schmutz bewarf.

»The Ensign«, *1. April 1950*

»Mehr über Dr. Infeld«

Vor etwa vier Jahren wurde in Polen ein kommunistisches Regime errichtet. Die grausame Verfolgungspolitik dieses Regimes, seine Unterdrückung der freien Lehre und die erbärmliche Liebedienerei gegenüber dem sowjetischen Imperialismus sind düstere Tatsachen.

Das Reisen wurde in Polen eingeschränkt, und der Unterricht wird reglementiert. Außer einer ständig geringer werdenden Zahl ausländischer Korrespondenten erhalten nur solche Personen ein Visum und die Einreiseerlaubnis, die vom kommunistischen Standpunkt aus »politisch zuverlässig« sind. Auch das ist leider eine traurige Tatsache.

Deshalb hielt es der »Ensign« für seine Pflicht, das Interesse der Öffentlichkeit darauf zu lenken, daß ein hervorragender Physiker und Mathematiker der Universität Toronto, Dr. Leopold Infeld, im vergangenen

Jahr eingeladen worden war, an den von den Kommunisten kontrollierten polnischen Universitäten Vorlesungen zu halten, und in diesem Jahr ebenfalls beabsichtigt, dort zu lehren. In einer Erklärung für die Presse behauptete Dr. Infeld sofort, daß der Beitrag des »Ensign« »völlig unwahr« sei, obwohl er in Gegenwart unseres Korrespondenten selbst von seinen Plänen gesprochen hatte.

Dann brachte der Abgeordnete George Drew diese Angelegenheit im Parlament zur Sprache.

Am Freitag, nach drei Tagen heftigen Abstreitens, gab Dr. Infeld in einem Interview für die kanadische Presse zu: »Vor etwa zwei Monaten sagte ich meinem Vorgesetzten an der Universität, daß ich einen einjährigen Urlaub nehmen möchte ... Ich hatte und habe die Absicht, während meines Aufenthalts in Polen vor älteren Studenten der Warschauer Universität einige Vorlesungen zu halten, und mit denen zu arbeiten, die sich für das gleiche Forschungsgebiet interessieren wie ich.«

Dr. Infeld bestritt auch, sich in atomaren Angelegenheiten auszukennen, doch das kann man nicht sehr ernst nehmen. Es steht nur allzu genau fest, daß sich die ganze Sphäre der Kernphysik auf die mathematischen Entdeckungen solcher Männer wie Einstein und anderer führender Physiker/Mathematiker stützt.

So kann es keinen Zweifel darüber geben, daß ohne die Entdeckungen auf dem Gebiete der höheren Mathematik jenes rein mechanische »Know-how« in der nuklearen Produktion niemals möglich gewesen wäre. Worauf, wenn nicht auf seine wissenschaftlichen Kenntnisse, stützte sich Dr. Infeld in den zahlreichen öffentlichen Diskussionen über die Atombombe, über das Niveau der sowjetischen Atomforschung und über verwandte Gebiete der Atomwissenschaft? In seinem neuen Buch »Albert Einstein« (Saunders-Toronto) stellt er eindeutig fest, daß die Atombombe ohne vorherige mathematische Forschungsarbeit nicht möglich gewesen wäre.

Die Arbeit der Physiker/Mathematiker ist seit einigen Jahren eine wesentliche Hilfe in vielen praktischen Anwendungsbereichen der Wissenschaft. Während des Krieges arbeitete Dr. Infeld für den Nationalen Forschungsrat auf dem Gebiete des Radars.

Doch für die Sorge, die den »Ensign« angesichts der ständigen Besuche eines Torontoer Professors an den Universitäten im kommunistischen Warschau und Krakau erfüllen, gibt es auch noch andere Gründe ...

Unter diesen Umständen war es für den »Ensign« ein Gebot der Pflicht, diese Angelegenheit der Öffentlichkeit zu unterbreiten.

Wir haben das getan. Die Kanadier kennen nun die Tatsachen.

Je nach dem politischen Antlitz der Zeitschriften kam es auch vor, daß Artikel erschienen, die mich in Schutz nahmen. Ich zitiere hier (ebenfalls gekürzt) einen Artikel der bedeutenden Zeitung »The Ottawa Citizen« vom 18. März 1950.

Es ist kaum anzunehmen, daß der Aufsichtsrat der Universität Toronto sich von Herrn George Drew aus Ottawa über seine Pflichten belehren lassen wird. Auch ist nicht anzunehmen, daß sich die Bundesregierung – wie Drew es vorschlug – mit den Umständen beschäftigen wird, unter denen Dr. Infeld »mit gewissen Atomkenntnissen« nach Polen zurückzukehren beabsichtigt. Und ebensowenig ist anzunehmen, daß irgend jemand Dr. Infeld davon abhalten wird, nach Polen zurückzukehren, wenn er das wünscht. Es scheint, Herr Drew verfügt nicht über viel mehr Material, auf das er sich stützen könnte, als einen Artikel in der römisch-katholischen Wochenzeitschrift »The Ensign«, die im Kalten Krieg ein wenig hysterisch wurde. Herr Drew unterstellt jedoch, Dr. Infeld habe etwas damit zu tun gehabt, daß die Russen nun die Atombombe besitzen, da er das im Jahre 1946 »merkwürdig genau« vorhergesagt hätte, und daß der Wissenschaftler aus Toronto beabsichtige, Atominformationen an die polnische Regierung weiterzugeben.

Die Richtigkeit von Herrn Drews Behauptung läßt sich am besten beurteilen, wenn man sie im Zusammenhang mit den bekannten Ansichten Dr. Infelds sieht. Dr. Infeld wurde in Polen geboren und genoß seine Ausbildung an den Universitäten von Krakau, Cambridge und Princeton. Zur Zeit als Professor für angewandte Mathematik in Toronto tätig, ist er eine anerkannte Autorität auf dem Gebiete der Experimentalphysik; außerdem arbeitete er mit Albert Einstein an der allgemeinen Relativitätstheorie. Im Jahre 1938 schrieb er zusammen mit Einstein ein Buch mit dem Titel »Die Evolution der Physik«. Infeld ist eine recht ungewöhnliche Gestalt: ein ausgesprochener Wissenschaftler, der klar über die Wissenschaft zu schreiben versteht. Sein Buch »Die Suche. Die Entwicklung eines Wissenschaftlers« (1941) ist eine bedeutende Autobiographie und brachte ihrem Verfasser einen Literaturpreis. Trotz allem ist er kein »Atomwissenschaftler«, da er mit der praktischen Entwicklung der Atomenergie nichts zu tun hatte. Richtig ist hingegen die Schlußfolgerung, daß er das Prinzip der Atom- oder Wasserstoffbombe erklären könnte – ebensogut wie irgendein anderer in der Welt.

Dr. Infeld schrieb im Jahre 1946 eine Broschüre »Atomenergie und Weltregierung« für das Kanadische Institut für Internationale Fragen, eine unpolitische Organisation von untadeligem Ruf. Damals sprach er die Vermutung aus, daß »Anfang des Jahres 1948« die Sowjetunion und sogar Frankreich und Schweden »vielleicht« Atombomben herstellen würden. Der verleumderischen Behauptung des Herrn Drew auf diese Feststellung sollte man die Tatsache entgegenhalten, daß Dr. Infeld genügend über die Atomtheorie weiß, um eine begründete Vermutung geben zu können, wieviel Zeit für die Aufnahme der Produktion von Atombomben erforderlich ist. Will man Infelds Vermutung richtig einschätzen, so sollte man zum Vergleich das Datum des 22. September 1949 heranziehen, den Tag, da Präsident Truman bekanntgab, daß die Russen eine Atomexplosion ausgelöst hätten.

Dr. Infeld war ziemlich weit von der Wahrheit entfernt. Was er im Jahre 1946 deutlichmachen wollte, war die Tatsache, daß eine Politik, die sich auf Geheimnisse und die Annahme stützt, die Atombombe könnte ein Monopol bleiben, in eine Sackgasse von Angst und Mißtrauen führen würde ...

Bei mir zu Hause erschienen die verschiedensten Leute und redeten mir zu, auf die Fahrt nach Polen zu verzichten, lieber in Kanada zu bleiben oder irgendwoanders hinzufahren, nur nicht nach Polen. In der Regel waren das Konservative, mit denen ich befreundet war, die ich schätzte und die mir wohlgesinnt waren. Sie sagten mir, ich sei eben ein Opfer, solche Opfer gäbe es in Amerika viele, zum Beispiel Lattimore, den sie schon jahrelang von einer Kongreßkommission zur anderen hetzten und der ebenfalls völlig unschuldig sei.

Ich erinnere mich des Besuchs von W. Deacon, eines schon älteren und mir sehr wohlgesonnenen Herrn. Er war Kulturredakteur von »*The Globe and Mail*«, und meine Bücher gefielen ihm. Er kam mit seiner Frau zu mir und sagte, ich sei wie ein Mensch, der sich unter die Straßenbahn lege, er wolle mich schützen, mich für Kanada bewahren, ich solle für ein Jahr irgendwohin fahren, nur nicht nach Polen.

Mir kam zu Ohren, daß sich in der Stadt der Redakteur des »*Ottawa Citizen*« aufhalte, der jenen verhältnismäßig fortschrittlichen Artikel in der Diskussion über meine Angelegenheit geschrieben hatte. Ich bat ihn zu mir; er war intelligent, liebenswürdig, aber von Haß gegen den Kommunismus erfüllt. Er sagte – ich werde das nie vergessen –, daß wenn ein Kommunist vor seinem Hause verbluten würde und in Lebensgefahr schwebte, er ihn nicht hereinließe.

Alle diese Ereignisse und Gespräche erweckten in mir eine immer größere Abneigung gegen Kanada und brachten mich Polen immer näher. In Polen – stellte ich mir vor – würde doch niemand, den ich in mein Hotelzimmer bat, auf diese Weise von seinem schlimmsten Feind sprechen.

Einige sehr unangenehme Unterhaltungen hatte ich mit dem Rektor der Universität. Den Pastor, Rektor Cody, hatte man in den Ruhestand versetzt. Sein Nachfolger war der bereits genannte, viel jüngere Sydney Smith. Man darf nicht vergessen, daß Universitätsrektoren im allgemeinen mit der Wissenschaft wenig zu tun haben. Smith war Dozent an einer Spezialschule für Rechtswissenschaft gewesen und wurde Rektor der Universität Toronto, nachdem er dieses Amt in Winnipeg, in der Provinz Manitoba, bekleidet hatte. Er war ein untersetzter Mann, gutaussehend, von der Art »rotary club«, das ist jemand, der angenehm spricht, für jeden ein Lächeln übrig hat, jedermanns Namen im Gedächtnis behält, einem Schmeicheleien sagt, jedoch auch hart und sogar ordinär sein kann. Smith war einer der Hauptpfeiler der konservativen Partei. Nachdem ich Kanada verlassen hatte, wurde er Außenminister. Nebenbei bemerkt – das erfuhr ich in Polen aus sehr gut unterrichteten Kreisen – ein schlechter Minister. Er starb vor einigen Jahren. Ich führte viele Gespräche mit ihm und mit Dekan Beatty. In einem dieser Gespräche bot er mir das doppelte Gehalt an, wenn ich darauf verzichten würde, nach Polen zu fahren. Er glaubte, mich für einige tausend Dollar kaufen zu können. Schließlich sagte er mir, daß es der Universität wohl zum Nachteil gereichen werde, aber sie werde nicht zugrunde gehen, wenn ich Urlaub nahm oder sie gar für immer verließ.

Die Leute, die mich besuchten, waren, wie ich bereits erwähnte, zumeist konservativ eingestellt und rieten mir davon ab, nach Polen zu gehen, doch es waren auch sogenannte »fellow travellers« darunter, die der Meinung waren, daß ich trotz allem nach Polen fahren sollte, daß dort die Welt der Zukunft sei, hier hingegen eine kapitalistische Welt, eine absterbende Welt, die Welt der Vergangenheit.

Ganz unerwartet besuchte mich auch Milnikiel, der polnische Gesandte in Ottawa. Er brachte einen Hauch frischer Luft mit. Nach Polen zu fahren, redete er mir nicht zu. Er sagte, die Entscheidung hänge nur von mir ab, er habe telegrafisch Mitteilung gemacht, daß hier die Angriffe auf mich begonnen hätten. Dann fragte er, ob er mir helfen könne, wenn ich mich entschließen sollte zu fahren. Ich entgegnete, daß ich fahren würde – obwohl daraus eine Reise für immer werden könnte, und fügte hinzu, daß ich mich gegenüber der Universität in

Toronto korrekt verhalten möchte und demzufolge gern eine Einladung nicht nur vom Ministerium, sondern auch vom Rektor der Warschauer Universität hätte. Er versprach mir, daß ich in wenigen Tagen eine solche Einladung erhalten würde.

Nach dem kurzen Besuch des Gesandten fühlte ich mich bedeutend besser. Allen meinen Kollegen erzählte ich, daß ich diesen Druck nicht länger aushielte, daß ich selber über meine Zukunft entscheiden müßte und sie bäte, über meine Reise nicht mehr zu sprechen. Sehnsüchtig erwartete ich das Ende des Studienjahrs und die Prüfungen. Danach wollte ich Kanada sofort verlassen. Meinen Kollegen sagte ich, ich führe nach England, um dort die ganze Angelegenheit in Ruhe zu überdenken. Mit meiner Frau vereinbarte ich, daß sie mit den Kindern nach New York und von dort mit der »Batory« bei deren nächstem Auslaufen, etwa im Juli, nach Polen fahren würde. Ich war mir nicht im klaren darüber, welche Last ich ihr aufbürdete: die Auflösung der Wohnung, das Packen der Sachen, die Erledigung der Formalitäten, die weite Reise mit zwei kleinen Kindern, mögliche Unannehmlichkeiten beim Überqueren der Grenze. Andererseits meinte ich, daß ihr als amerikanische Staatsbürgerin nichts passieren dürfte; schlimmstenfalls konnte sie nach New York fahren und erst dort um ein polnisches Visum nachsuchen.

So verließ ich also Mitte Mai Kanada für immer. Zunächst begab ich mich nach London, doch auch dort wagte ich nicht, ein polnisches Visum anzufordern. Ich weiß nicht, ob die englischen Behörden mich auf die »Batory« gelassen hätten, mit der ich nach Polen zurückkehren wollte. Ich hatte den Eindruck, daß mich unablässig jemand verfolgte. Auf die Frage eines englischen Beamten nach dem Ziel meiner Ausreise sagte ich, ich fahre nach Kopenhagen (als kanadischer Staatsangehöriger brauchte ich für Dänemark kein Visum). Mit demselben Schiff fuhr Milnikiel, der aus Kanada abberufen und als Gesandter für Schweden ernannt worden war. Während der Überfahrt erzählte mir Milnikiel von den Verhaftungen in Warschau. Ich war überzeugt, daß die Verhafteten zu Recht eine Gefängnisstrafe erhalten hätten; denn ich kannte genau die Geschichte der Französischen Revolution und wußte, wieviel Verrat es dort gegeben hatte – selbst unter den Helden (Danton zum Beispiel hatte Geld vom König genommen). Daß in Polen jemand ungesetzlich verfolgt und eingekerkert würde, konnte ich mir nicht vorstellen. Heute meine ich aber, daß ich wohl nicht nach Polen gekommen wäre, hätte ich eine

Vorstellung gehabt von dem, was wirklich in der sogenannten Stalinzeit vor sich gegangen ist und was erst der XX. Parteitag ans Licht
gebracht hat.

Als wir in Gdynia einliefen, begrüßte mich Majewski, derselbe Majewski, der mich bei meiner ersten Ankunft in Polen willkommen ge-
heißen hatte. Von Gdynia aus fuhr ich nach Warschau. Die Torontoer Sorgen erschienen mir sehr fern.

POLEN

I

Ich war nach Polen zurückgekehrt. In der Heimat fühlte ich mich
wie auf einer Schaukel, die mit mir aufstieg, niederging und wieder
aufstieg. Doch darüber werde ich später berichten. Jetzt möchte ich
noch einmal auf die kanadischen Angelegenheiten zu sprechen kommen.

In Kanada wußte niemand, daß ich mich in Polen aufhielt. Ich hatte
meine Londoner Adresse hinterlassen und ließ mir die Briefe aus England nachschicken. Auf diesem Wege erhielt ich Anfang September
einen Brief von Professor Beatty. Er schrieb, daß ich zu Beginn des
neuen Studienjahres an der Universität erscheinen müßte, andern-
falls ich meine ausgezeichnete Stellung verlieren würde. Diesen Brief
beantwortete ich mit einer langen Epistel, die ich hier nicht ganz zitieren möchte. Sie ist eine Zusammenfassung meines Verhältnisses
zu Toronto und zu Kanada. Aus diesem langen Brief führe ich nur
Auszüge an.

*… Während meines zwölfjährigen Aufenthalts in Kanada zeigte sich die
Universität mir gegenüber außerordentlich großzügig. Daran werde ich
immer mit Dankbarkeit zurückdenken. Als ich 1936 Polen verließ, weil
sich dort unter der früheren Gesellschaftsordnung für mich kein Platz als
Wissenschaftler fand, wurde ich in Kanada aufgenommen, das ich von nun
an als mein Land ansah. Einen Teil dieser Gastfreundschaft versuchte ich
während des letzten Krieges durch meine gegen den Faschismus gerichtete
Arbeit abzugelten und später durch öffentliche Vorträge, die mich kreuz
und quer durch Kanada führten und in denen ich über die grundsätzlichen
Probleme von Krieg und Frieden sprach. Die Herzlichkeit meiner Zuhörer überzeugte mich davon, daß die Kanadier wirklich Frieden wünschen.*

Auf diese Weise – ebenso wie durch meine Tätigkeit auf anderen Gebietten – war ich bemüht, Kanada nach besten Kräften zu dienen.

In den letzten Monaten jedoch führte eine organisierte, gegen mich gerichtete Kampagne dazu, diese Anstrengungen zunichte zu machen. Wie Ihnen wohl bekannt ist, wurde ich mit einer Bosheit angegriffen, die nicht der Ignoranz entbehrte, und auf einem Niveau, auf das hinabzubegeben ich mich selbst um einer Antwort willen weigerte. Man griff mich öffentlich vom höchsten Tribunal aus an und verleumdete die Motive meiner Rückkehr nach Polen. Die Verfolgungskampagne, die nicht nur gegen mich, sondern auch gegen meine Frau gerichtet war, hatte Erfolg: Sie machte mir jede weitere Arbeit in Kanada unmöglich …

Da die Universität zu Toronto mich nun vor die Wahl stellt und mir mit Entlassung droht, falls ich für ein Jahr hierbleibe, habe ich mich entschlossen, für immer in meinem Heimatland zu bleiben und meine ganze Kraft für die Entwicklung seiner Wissenschaft einzusetzen …

Ich bitte Sie daher, diesen Brief als Verzichterklärung auf den Lehrstuhl eines Professors für Angewandte Mathematik an der Universität von Toronto zu betrachten.

*Hochachtungsvoll
Leopold Infeld*

Ich muß bekennen, daß mir einige Akzente dieses Briefes jetzt ein wenig gekünstelt erscheinen, aber ich habe das, was ich in diesem Brief schrieb, wirklich empfunden.

In Amerika spricht man vom sogenannten »*brain washing*«, von der »Gehirnwäsche«. Diese »Gehirnwäsche« ist der Druck, den die Umgebung auf das Gehirn eines Menschen ausübt. Ich war damals davon überzeugt, daß ich richtig gewählt hatte, daß Polen das beste aller Länder sei – und ich bin auch jetzt noch völlig davon überzeugt, daß ich richtig gehandelt habe, Kanada zu verlassen, daß auf unserer Seite die Zukunft ist und daß das Niveau der Physik bei uns in Warschau unvergleichlich höher ist als in Toronto.

Was ich über die Möglichkeiten in Polen geschrieben hatte, traf ein. Man gab mir einen Arbeitsplatz, man schmeichelte mir, man erleichterte mir das Leben. Ich gelangte zu der Überzeugung, daß – um das bekannte Sprichwort abzuwandeln – der Prophet außerhalb des eigenen Landes nichts gilt.

Meine Angelegenheit erregte wieder Aufsehen. Bald erhielt ich kanadische Zeitungen mit Artikeln auf der ersten Seite über meine

Untreue gegenüber Toronto. Ich möchte (wieder nur in Auszügen) zitieren, was eine Torontoer Zeitung am Tage nach der Bekanntgabe meines Entschlusses schrieb. Die Nachricht wurde erst am Nachmittag verbreitet, deshalb brachten die Abendzeitungen, die mehr Boulevard-Charakter tragen, eine Unmenge von Artikeln zu diesem Thema. Am nächsten Tag ist eine Nachricht in Amerika schon veraltet. Die Artikel sind kürzer und die Schlagzeilen kleiner.

In Auszügen gebe ich den Artikel aus der bedeutendsten kanadischen Zeitschrift *» The Globe and Mail«* wieder, der mit »Lex Schrag« gezeichnet ist.

»Ein schwer zu enträtselnder Mathematiker«

Professor Infeld bleibt in Polen, aber es ist fraglich, ob er das Geheimnis der Atombombe mitgenommen hat.

Professor Infeld verließ seinen Lehrstuhl für Angewandte Mathematik an der Universität Toronto und nahm seinen Wohnsitz wieder in seinem heimatlichen Polen.

Er sprach seine Verzichterklärung in absentia *aus, in einem Brief, in dem er erklärt, er habe »ausgezeichnete Bedingungen für Forschung und wissenschaftliche Arbeit« und für die Unterrichtung der jüngeren Generation des Landes gefunden, das ihm einst die Professur verweigerte …*

General Władysław Anders, einer der bekanntesten polnischen Heerführer der beiden Weltkriege, wurde gefragt, was er von der Angelegenheit halte. »Unmöglich!« antwortete der General arrogant. »Ich habe nie von diesem Menschen gehört.«

Während des Krieges arbeitete Dr. Infeld in Montreal auf einem unbedeutenden Gebiet der kanadischen Atomprojekte. Man war sich darüber einig, daß er an keiner der wichtigen Arbeiten beteiligt werden sollte. Er wurde auch nie über Probleme konsultiert, die mit den Arbeiten in Chalk River *(kanadisches Atomzentrum) zusammenhingen.*

Dr. Infeld war der Mitarbeiter von Dr. Albert Einstein. Sie schrieben gemeinsam »Die Evolution der Physik«. *In dem Buch wird auf eine für den intelligenten und gebildeten Leser verständliche Art Einsteins Theorie beschrieben. Als Dr. Infeld erklärte, er wolle in Polen bleiben, wurden Stimmen laut, die befürchteten, er könnte von Einstein Informationen erhalten haben, die für die sowjetische Regierung von unmittelbarem Wert für die Herstellung der Atomwaffe sein könnten.*

Personen, die sich in der unerhört komplizierten Organisation der Wissenschaft auskennen, die zur Herstellung der Atombombe erforderlich ist, halten das für höchst unwahrscheinlich. Dr. Infeld ist einer der begabtesten Mathematiker der Welt. Er ist einer der wenigen Menschen, die alle Einzelheiten von Einsteins einheitlicher Feldtheorie verstehen, die noch allgemeiner als die Relativitätstheorie ist und nach ihr formuliert wurde. Doch Dr. Infelds Informationen beruhen auf einer meisterlichen Kenntnis der Theorie bei verhältnismäßig geringer Erfahrung in ihrer Anwendung.

Bevor Dr. Infeld Toronto verließ, wurde er dreimal von Mitarbeitern der polnischen Botschaft in Ottawa besucht. Dr. Infeld wurde von der Königlichen Berittenen Kanadischen Polizei beobachtet. Später beobachteten ihn britische Beamte. Wir nehmen an, daß seine Ausreise nach Polen über Paris erfolgte.

... Kurz bevor er sich in Toronto niederließ, heiratete er Helen Schlauch aus New York. Frau Infeld ist ebenfalls Mathematikerin. Doch während Dr. Infeld als hervorragender fellow traveller *gilt, war seine Frau eine bekannte Kommunistin, die wegen ihrer militanten Haltung ihre Stellung an einer Universität in den Staaten aufgeben mußte.*

Doch Infeld konnte auch schroff und dogmatisch sein. Während einer Konferenz über internationale Angelegenheiten am Couchiching See vor drei Jahren hatte er eine scharfe Auseinandersetzung mit Oberst W. W. Goforth, dem ehemaligen Generaldirektor des kanadischen Forschungsrates für Verteidigung.

Dr. Infelds These lautete: Infolge der Entwicklung der Atombombe sind alle Verteidigungskräfte überholt. Der einzige Grund, weshalb eine Armee unterhalten wird, seien die »Interessen einer privilegierten militärischen Kaste« ...

Nach Meinung von Dr. E. W. R. Steacie, Vizepräsident des National Research Council, *hatte Dr. Infeld keine Gelegenheit, an der kanadischen Atomforschung teilzunehmen.*

»Wir stellen kategorisch fest«, sagte Dr. Steacie, »daß Dr. Infeld mit unserem Atomprojekt nichts zu tun hatte.«

Während einer Phase des Zweiten Weltkrieges war Dr. Infeld an komplizierten ballistischen Berechnungen beteiligt, die jedoch kein militärisches Geheimnis darstellten.

»Was die militärische Forschung betrifft«, fügte Dr. Steacie hinzu, »so war Dr. Infeld an keinerlei Arbeiten beteiligt, die als geheim bezeichnet werden könnten.«

Auf einer Liste von Personen, die in die Atomprojekte eingeweiht sind, stände Dr. Infeld nach Aussage eines Beobachters unterhalb der fünftausendsten Stelle.

Nichtsdestoweniger läßt die Art und Weise, wie Dr. Infeld auf seinen Posten verzichtete, etwas von dem Sinn für Humor erkennen, für den er bekannt war. Man hatte erwartet, daß er am Dienstag seine Tätigkeit an der Universität von Toronto aufnehmen würde ...

Bei der Lektüre dieses Artikels drängt sich eine Reihe von Bemerkungen auf. Die Nachricht, daß General Anders nie etwas von mir gehört hat, werde ich verschmerzen können. Dann finden wir die Notiz, daß ich in Montreal an einem Atomprojekt gearbeitet hätte. Das ist natürlich Unsinn, den sich jemand aus den Fingern gesogen hat. Die Bemerkung über Einstein und darüber, daß ich von der Atombombe nichts wußte, stimmt, obwohl sie in Widerspruch zu der Mitteilung steht, daß ich in Montreal an einem Atomprojekt gearbeitet hätte. Daß ich einer der besten Mathematiker der Welt sei, ist, bescheiden gesagt, reichlich übertrieben.

Schließlich erfahre ich aus dem Artikel interessante Dinge über mich selbst: daß mich die ganze Zeit über die kanadische und später auch die britische Polizei beobachtete. Und alles nur deshalb, weil ich beabsichtigte, für ein ganzes Jahr in das Land zurückzukehren, in dem ich geboren wurde. Der Absatz über meine Frau stimmt überhaupt nicht. Die Mitteilung über eine Auseinandersetzung mit dem dummen kanadischen Oberst ist richtig, aber diese Phrasen, die dort in Anführungszeichen stehen, habe ich nie gebraucht.

Am interessantesten ist jedoch der letzte Abschnitt, die Meinung Dr. Steacies, daß ich nie etwas mit der Atombombe zu tun hatte. Doch nicht genug damit! In dem Teil des Artikels, den ich nicht anführe, findet sich die feierliche Erklärung des Präsidenten der genannten Institution, Dr. J. Mackenzies, in der ebenfalls festgestellt wird, daß ich mit der Produktion der Atombombe nichts zu tun hatte. Wären diese Erklärungen einige Monate früher erschienen, dann hätte ich keinerlei Schwierigkeiten gehabt, Urlaub für einen Besuch in Polen zu bekommen, und dieses ganze Geschrei, daß ich das Geheimnis der Atombombe besitze, wäre gegenstandslos gewesen. Weshalb hatten diese beiden Herren ihre Erklärung nicht früher bekannt gegeben? Fehlte ihnen die Möglichkeit dazu oder der Mut, oder lag ihnen daran, daß ich Kanada verließ?

Einige Worte noch zum Epilog dieser Angelegenheit. Um zu illustrieren, was meine Schüler von meiner Ausreise hielten, zitiere ich (wieder gekürzt) einen Brief, der im »*The Varsity*« erschien, das heißt in der Zeitschrift, die von den Studenten der Universität Toronto herausgegeben wurde. Ich müßte bei der Lektüre dieses Artikels erröten, er ist jedoch charakteristisch für die Stimmung, die damals an der Universität herrschte. Ich zitiere die Auszüge nicht ohne Stolz und Verlegenheit.

»Der Verlust Infelds«

So hat also Leopold Infeld Kanada verlassen! Zu diesem bedauerlichen Vorkommnis möchte ich einige Bemerkungen machen. Ich bin vor allem enttäuscht, sehr enttäuscht, von meinem Land, das Professor Infeld provozierte, unsere Mitte – wahrscheinlich für immer – zu verlassen. Ich bin enttäuscht, daß einige unserer führenden Staatsmänner ebenfalls daran beteiligt waren. Ich bin enttäuscht, daß der Rektor der Universität nichts zur Verteidigung eines Professors zu sagen hatte, der auf niederträchtige Weise verleumdet worden war.

Eine Torontoer Tageszeitung mit einer bedeutend höheren Auflage als »The Varsity«, allerdings auch auf bedeutend niedrigerem Niveau, schreibt, daß Infeld, »ein Atomwissenschaftler von der Universität Toronto«, mit seiner Desertion aus Kanada hinter den Eisernen Vorhang endlich sein »wahres Gesicht« gezeigt habe. Dabei wird nicht gesagt, ob der Eiserne Vorhang in Europa gemeint ist oder der, den der Führer der Konversativen um unser Land herum errichtet hat, um Infeld die Vorlesungen in Europa unmöglich zu machen. Wer von uns würde es als mit dem Geist der Demokratie und der britischen Gerechtigkeit vereinbar halten, daß man einen Menschen, der nie in der Atomwissenschaft gearbeitet und nie einer kommunistischen Organisation angehört hat, dessen Errungenschaften auf dem Gebiete der Mathematik seit Jahren in der Welt anerkannt werden, daß man diesen Menschen beschuldigt, er sei kommunistischer Agent, der den Roten Atomgeheimnisse anvertrauen wolle? Jede Universität der Welt wäre stolz darauf, Dr. Infeld zu ihrem Lehrkörper zu zählen – ist es da seltsam, daß er Kanada verläßt und in sein Heimatland geht, wo, wie wir annehmen können, sein Talent höher geschätzt wird und seine politischen Ansichten weniger wichtig sind als seine wissenschaftlichen Fähigkeiten ...

In der Tat, Kanada hat einen großen Menschen verloren – es gab keinen intelligenteren Menschen in unserem Lande. Leider schätzten wir ihn nicht genug, als er noch in unserer Mitte weilte. Leider vertrieb ihn die Politik unserer Leute aus diesem Lande ...

Professor Infeld machte einen Sachverhalt deutlich, der unserer Aufmerksamkeit entgangen war: daß die Geduld der Wissenschaftler durch

Hysterie und eine Atmosphäre der Hexenjagd an einen kritischen Punkt
gelangen könnte. Aus diesem Vorfall sollten wir eine Lehre ziehen – hof-
fen wir, daß die verbliebene Intelligenz dieser Nation uns nicht dem
Schicksal überläßt, welches die Politiker und ein selbstzufriedener Teil
der Bevölkerung für uns planen.
(Der Name des Einsenders ist der Redaktion bekannt.)

Die Fortsetzung dieser Angelegenheit spielte sich dann in Warschau
ab. Ich erhielt vom kanadischen Attaché einen Brief mit der Mitteilung, ich solle meinen kanadischen Paß zurückgeben. Diese seltsame
Nachricht legte ich als Aufforderung aus, auf die kanadische Staatsangehörigkeit zu verzichten. Ich gab den Paß zurück und nahm wieder die polnische Staatsangehörigkeit an.

Meine Frau traf zwei Monate später mit der »Batory« in Gdynia ein,
genau gesagt, am Nationalfeiertag, am 22. Juli 1950. Der Kalte Krieg
befand sich auf seinem Höhepunkt, der »heiße« Krieg hatte in Korea
bereits begonnen.

Meine Frau erzählte mir Einzelheiten über die Qualen, die sie in
Toronto durchgemacht hatte. Sie wurde dauernd mit Telefonanrufen
belästigt und mit den Besuchen von Leuten, die sie mit ihrem »Wohl-
wollen« verfolgten. Die Polizei beobachtete jeden ihrer Schritte, bis sie
in die Vereinigten Staaten fuhr. Einmal, als das Telefon klingelte und sie
den Hörer abnahm, vernahm sie eine Kinderstimme: »Mutti, komm
schnell, ich habe mich verletzt!« Das war gerade zu dem Zeitpunkt, als
sich unser sechsjähriges Töchterchen auf dem Heimweg von der
Schule befand. Ein andermal, als meine Frau nicht zu Hause war,
wurde angeblich aus einer Blumenhandlung angerufen und gefragt,
auf welches Schiff und in welche Kabine Blumen geschickt werden
sollten, die angebliche Verehrer bestellt hätten. Unsere Babysitterin,
die den Anruf entgegennahm, sagte, ihr sei nichts bekannt, Frau Infeld würde anrufen. Es stellte sich jedoch heraus, daß in der Blumenhandlung niemand etwas von einer solchen Bestellung wußte.

Acht Jahre später, das heißt am 23. Dezember 1958, wurde meiner Tochter und meinem Sohn mitgeteilt, daß man ihnen die kanadische Staatsangehörigkeit aberkannt habe, obwohl sie in Kanada geboren sind. Interessant ist, daß eigens zu diesem Zweck eine »*Order*
in Council« (ich glaube, die entsprechende Übersetzung würde »Be-
schluß des Ministerrates« heißen) erlassen wurde. Warum sich die

kanadische Regierung an meinen Kindern rächte, die in Kanada geboren sind, das wird schon ihr Geheimnis bleiben.

Dieses kanadische Kapitel ist traurig, es hat jedoch einen heiteren, ja komischen Schluß. Botschafter Kanadas in Polen gegen Ende der fünfziger und zu Anfang der sechziger Jahre war Hamilton Southam, ein überaus intelligenter Mensch. Sowohl er als auch seine Gattin besaßen sehr viel persönlichen Charme. Er unterschied sich von anderen Diplomaten dadurch, daß er ein herzliches Verhältnis zu Polen gewann, mit der polnischen Intelligenz befreundet war und seine Kinder in polnische Schulen schickte. Dank seiner Vermittlung kehrten die polnischen Nationalschätze, die in Kanada aufbewahrt wurden, endlich nach Polen zurück. Unsere ganze Familie konnte den Botschafter gut leiden, und wir unterhielten zu ihm gute gesellschaftliche Beziehungen. Er kam zu mir, um mir als Privatmann, nicht als Botschafter, zu sagen, daß mir – nach seinem persönlichen Dafürhalten – von Kanada Unrecht zugefügt worden sei.

Nachdem meinen Kindern die kanadische Staatsangehörigkeit aberkannt worden war, ging ich auch nicht mehr in die kanadische Botschaft zu offiziellen Empfängen.

Hier muß ich noch eine Person einführen, nämlich die ältere Schwester meiner Frau, ehemals Professor für Anglistik an der New Yorker Universität und gegenwärtig Professor an der Warschauer Universität.

Die Schwester meiner Frau erhielt eine Einladung zu einem Abendessen in der kanadischen Botschaft. Das Essen wurde aus Anlaß eines Besuches von George Drew in Polen gegeben. So war auch er in dieses kommunistische Land gekommen. Er unterhielt sich mit der Schwester meiner Frau, erkundigte sich mit ungewöhnlicher Teilnahme nach meiner Gesundheit und bat sie, mir die herzlichsten Grüße auszurichten.

II

In Warschau traf ich gemeinsam mit Majewski an einem Sonntag ein. Majewski hatte die Schlüssel zu meiner Wohnung. Sie befand sich in der Mazowiecka 7, in der vierten Etage. Angenehm berührt war ich davon, daß es in diesem Hause einen Fahrstuhl gab, denn ich war davon überzeugt, daß ein Fahrstuhl in Polen den Fahrstühlen in der ganzen Welt gleicht: Er fährt ohne Schwierigkeiten hinauf und fährt ebenso leicht wieder hinunter. Ich hatte mich getäuscht. So manches

Mal mußte ich mich mit meinem kranken Herzen zu Fuß in die vierte Etage schleppen. Die Wohnung war groß, sie bestand aus vier Zimmern, die mit schweren Möbeln im bürgerlichen Stil des 19. Jahrhunderts ausgestattet waren. Ebenso angenehm berührt war ich von dem Telefon – damals eine Seltenheit in polnischen Privatwohnungen – und dem vorbereiteten Tee und Kaffee; Geschirr, Bettzeug, alles befand sich in bestem Zustand.

Die drei Hauptfenster gingen auf die Mazowiecka hinaus, auf der anderen Straßenseite wurde ein Haus gebaut, während zu beiden Seiten bereits neue Häuser standen. Ein Bild, das im Grunde genommen recht angenehm, wenn auch ein wenig monoton ist. Der Blick aus dem Schlafzimmer in den Hof war jedoch deprimierend. Überall Ruinen und Berge von Schutt, der schreckliche Anblick des zerstörten Warschaus.

Den ersten Besuch beschloß ich Wikta zu machen. Mein Wagen war noch nicht eingetroffen. Man sagte mir, er käme in zwei, drei Tagen. So nahm ich also ein Taxi. Die damaligen Warschauer Taxis waren die ältesten Automodelle der Welt und hatten schon einige Millionen Kilometer zurückgelegt, Vorkriegsvehikel, die von den Fahrern aus mehreren Autos zusammengebaut worden waren. Bei manchen mußte man den Motor mit einer Kurbel anwerfen. Diese Art von Taxis ist längst von Warschaus Straßen verschwunden, doch damals waren sie außer den überfüllten Straßenbahnen, Autobussen und den wenigen Pferdedroschken das einzige Verkehrsmittel.

Wikta nahm mich kühl auf. Ich sagte ihr, daß ich wahrscheinlich für immer nach Polen gekommen sei. Sie fragte mich aus, wollte Einzelheiten wissen, als handelte es sich um eine völlig abstrakte Geschichte, die mit meinem oder ihrem Leben überhaupt nichts zu tun hätte.

Als ich ihr auseinandersetzte, daß ein Besuch für ein Jahr höchstwahrscheinlich einen Besuch für immer bedeutete, daß ich mich damit einverstanden erklären mußte, daß mir, da ich einmal den Westen verlassen hatte, die Rückkehr dorthin versperrt war, stellte sie mit Nachdruck fest, daß ich diese Entscheidung ohne ihr Zutun getroffen hätte. Diese erste Begegnung mit Wikta war für mich eine große Enttäuschung.

Später waren unsere Beziehungen mal besser, mal schlechter, jedoch nie wieder so herzlich wie im Jahre 1949, während meines ersten Aufenthalts in Polen.

Mein Haus in der Mazowiecka war neu errichtet worden und besaß kein eigentliches Tor, das heißt, ein solches war provisorisch aus ungehobelten Kiefernbrettern zurechtgezimmert und auf komplizierte Weise von innen verschlossen worden. Als ich um neun Uhr nach Hause kam, war das »Tor« bereits verschlossen. Ich klopfte, klingelte und rüttelte, aber niemand reagierte darauf. Daß man hinten herum über die Trümmer hineingelangen konnte, wußte ich nicht. An diesem ersten Tag meines Aufenthalts in Polen war ich in einer schwierigen Situation: Ich konnte nicht in die eigene Wohnung zurückkehren. Zum Glück hatte ich noch den kanadischen Paß bei mir; so versuchte ich, im Hotel »Bristol« unterzukommen. Dort fand sich für mich ein letztes kleines Zimmerchen.

III

Seit meiner Rückkehr nach Polen sind bereits dreizehn Jahre vergangen. Zeit also, Bilanz zu ziehen über Positives und Negatives. Beginnen wir mit dem Positiven.

Als ich im Mai 1950 nach Polen kam, war das Studienjahr noch in vollem Gange. Ich nahm also an den Abschlußseminaren der theoretischen Physiker teil. Diese Seminare machten auf mich einen düsteren Eindruck. Man las und referierte aus einem alten Buch über die Feldtheorie. Ein Student sprach über irgendein Thema, niemand fragte etwas, und er selbst verstand auch nur wenig von dem, worüber er sprach. Es herrschte eine Atmosphäre schläfriger Langeweile. Ich versuchte, diese Langeweile ein wenig durch Fragen zu unterbrechen.

Diese Seminare fanden alle vierzehn Tage statt, außerdem führte, ebenfalls alle vierzehn Tage, ein alter Professor, der sich mit der Philosophie der Physik beschäftigte, ein Seminar über Philosophie durch. Die kleine Schar, die an diesem Seminar teilnahm, bestand aus zwei Gruppen; aus jungen Leuten, die dem alten Professor hauptsächlich deshalb Sympathie entgegenbrachten, weil er für seine Religiosität bekannt war, und einer kleinen, fortschrittlichen Gruppe, die an dem Referenten weniger Gefallen fand. Doch allen gemeinsam im Saal war eine schreckliche Langeweile. Die Worte flossen monoton wie ein dahinsickerndes Wässerchen, und wir warteten zwei Stunden lang auf das Ende dieser philosophischen Predigt.

So sah meine erste Begegnung in Polen mit der Physik aus; es war eine traurige Begegnung, die von dem niedrigen Niveau dieses Zweiges der Wissenschaft zeugte.

Überhaupt dauerte ein Physikstudium damals nur drei Jahre. Unter diesen Bedingungen konnte keine Rede von speziellen wissenschaftlichen Vorlesungen sein, und das Seminar, das ich besucht hatte, besaß nicht den Charakter eines wissenschaftlichen Seminars. Von lebendiger wissenschaftlicher Arbeit konnte unter diesen Umständen natürlich auch keine Rede sein.

Man stellte mir ein kleines Zimmer zur Verfügung, in dem ich zunächst allein saß, später mit einer Sekretärin, und ein Vorzimmer, in dem meine beide Assistenten arbeiteten, die eigens wegen der Zusammenarbeit mit mir aus Krakau und Poznań nach Warschau gekommen waren. Auf diese bescheidene Weise wurde vor dreizehn Jahren das Institut für Theoretische Physik geboren, in dem heute mehr als ein halbes Hundert Personen beschäftigt ist.

Die erste Aufgabe, die mir das Ministerium übertrug, war die Organisierung eines Sommerkurses. Ich hatte auf diesem Gebiet schon eine gewisse Erfahrung von Kanada her.

In Erstaunen setzte mich die Großzügigkeit der Regierung, die ohne viele Diskussionen eine verhältnismäßig hohe Summe für diesen Kursus und für die Honorare der Vortragenden zur Verfügung stellte. Ich mußte die Kurse allein organisieren, da niemand diese Aufgabe übernehmen wollte. Sie fanden in dem meiner Meinung nach schönsten polnischen Gebirgsort, in Zakopane, statt. Alle Professoren der Physik aus dem ganzen Lande lernte ich in diesen Vorlesungen kennen.

Während sich also die Regierung außerordentlich großzügig zeigte, stieß ich bei den Leuten, die den Kursus organisieren sollten, auf unglaubliche Nachlässigkeit und mangelndes Pflichtbewußtsein. Zu allen Versammlungen, zu allen Konferenzen erschienen die Mitarbeiter des Ministeriums mit Verspätung. Ein Ministerium für Wissenschaft und Hochschulwesen gab es damals noch nicht, nur ein Volksbildungsministerium mit einem Departement für Hochschulwesen.

Als ich mit meiner Familie in Zakopane ankam und das Gebäude aufsuchte, in dem die Veranstaltung stattfinden sollte, erfuhr ich, daß die Leiterin des Hauses zwar Gelder vom Ministerium erhalten hatte, aber eigentlich nicht wußte, wofür sie bestimmt waren, wer die Küche leiten würde, woher sie Wandtafeln nehmen sollte. Ich mußte also selbst eine Köchin engagieren, mußte mich selbst in der nächsten Schule um Tafeln kümmern und sie mit dem Wagen (der inzwischen eingetroffen war) zu dem Gebäude bringen, in dem unser Kursus stattfinden sollte. Überhaupt mußte ich alles selbst für die Eröffnung vorbereiten. Doch der Kursus war ein Erfolg, ich machte mich mit den Möglichkeiten der Physik in Polen vertraut, ich lernte vielversprechende junge Leute kennen.

Bald danach begann das neue Studienjahr. Plötzlich und unerwartet gewann ich große Popularität. Die Zeitungen und Rundfunkstationen in Polen und im Ausland posaunten aus, daß ich dem Westen den Rücken gekehrt und nach Polen zurückgekehrt war. Dank dieser Popularität konnte ich etwas für den Ausbau meines Instituts tun. Anfangs war es, wie ich bereits erwähnte, sehr klein und in einem Zimmer untergebracht, in dem ich zusammen mit der Sekretärin amtierte. Selbst die Einstellung einer Sekretärin war schwierig gewesen und erfolgte nur, weil ich meinen Einfluß geltend machen konnte, denn die Arbeiten einer Sekretärin hatten bislang die Assistenten erledigt. Nebenbei bemerkt, arbeitet die Sekretärin noch heute, im Jahre 1963, treu und mit Hingabe an unserem Institut.

Ich wußte natürlich, daß das Institut wachsen würde, also mußte vor allem eine Unterbringungsmöglichkeit gefunden werden. Auf dem amerikanischen Kontinent habe ich oft gesagt, die Rektoren kümmerten sich nur um die Gebäude und nicht um das wissenschaftliche Niveau. Ein bescheidenes Gebäude genügt, wenn sich nur die richtigen Menschen darin befinden. Das ist wahr, aber es gibt da eine Grenze, bei der solche Fragen wie Zimmer, Tafeln, Hörsäle erstrangige Bedeutung gewinnen. Nach langen Diskussionen gelangten wir mit Professor Pieńkowski zu der Überzeugung, daß das Institut für Experimentalphysik in der Hożastraße 69 ausgebaut und ein neuer Seitenflügel errichtet werden mußte: eine Hälfte für die Experimentalphysik, die andere für die theoretische Physik. Ich glaubte, daß etwa 450 Quadratmeter für ein Institut für theoretische Physik in den nächsten fünfzehn Jahren völlig genügen würden.

Wir begaben uns zum damaligen Stellvertretenden Minister Golański, der nach einer Unterhaltung von fünf Minuten seine Zustimmung erteilte, Geld zusicherte und vorschlug, im April 1951 mit dem Bau zu beginnen, damit er zum Oktober desselben Jahres fertig werde.

Also fingen wir an. Wir hatten unbeschreibliche Schwierigkeiten zu überwinden. Wenn ich von unserem Unternehmen ausgehe, vor dem sich kaum zu bewältigende Schwierigkeiten auftürmten, so kann ich heute noch nicht begreifen, wie es kommt, daß so viele Häuser in

Warschau so schnell gebaut werden. Irgendeine Kommission entschied, daß wir nicht bauen dürften, bevor nicht alle tragenden Wände des Gebäudes verändert würden; das Ministerium für Verkehrswesen, unser Nachbar, hatte gegen unser Bauvorhaben protestiert. Immer wieder mußten die Pläne geändert werden, da sie ständig gegen irgendwelche Vorschriften verstießen. Als wir endlich alle diese Schwierigkeiten durch Tausende von Telefongesprächen und Besuchen bei Ministern und anderen höheren Beamten überwunden hatten, stellte es sich heraus, daß sich kein Mensch an den Zeitplan hielt und wir im Rückstand waren. Alle diese Sorgen brachten mich geradewegs ins Krankenhaus, wo ich vier Wochen zubrachte. Daß der Termin 1. Oktober illusorisch war, wußte ich bereits, ich erklärte jedoch, daß ich vom 1. Januar an im neuen Hörsaal meine Vorlesungen halten würde. Einer der Professoren von der Experimentalphysik wettete mit mir um ein Kilo Kaffee, daß ich bis Januar nicht in das neue Gebäude einziehen würde. Mir lag sehr daran, diese Wette zu gewinnen (nicht des Kaffees wegen natürlich!), deshalb ordnete ich an, sich auf die Arbeit am Hörsaal zu konzentrieren. Gleichzeitig bestellten wir die Einrichtung: hundertzwanzig Hörsaalstühle und eine Tafel. Die Tafel wurde rechtzeitig geliefert, doch mit den Stühlen erlebten wir im letzten Augenblick eine »Pleite«. Ein Abgesandter der Möbelfabrik in Bydgoszcz, bei der wir diese Stühle bestellt hatten, sagte mir jedoch, daß das Ministerium für Nationale Verteidigung hundertzwanzig Stühle bestellt habe, die bereits fertig seien und die das Ministerium erst im Februar brauche. Wenn das Ministerium diese Stühle freigäbe, dann würde das Werk die gleichen Stühle zu einem etwas späteren Zeitpunkt liefern. Ich rief im Verteidigungsministerium an und trug mein Anliegen vor. Man antwortete mir, das sei eine Angelegenheit der Intendantur, Oberst sowieso. Also rief ich bei dem Oberst an. Der war nicht im Hause, doch ein Major vertrat ihn. Ich sagte ihm, das Ministerium für Nationale Verteidigung könne ohne Schaden für sich selbst etwas für die polnische Wissenschaft tun. Nachdem der Major mich angehört hatte, sagte er, er habe alles notiert, er müsse sich mit seiner vorgesetzten Dienststelle in Verbindung setzen und wolle mir spätestens am nächsten Tag eine Antwort geben. Eine Stunde später klingelte das Telefon. Die Stühle standen zu unserer Verfügung; man habe bereits mit dem Werk in Bydgoszcz telefoniert, damit man sie uns zuschicke. Die ganze Transaktion ging ohne Papierkram vonstatten, ohne eine Spur von Bürokratie. Vierzehn Tage lang zog ich den Hut, wenn ich am Ministerium für Nationale Verteidigung vorbeikam. Eigentlich hätte ich diesem Major (an dessen Namen ich mich nicht mehr erinnere) wenigstens die Hälfte von dem Kaffee schicken sollen, den ich dank seiner Hilfe gewonnen hatte.

Es gab auch Schwierigkeiten anderer Art. So mußten zum Beispiel die Türen laut Vorschrift aus Kiefernholz gefertigt werden. Wollte man eichene Türen, so brauchte man hierfür die Genehmigung des Ministers. Die Häuser durften nicht in demselben Jahr verputzt werden, in dem sie erbaut wurden – wieder war eine Sondergenehmigung des Ministers erforderlich.

Im Frühjahr 1952 zogen wir in den neuen Seitenflügel um, wo wir vierzehn Zimmer zur Verfügung hatten, eine schöne, für das ganze Institut gemeinsame Bibliothek, einen Hörsaal und einen Seminarraum.

Interessant ist es, das Ergebnis meiner zwölfjährigen Arbeit in Kanada mit den Ergebnissen zu vergleichen, die ich während der gleichen Zeit in Polen erzielte. In Kanada waren wir während der ganzen zwölf Jahre in ein und demselben kleinen, schmutzigen, zweistöckigen Gebäude untergebracht. Wenn ich bat, es wenigstens malern und in Ordnung bringen zu lassen, erhielt ich immer die gleiche Antwort: »Das lohnt nicht, dieses Haus ist abrißreif.«

Hier, in Warschau, hatten wir nach meiner Ankunft einen Seitenflügel errichtet, der, wie ich annahm, für fünfzehn Jahre ausreichen würde. Es stellte sich jedoch heraus, daß es in einem sozialistischen Land viel schneller vorwärts ging, als ich nach meiner Ankunft in Polen geglaubt hatte.

Schon nach drei Jahren wurde es uns in diesem Seitenflügel zu eng. Inzwischen ist ein neues Gebäude errichtet worden (diesmal, ohne daß ich intervenieren mußte), das im Jahre 1962 seiner Bestimmung übergeben wurde.

Eine Unterkunft ist jedoch nur die äußere Seite der Entwicklung der Physik. Vergleichen wir den Inhalt. In Toronto waren wir fünf Professoren für theoretische Physik. Nach und nach verließen sie alle unser Institut für Angewandte Mathematik. Im Jahre 1950 waren nur noch ein Kollege und ich dort, und im Mai desselben Jahres gingen wir beide gleichzeitig vom Institut. Ich hatte in Toronto viele Doktoren. Keiner von ihnen wurde für längere Zeit an unserer Universität beschäftigt. Es war mir trotz aller Bemühungen niemals gelungen, ein stärkeres wissenschaftliches Zentrum in Toronto zu schaffen.

Und in Warschau? Als ich hier herkam, war ich der jüngste von drei Professoren. Einer der älteren Kollegen starb, der andere befindet sich im Ruhestand. Nun bin ich der älteste Professor. Der nächstfolgende ist fünfundzwanzig Jahre jünger als ich. Insgesamt gibt es jetzt an unserem Universitätsinstitut sechs Professoren, zwei Dozenten, die demnächst einen Lehrstuhl erhalten werden, vier weitere Dozenten, viele Doktoren und zwei treue Sekretärinnen. Wir beschäftigen uns mit den verschiedensten theoretischen Problemen, unsere Professoren, Dozenten und Doktoren werden ständig ins Ausland eingeladen, und wir unterhalten gute Verbindung sowohl zum Osten als auch zum Westen.

Gegen Ende meines Lebens habe ich erreicht, wonach ich mein ganzes Leben strebte. An einem guten Institut für theoretische Physik zu arbeiten! Und ein solches Institut gibt es in Polen!

Es bedurfte nicht allzu großer Mühe, dieses Ziel in Polen zu erreichen.

Um ein derartiges Institut aufzubauen, sind drei Bedingungen erforderlich:

Die Hilfe der Regierung bei der Schaffung von Planstellen, die Hilfe der Regierung (vor allem im Anfangsstadium) bei der Delegierung junger Doktoren ins Ausland.

Den Jungen keine Hindernisse in den Weg legen. Im Gegenteil, ihnen helfen, damit sie gute Bedingungen für die wissenschaftliche Arbeit vorfinden.

Junge Leute suchen, die begabter sind als man selber, und sie rasch promovieren lassen.

Das genügt. Dann kann man auch, wenn man bereits über die Fünfzig ist und die eigene wissenschaftliche Phantasie erlahmt, ein gutes Institut schaffen.

IV

Nun einige Worte über die Kehrseite der Medaille; über die Unannehmlichkeiten, die ich während dieser Zeit erlebte und die hauptsächlich, wenn nicht ausschließlich mit der Stalin-Ära zusammenhingen.

Als ich in Polen ankam, waren gerade die Vorbereitungen zu einem sogenannten Kongreß der Polnischen Wissenschaft im Gange. Ich weiß nicht, in wessen Kopf die Idee entstanden war, einen solchen Kongreß einzuberufen. Leider spielte auch ich in dieser traurigen

Komödie eine gewisse Rolle als stellvertretender Vorsitzender des Komitees für Physik und Mathematik. Die vorbereitenden Beratungen wurden in den Komitees für Physik und für Mathematik getrennt abgehalten. Im Komitee für Physik saßen zwei Leute, beide dogmatische Marxisten, beide mittelmäßige Wissenschaftler, beide sehr taktlos, sie übten auf die anderen Druck aus, behaupteten, daß es vor dem Kriege in Polen kaum eine Wissenschaft der Physik gegeben habe, daß sie sich erst jetzt, im Sozialismus zu entwickeln beginne, daß das Wichtigste das Studium des Marxismus-Leninismus sei und ähnliches. Mit ihrem Auftreten demütigten sie ihre Kollegen.

Ich war peinlich berührt und trat eindeutig gegen ihre Tiraden auf. Sofort gingen auch die anderen aus sich heraus.

Später beklagte sich einer dieser beiden Redner über mich, daß dies ein abgekartetes Spiel gewesen sei, daß ich das verabredete Zeichen gegeben hätte und die anderen Professoren meinem Beispiel gefolgt seien; denn ich als bekannter und angesehener Wissenschaftler mit fortschrittlichen Ansichten hätte mit meinem Auftreten angeblich die konservativer eingestellten Kollegen gedeckt.

Nach endlosen Diskussionen und mehrmaligem Vertagen fand die allgemeine Versammlung statt – der Große Kongreß der Wissenschaft, an dem etwa zweitausend Professoren teilnahmen. Ich langweilte mich schrecklich. Ein Tag war der allgemeinen Diskussion gewidmet, die nach einem einzigen Beitrag einschlief.

Auf diesem wissenschaftlichen Kongreß wurde die Gründung der Akademie der Wissenschaften angekündigt, die bald darauf auch wirklich ins Leben gerufen wurde.

Die andere Unannehmlichkeit, die mir begegnete, war mit dem Namen Einstein verbunden.

Als ich nach Polen kam, bat man mich, ein Buch zu schreiben. Ich schlug vor, mein Buch über Einstein, das in englischer Sprache geschrieben war, zu übersetzen. Wie erstaunt war ich jedoch, als der Verlag das Buch zurückschickte. Erst später erfuhr ich, daß nach dem Beispiel der Sowjetunion Einstein auch in Polen als Idealist angesehen wurde. Weshalb wohl? Angeblich behaupteten wir in unserem Buch »*Die Evolution der Physik*«, daß alle Begriffe eine freie Schöpfung des menschlichen Geistes seien. Was bedeutet das wirklich? Das bedeutet, daß sich unser Weltbild im Laufe der Zeit verändert, daß vor fünfzig Jahren in unserer Vorstellung noch keine Protonen, Mesonen oder Neutronen existierten, daß unsere Vorstellung von der materiellen, objektiven Welt der Physik zu verschiedenen Zeiten verschieden ist. Sie hängt ab von der Zeit, in der wir die Geschichte der Physik untersuchen. Sie sah im neunzehnten Jahrhundert anders aus als im zwanzigsten, und sie ändert sich unaufhörlich. Sie war völlig anders, bevor die Relativitätstheorie gefunden wurde, sie war anders, bevor die Quantentheorie entstand, und sie war wieder anders nach der Formulierung dieser Theorien.

Damit im Zusammenhang stand der zweite Vorwurf. Er beruhte darauf, daß Einstein angeblich geschrieben habe, vom Standpunkt der Relativitätstheorie sei es völlig gleich, ob sich die Erde um die Sonne oder die Sonne um die Erde bewege. Das bedeute, daß Kopernikus unrecht gehabt habe, daß es keinen Unterschied gebe zwischen der Theorie des Ptolemäus und der des Kopernikus, daß also Einstein gegen Kopernikus auftrete.

In Polen war das ein besonders harter Vorwurf, denn bei uns existiert seit langem ein Kopernikuskult. Kopernikus ist nicht nur der größte Gelehrte aller Zeiten, er war auch ein großer Mensch. Glorifizierung, Beweihräucherung – das sind alte polnische Fehler. Natürlich entbehren diese Argumente jeglicher Grundlage, da die Theorie des Kopernikus auch heute richtig ist, allerdings nur in einem bestimmten Bereich. Die alten Theorien stimmen, wenn wir uns auf die Tatsachen beschränken, die diese Theorien erklären. Doch jede Theorie überlebt sich und macht einer neuen Platz, die einen Tatsachenbereich erklärt, den die alte Theorie nicht deuten konnte. Ähnlich war es mit der Gravitationstheorie. Kopernikus hatte recht: Die Ansicht, daß sich die Erde um die Sonne bewege, erklärt tatsächlich viele Erscheinungen besser als die Ansicht, die Sonne bewege sich um die Erde. Doch diese Vereinfachung erhält man, wenn man der Theorie des Kopernikus die große Entdeckung Keplers hinzufügt, die die Theorie des Kopernikus erst ins richtige Licht setzt.

Einsteins Theorie verändert nicht die Ansicht des Kopernikus über die Bewegung der Erde um die Sonne, sie formuliert diese Ansicht nur anders.

Einsteins Theorie war vor allem deshalb notwendig, weil neuentdeckte Fakten nicht mehr mit den Theorien eines Kopernikus und Kepler oder Newton übereinstimmten, während Einsteins Theorie sie erklärt. Einsteins Theorie enthält eine Neuformulierung der Ansicht des Kopernikus über die Bewegung der Erde. Sie lautet: Es ist ein solches Bezugssystem zu wählen, daß es in der Unendlichkeit euklidisch sei. Das ist die Formulierung der kopernikanischen Lehre in der Sprache Einsteins. Einsteins Theorie stellt also nur eine Neuformulierung der Lehre des Kopernikus dar, und das nach vierhundert Jahren, da alle früheren physikalischen Theorien nur noch historische Bedeutung besitzen. Es ist also geradezu ein Fehler zu behaupten, daß die Lehre des Kopernikus mit der Theorie Einsteins nicht übereinstimme.

An diesem Beispiel sehen wir auch, wie falsch der erste Vorwurf war, unsere Begriffe und Vorstellungen seien angeblich nicht freie Schöpfungen des menschlichen Geistes. Hat doch Einstein die Ansicht über die Wahl eines auf die Sonne bezogenen Koordinatensystems, eine kopernikanische Ansicht also, in völlig anderer Form abgefaßt als Kopernikus. Die Grundlosigkeit dieser Vorwürfe hängt mit der wissenschaftlichen Isolierung während der Stalinzeit zusammen. Es gab zwischen Ost und West nicht den intellektuellen Austausch, der so notwendig ist für eine schnelle und folgerichtige Entwicklung der Wissenschaft. Denn die Wissenschaft ist international. Ich habe nie das wissenschaftliche Niveau in der Sowjetunion in Frage gestellt, bin jedoch der Meinung, daß die Isolierung bei manchen sowjetischen Wissenschaftlern eine Verschiebung der Proportionen in der Einschätzung bestimmter Erscheinungen bewirkte. So schrieb man viele wissenschaftliche Entdeckungen, deren Schöpfer in der ganzen Welt bekannt sind, sowjetischen Gelehrten zu.

In der Sowjetunion veröffentlichte man zum Beispiel in jenen Jahren einen Artikel über die Relativitätstheorie, in dem behauptet wurde, daß Einstein eigentlich ein Plagiat begangen habe, er habe nämlich die Theorie Lobatschewskis kopiert; mit anderen Worten: Was an Einsteins Theorie richtig sei, habe bereits Lobatschewski behauptet. (Leider übersetzte man diese Offenbarungen ins Polnische und veröffentlichte sie in Broschüren über die Relativitätstheorie.) Es ist durchaus möglich, daß gleichzeitig mit Stephenson – oder auch schon früher – in Rußland jemand an der Entwicklung der Dampfmaschine gearbeitet hat. Entscheidend ist jedoch, daß der Westen auf diese Erfindung vorbereitet war und die Zivilisation einen Stand erreicht hatte, der die Erfindung der Dampfmaschine erforderlich machte. So kann man natürlich mit einer gewissen Berechtigung mit der jeweiligen Erfindung statt der westlichen Namen russische Namen verbinden, doch in der Geschichte der Wissenschaft hat es sich nicht ohne Grund eingebürgert, sie hauptsächlich mit den Namen westlicher Wissenschaftler zu verknüpfen.

Bis zum Jahre 1953 genoß ich in allen meinen Vorlesungen und Äußerungen völlige Freiheit. Doch in dem genannten Jahr wurde meine Situation ein wenig schwieriger. Vielleicht deshalb, weil ich die tief eingewurzelte Gewohnheit besitze, selbständig zu urteilen, und die Tatsache allein, daß eine bestimmte Theorie ihren Ursprung in der Sowjetunion hatte, für mich noch kein ausreichender Wahrheitsbeweis war. Weder Olga Lepeschinskaja noch Lyssenko waren für mich Autoritäten.

Meine veränderte Situation auf offiziellem Terrain war unter anderem auf meine Diskussion mit Professor Fock zurückzuführen.

Fock ist ein hervorragender theoretischer Physiker, ein Physiker höchster Klasse, der mit einer Änderung von Einsteins Theorie hervortrat, jedoch ihr mathematisches Skelett bewahrte und glaubte, er habe diese Theorie wesentlich verbessert. Alle bekannten Physiker in der Sowjetunion (das stellte sich später heraus) waren gegen einen solchen Versuch. Doch bei uns war man der Meinung, daß Fock als sowjetischer Physiker immer recht haben müsse.

Ich lernte Fock im Sommer 1952 kennen. Die Kontakte zwischen den Wissenschaftlern Polens und der Sowjetunion waren damals sehr bescheiden. Ins westliche Ausland konnte man reisen; privilegierte Personen fuhren sogar sehr häufig. Ich war einer der Privilegierten. Ich war in der Schweiz, in Schweden, in Norwegen, in England, in Italien, fuhr damals jedoch nie nach dem Osten, obwohl ich zu verstehen gab, daß ich gern die Sowjetunion besucht hätte. Bis dahin traf ich überhaupt mit keinem sowjetischen Physiker zusammen.

Nachdem im Jahre 1950 die Konferenz von Zakopane so gut gelungen war, wurde nun jedes Jahr eine Konferenz der polnischen Physiker abgehalten. Diese Zusammenkünfte, die ich organisierte, waren unter den polnischen Physikern als »Infeldiaden« bekannt. Im Sommer 1952 fand eine solche »Infeldiade« in Spała statt, in den dreißiger Jahren die Sommerresidenz des Staatspräsidenten. Das Ministerium für Wissenschaft und Hochschulwesen lud auch sowjetische Wissenschaftler dazu ein, ohne jedoch bei der Einladung bestimmte Namen zu nennen. Die Sowjetunion schickte eine Delegation von drei Physikern, unter denen die Hauptperson Fock war. Auf diese Weise lernte ich ihn und die beiden anderen sowjetischen Wissenschaftler kennen.

Natürlich war die Konferenz im Jahre 1952 aus diesem Anlaß besonders feierlich, und zur Eröffnung erschienen zum ersten Mal der

Vizeminister für Hochschulwesen sowie ein Mitglied des Zentralkomitees. Selbstverständlich waren auch polnische marxistische Philosophen eingeladen.

Als Vorsitzender des Organisationskomitees eröffnete ich die Konferenz und begrüßte die sowjetischen Delegierten; ich sprach objektiv über die wissenschaftlichen Erfolge von Professor Fock die wirklich bedeutend waren. Fock antwortete mit einer kurzen, liebenswürdigen Ansprache, die mit dem Ausruf schloß: »Es lebe Bierut, der erste Bürger des polnischen Staates!« Mir blieb nichts übrig, als ihm zu danken und zum erstenmal im Leben zu sagen: »Es lebe Stalin, der erste Bürger des Sowjetstaates!« Hinterher machte mir ein hoher Beamter, der zugegen war, Vorwürfe, daß ich nicht gesagt hatte: »Es lebe Stalin, der Führer der fortschrittlichen Menschheit!«

Wer war Fock? Ein dunkelhaariger, recht fülliger Mann, nicht ganz sechzig, liebenswürdig, äußerlich ein wenig Einstein ähnlich. Er hatte angenehme Umgangsformen und ein fröhliches Lachen; allerdings hörte er schwer und besaß ein Hörgerät, das er – wie böse Zungen behaupteten – abstellte, wenn ihm die Argumente des Gegners nicht gefielen. Er war recht dogmatisch, sehr von seinen Ansichten überzeugt. Ich kann sagen, daß ich mich damals mit Fock anfreundete. Unser Verhältnis war mehr als korrekt, ich diskutierte mit ihm, versuchte ihn zu überzeugen, daß er unrecht habe, aber natürlich ohne jeden Erfolg. Offiziell konnte ich nur sehr schwach auf seine Einwände gegen Einsteins Auffassung von den Bewegungsgleichungen reagieren, die er übrigens in sehr anständiger Form vorbrachte. Ich muß hinzufügen, daß Fock das Bewegungsproblem recht primitiv gelöst hatte, ohne die grundlegenden Arbeiten von Einstein, Hoffmann und mir zu kennen. Allerdings hatte er sie ein Jahr später gelöst als wir und nur für die Newtonsche Bewegung, was unvergleichlich einfacher war als die Lösung, die wir gegeben hatten und zu der Fock gemeinsam mit einer Schülerin erst acht Jahre nach uns gelangte.

Dieses Zusammentreffen fand also 1952 statt. Und 1953 entstand jene unangenehme Atmosphäre um mich herum, von der ich bereits sprach.

Das sah etwa so aus: Auf Anordnung von Präsident Bierut wurde im April 1952 die polnische Akademie der Wissenschaften gegründet. Vor der Gründung bat mich Bierut in seinen Amtssitz, in das Schloß Belvédère. Zum ersten Mal – rechnet man nicht die vorherigen kurzen Begegnungen – unterhielt ich mich über eine Stunde lang mit dem Staatspräsidenten. Er machte auf mich einen positiven Eindruck, den Eindruck eines Menschen, der sich in den Problemen der Wissenschaft auskennt und ihnen die erforderliche Achtung entgegenbringt. Er erzählte mir, daß er während seiner Gefängnishaft mein Buch »Neue Wege der Wissenschaft« gelesen habe und äußerte sich sehr schmeichelhaft darüber.

Als später die Akademie gegründet wurde, nahm man im allgemeinen nur Personen auf, die es wirklich verdienten. Allerdings gab es daneben auch solche, deren wissenschaftliche Verdienste unbekannt waren, und solche (obwohl deren Zahl sehr gering war), die aus anderweitigen Gründen Zutritt fanden.

Präsident Bierut fragte mich, wer meiner Meinung nach in der Sektion Physik und Mathematik Mitglied der Akademie werden sollte. Dann teilte er mir mit, daß zum Präsidenten der Akademie Professor Dembowski und zum Generalsekretär Professor Mazur berufen würden.

Professor Dembowski war vor dem Krieg Professor in Wilna gewesen, und ich weiß, daß er ein fortschrittlicher Mensch war; er hatte ein schönes populärwissenschaftliches Buch geschrieben. Über seine wissenschaftliche Arbeit war mir wenig bekannt. Doch als ich ihn persönlich kennenlernte, machte er auf mich einen traurigen Eindruck.

Auf der ersten Tagung des Präsidiums der Akademie hielt Dembowski eine Ansprache, in der er forderte, daß die polnischen Wissenschaftler den sowjetischen Wissenschaftlern nacheifern sollten, wobei er Lyssenko und Olga Lepeschinskaja nannte, Smoluchowski und Marie Skłodowska-Curie jedoch mit keinem Wort erwähnte.

Er war Akademiepräsident und später Marschall des Sejm, hatte also gleichzeitig zwei exponierte Positionen inne: eine wissenschaftliche und eine politische.

Professor Mazur, den bekannten Mathematiker, hielt ich immer für einen charakterstarken und rechtschaffenen Menschen.

In der Akademie hatte man also die Idee, im Jahre 1953 eine feierliche Veranstaltung zu Ehren von Kopernikus durchzuführen. Im Jahre 1953 deshalb, weil während des Krieges, im Jahre 1943, dem eigentlichen 400. Todestag von Kopernikus und dem gleichzeitigen Erscheinungsjahr seines Werkes »De revolutionibus ...« natürlich keine Feiern veranstaltet werden konnten. So ließ man sie also zehn Jahre später stattfinden. Man lud eine Reihe von Wissenschaftlern ein, darunter auch Fock.

Ich hatte zwanzig Jahre hindurch am Zweikörperproblem, einem kopernikanischen Problem also, gearbeitet, davon zehn Jahre gemeinsam mit Einstein. Doch nicht mich bat man, die Festrede zu halten, sondern einen jungen Wissenschaftler aus Wrocław. Ich betrachtete das als Affront. Auch Professor Banachiewicz, der bedeutende polnische Astronom, nahm nicht offiziell an diesen Feierlichkeiten teil.

Ein anderes Beispiel, wie man mich überging: Professor Mazur sagte mir, die Sowjetunion wolle Polen bestimmte, Kopernikus betreffende Dokumente übergeben; dabei fragte er mich, ob auch ich der Delegation angehören möchte, die sie in Empfang nehmen sollte. Da ich nie in der Sowjetunion gewesen war, ging ich sehr gern auf dieses Angebot ein. Doch ich gehörte der Delegation nicht an.

Übers Wochenende fuhr ich gewöhnlich nach Nieborów, wo sich in einem Barockpalast aus dem 17. Jahrhundert ein Arbeits- und Erholungsheim für Wissenschaftler und Künstler befindet. Sehr häufig weilte dort auch Modzelewski, der frühere Außenminister, ein damals schon kranker Mann. Er war ebenfalls Mitglied der Akademie. Während einer Unterhaltung sagte er zu mir, Einstein sei ein Idealist, und man erkenne ihn nur im Westen an.

Ich entgegnete (und zwar im größeren Kreis, an der großen Tafel von Nieborów):

»Sie reden da von Dingen, von denen Sie keine Ahnung haben.«

Modzelewski bekam einen roten Kopf. Er sagte kein Wort. Ich muß zugeben, daß trotz dieses Zwischenfalls das Verhältnis zwischen uns weiterhin gut war und sich später sogar ständig verbesserte. Modzelewski versuchte nie, mir meine recht heftige Replik heimzuzahlen.

In den »Philosophischen Betrachtungen« erschien eine aus dem Russischen übersetzte Arbeit Focks, die seine eigene Interpretation der Relativitätstheorie war. Aus dieser Arbeit ging hervor, daß eigentlich Fock die Bewegungsgesetze in der Relativitätstheorie entdeckt hatte, während wir, die wir sie ein Jahr früher als er veröffentlicht hatten, ein Plagiat begangen hätten. Eigentlich nicht ein Jahr, sondern schon neun Jahre vorher wäre von uns ein doppeltes Plagiat begangen worden. Das war mir dann doch zuviel. Ich schrieb einen kurzen Artikel in Briefform mit einer Berichtigung an die »Philosophischen Betrachtungen«. Angeblich diskutierte man eine ganze Nacht lang in der Redaktion darüber, ob man die Berichtigung anbringen sollte oder nicht, doch schließlich rang man sich dazu durch und druckte sie ab. Etwas später schrieb ich zu Einsteins Verteidigung einen Artikel, der nach einiger Diskussion ebenfalls in den »*Philosophischen Betrachtungen*« abgedruckt wurde.

Etwa um diese Zeit starb Stalin. Zunächst spürten wir keine Veränderung. Doch in der Sowjetunion soll man den Unterschied sofort gemerkt haben. Es hieß nicht mehr, Stalin sei genial, aber noch, er sei groß. Erst später kamen die Nachrichten über Berija über die Absetzung Malenkows, und schließlich kam der XX. Parteitag und unser Oktober 1956.

V

Im Verhältnis zu meinen Erfolgen waren meine Mißerfolge wirklich unbedeutend. Stellte ich doch in dieser Zeit ein wissenschaftliches Institut auf die Beine. Niemals fehlte es im Ministerium an Geld für neue Planstellen. Das Ministerium erfüllte alle Wünsche, die das Institut betrafen, das sich nach vielen Richtungen hin entwickelte, nicht nur auf dem Gebiete der Relativitätstheorie. Ich bin nämlich der Meinung, daß für unser Land andere Zweige erforderlich sind, zum Beispiel die Theorie der Festkörperphysik und die Kernphysik.

Zum Thema Kernphysik hatte ich mit Professor Mazur eine interessante Unterhaltung, in der ich darauf hinwies, daß die Kernphysik eines der wichtigsten Gebiete der Physik sei und in Zukunft eine immer größere Rolle spielen werde, daß man demzufolge also diesen Wissenszweig in Polen unbedingt entwickeln müsse. Darauf erwiderte er mir: »Das geht leider nicht.« Das war etwa um das Jahr 1951 herum. Aber wir entwickelten trotzdem die theoretische Kernphysik zusammen mit der Feldtheorie, und heute gibt es an unserem Institut, an dem auf den verschiedensten Gebieten der theoretischen Physik gearbeitet wird, unter anderem gute junge Wissenschaftler, die sich mit der Kerntheorie beschäftigen. So kann ich mich also über mein Schicksal nicht beklagen.

Es taucht jedoch eine andere Frage auf: Wie erging es anderen Professoren, die einem bedeutend stärkeren Druck ausgesetzt waren? Soviel mir bekannt ist, ist während meines Aufenthaltes in Polen keinem Professor auch nur ein Haar gekrümmt worden. Und doch war der politische Druck ziemlich stark und zwang eine Reihe von Personen zur sogenannten »Selbstkritik«, das heißt zu dem öffentlichen Bekenntnis: »Das habe ich falsch gesehen, aber jetzt erkenne ich die Wahrheit.« Manchmal ebnete einem eine solche Selbstkritik den Weg zur Karriere.

Ich war nur einmal während eines solchen Aktes zugegen, aber ich kann mich noch heute eines peinlichen Gefühls nicht erwehren, wenn ich an jene Versammlung zurückdenke.

In Krakau fand im Jahre 1950 ein Physikerkongreß statt, der erste Kongreß, dem ich nicht beiwohnen wollte. Doch man bedrängte mich, daß ich unbedingt daran teilnehmen müßte. So fuhr ich also für zwei Tage in meine Heimatstadt. Ich hielt ein Referat über meine Arbeit an den Bewegungsgleichungen in der neuen einheitlichen Feldtheorie Einsteins und wurde Zeuge einer zweistündigen ideologischen Sitzung, in der einer der Physiker, ein guter Physiker, unter politischem Druck »Selbstkritik« übte. Die Selbstkritik wurde wohlwollend aufgenommen, und seitdem ließ man ihn in Ruhe.

Das war die verbreitetste, jedoch nicht die einzige Art von politischem Druck. Es gab noch eine andere Art. Ich meine den Druck, den die Studenten ausübten, die im Jugendverband organisiert waren. Ihre Vertreter hatten ein gewichtiges Wort mitzureden, sei es bei der Zulassung zum Studium, bei der Verleihung von Preisen, der Bewilligung von Stipendien, der Auszeichnung von Professoren und bei der Einschätzung der Arbeit der Professoren. Mich berührte ihre Einmischung nur in einem einzigen Fall. Am Institut für Experimentalphysik gab es einen jungen Studenten, der heimlich »der kleine Stalinek« genannt wurde. Jener »kleine Stalinek« besaß bedeutenden Einfluß. Einmal kam er mit Vorwürfen zu mir, die die Prüfungen an meinem Institut betrafen und die völlig ungerechtfertigt waren. Unsere Unterhaltung endete damit, daß ich ihm empfahl, die Tür von außen zu schließen.

Während ich mich im Ausland aufhielt, bewarb sich eine meiner Studentinnen um eine Aspirantenstelle. Sie war sehr begabt und besaß alle Voraussetzungen, eine gute Wissenschaftlerin zu werden; deshalb hatte ich ihren Antrag unterstützt. Als ich aus dem Ausland zurückkehrte, sagte man mir, daß ihr Antrag abgelehnt worden sei. Ich rief das Ministerium an und fragte nach der Begründung. Man sagte mir, jener »kleine Stalinek« habe die Bewerberin negativ eingeschätzt, weil sie oft zur Kirche gehe. Ich erwiderte, daß ich mein Amt niederlegen würde, wenn man ihre Bewerbung nicht innerhalb von vierundzwanzig Stunden annehme. Am nächsten Tag erhielt sie die Stelle als Aspirantin. Ich muß zugeben, daß dies wohl meine einzige Meinungsverschiedenheit mit dem Ministerium war, bei der das Ministerium übrigens sofort nachgab.

Theorien, deren Vertreter nicht in der sowjetischen Wissenschaft zu finden waren, sondern ausschließlich von westlichen Wissenschaftlern verkündet wurden, erklärte man einfach für idealistisch. So war es mit Wieners Kybernetik, so war es mit Einstein und Pauling. Ich kenne nicht Paulings Theorie, aber ich habe soviel Vertrauen zu ihm als Gelehrten und Menschen, daß ich meine, man kann seine Theorie nicht mit dem Wort »idealistisch« abtun.

Und doch fand in Polen noch vor meiner Rückkehr ein Chemikerkongreß statt, auf dem ein Physiker ein Referat über Paulings Theorie hielt, die anschließend alle anwesenden Chemiker durch Abstimmung für unwissenschaftlich und idealistisch erklärten.

Besonders seltsam mutet diese Haltung gegenüber Pauling an, denn er war ein fortschrittlicher Mensch, den die amerikanischen Konservativen haßten und der in liberalen Kreisen große Achtung genoß, ein Mensch, der sein Leben dem Kampf für den Frieden gewidmet hat.

Professor Joffe war der Nestor der sowjetischen Physiker. Er hat eine ganze Generation von Experimentalphysikern ausgebildet und sich unschätzbare Verdienste für die Sowjetunion erworben. Trotzdem warf man Joffe vor, daß seine Auslegung der Gleichung $E = mc^2$, die längst Allgemeingut war, unvereinbar mit der Stalinschen Dialektik sei.

Auch den großen theoretischen Physiker Landau, der gemeinsam mit Lifschitz die modernsten Lehrbücher schrieb, verschonte man nicht mit den verschiedensten Vorwürfen. Sein Buch über die Mechanik wurde kritisiert, und auch er selbst wurde angegriffen.

Noch schlechter als den Physikern erging es den Philosophen. Andere philosophische Richtungen als der Marxismus durften nicht studiert werden. Die marxistische Philosophie hingegen mußten alle studieren, nicht nur die Studenten, sondern auch die Angestellten; nur die älteren Professoren waren von den ideologischen Schulungen befreit. Scharen marxistischer Wissenschaftler wurden ausgebildet, und ihre Vorlesungen standen häufig auf sehr niedrigem Niveau. Ich halte mich selber für einen Marxisten, aber ich bin der Meinung, daß sich der Marxismus nicht in dogmatische Formeln pressen läßt. Ich meine, daß der Marxismus, der hauptsächlich ökonomische Probleme und historische Ereignisse erklärt, als Methode große Bedeutung für die Menschheit besitzt. Doch man lehrte ihn meist in der Stalinschen Interpretation. Alles, was Stalin sagte, war heilig; Stalin war der größte Sprachwissenschaftler, der größte Ökonom. Er entdeckte ein »geniales ökonomisches Gesetz« – ich weiß nicht, worin diese Genialität besteht, aber die polnischen Ökonomen predigten so von der Kanzel.

Die älteren Professoren der Philosophie aus der Vorkriegszeit mußten einfach auf ihren Lehrstuhl verzichten. Zum Glück brauchten diese Menschen nicht Hungers zu sterben, denn man zahlte ihnen ein Gehalt oder eine Pension in der Höhe des früheren Gehalts, so daß sie sehr viel freie Zeit hatten, die die Philosophen, vor allem aber die Soziologen, sehr fruchtbringend anwandten; sie konnten in der Stille ihrer Arbeitszimmer wissenschaftlich arbeiten.

Wenn ich jetzt auf jene Jahre zurückblicke, erscheinen sie mir sehr traurig, doch damals war ich nicht dieser Meinung. Vielleicht war ich zu stark mit dem Aufbau meines Instituts beschäftigt, vielleicht nahmen mich auch die häufigen Reisen ins westliche Ausland völlig in Anspruch. Vor allem verspürte ich überhaupt keinen Mangel an politischer Freiheit, mich schmerzte nur, daß die wissenschaftliche Freiheit so begrenzt war. Doch der politische Druck wurde später immer stärker. Zwar gab es bei uns nicht solche Fälle wie die Hinrichtung Slanskys in der Tschechoslowakei, aber es gab den Fall Gomułka. Władysław Gomułka hatte man noch vor meiner Ankunft in Polen eingekerkert.

Was vor sich ging, wurde mir erst in den letzten Monaten vor Stalins Tod klar, als man etwa fünfzehn hervorragende sowjetische Ärzte verhaftete, die angeblich für englische Pfund Sterling und englische Rasierklingen Stalin und andere sowjetische Funktionäre töten wollten. Das war eine empörende Anschuldigung. Damals bedauerte ich zum erstenmal – und übrigens auch das einzige Mal –, daß ich nach Polen zurückgekehrt war. Doch fast zur gleichen Zeit ging die Stalin-Ära zu Ende – Stalin starb. Ich befürchtete, es würde noch schlimmer kommen, doch die Atmosphäre besserte sich allmählich, und später bedauerte ich nie wieder, daß ich Kanada verlassen hatte.

Das Jahr 1953. Welch eine Analogie zu dem Jahr, das hundertsechzig Jahre zurück lag, zum Jahr 1793 in Frankreich, der Zeit des größten Terrors, der mit der Ermordung Robespierres ein Ende fand. Ich beschäftigte mich eingehend mit dieser Zeit, als ich an dem Buch »Wen die Götter lieben« arbeitete. Doch ich hatte nie geahnt, daß ausgerechnet Erlebnisse in meiner Heimat solche Assoziationen wecken würden.

Anfangs war ich mir nicht im klaren darüber, was vor sich ging. Ich verschloß die Augen vor der Tatsache, daß in den Gefängnissen viele unschuldige Menschen saßen. Ich glaubte, daß fast jeder Eingekerkerte zu Recht verurteilt worden war. Gewiß, Irrtümer kommen vor, aber doch wohl sehr selten. Während der nächsten drei Jahre erfuhr ich jedoch nach und nach, daß diese »Irrtümer« kein Zufall gewesen waren. Ich lernte Menschen kennen, die man aus dem Gefängnis entlassen hatte. Man schickte sie nach Krynica oder Zakopane zur Kur, zahlte ihnen dann eine Entschädigung, gab ihnen eine Wohnung, rehabilitierte sie. Leider erlebten nicht alle ihre Rehabilitation.

Bis zur Verhaftung der jüdischen Ärzte in der Sowjetunion und auch noch danach hatte ich geglaubt, das alles sei das Werk von Leuten aus Stalins Umgebung, und er selbst habe damit nichts zu tun. Als die Zeitung »Iswestija« unter dreißig Millionen Polen aus mir unerfindlichen Gründen mich auswählte, damit ich ein paar Worte zum Tode Stalins schriebe, verfaßte ich einen kurzen Artikel, um dessentwillen ich heute erröten oder auch lachen könnte, ich weiß es nicht.

Ich erinnere mich an eine Veranstaltung zu Ehren Stalins, schon nach dessen Tod, auf der ein bekannter Ökonom ein Referat hielt. Damals meldete sich auch ein Physiker zu Wort; natürlich war sein Diskussionsbeitrag vorher mit der Partei abgestimmt worden. In der Stalinzeit wurden die Diskussionen immer vorher abgestimmt, sie wurden immer vom Blatt gelesen, waren selten einmal spontan, unvorbereitet und bestätigten immer die Meinung des Hauptredners. Damals sprach ein namenhafter polnischer Physiker zur Diskussion, ein junger Mann, der Einstein wieder den Vorwurf machte, er sei Idealist, und der die führende sowjetische Wissenschaft über den grünen Klee lobte. Ich hätte mir nie verziehen, wenn ich an jener Trauerveranstaltung nicht teilgenommen hätte; denn dort hörte ich wohl zum letzten Mal, daß Einstein öffentlich ein Idealist genannt wurde.

Auf wissenschaftlichem Gebiet begann der Wandel zum Besseren für mich etwa um das Jahr 1954. Der Anfang sah so aus: Eine Redakteurin der »Philosophischen Betrachtungen«, in denen ich jenen Artikel zur Verteidigung der Relativitätstheorie veröffentlicht hatte, kam zu mir und erzählte mir, daß in der Sowjetunion die bedeutendste philosophische Zeitschrift meine Arbeit abdrucke. Die Angriffe gegen Einstein hörten ebenfalls auf. Allmählich wurde Einstein wieder in den Rang, der ihm gebührte, erhoben. In Polen verspürte ich ebenfalls das Echo dieses Triumphes; im Jahre 1954 erhielt ich eine hohe Auszeichnung – das Banner der Arbeit erster Klasse. Die Atmosphäre hatte sich gereinigt.

VI

Das Jahr 1955 war für mich voller Eindrücke. Es begann sehr traurig. Ich war gerade in Nieborów, als im Rundfunk die Nachricht von Einsteins Tod durchgegeben wurde. Man bemühte sich, diese Nachricht von mir fernzuhalten. Ich erfuhr etwas später davon, als ich wieder in Warschau war. Polnische und ausländische Zeitschriften baten mich um Artikel über Einstein. Doch mein Schmerz war zu groß, als daß ich einen solchen Artikel hätte schreiben können. Ich schrieb nur eine Seite für alle Zeitschriften, die danach fragen würden. Unter anderem wurde sie in der »Humanité« abgedruckt. Später wandte sich Jarosław Iwaszkiewicz mit der Bitte an mich, eine umfangreichere Abhandlung über Einstein für die literarische Monatszeitschrift »Twórczość« zu schreiben. Dieser Vorschlag gefiel mir sehr, und ich schrieb einen Artikel unter dem Titel »Meine Erinnerungen an Einstein«. In erweiterter und veränderter Form bildet er ein Kapitel dieses Buches. Ich versuchte, darin die Achtung und Verehrung wiederzugeben, die ich immer für Einstein empfunden habe und immer empfinden werde.

Unerwartet erhielt ich eine Einladung in die Sowjetunion, nach Moskau, zu einer Konferenz, die der Feldtheorie gewidmet war. Die sowjetische Akademie der Wissenschaften hatte nur einen Teilnehmer aus jedem Land des sozialistischen Lagers eingeladen. Endlich sollte ich die Sowjetunion sehen, auf die ich ungemein neugierig war. Es war auch wirklich ein interessantes Erlebnis. Ich fuhr mit dem Zug. An der Grenzstation wartete ich sechs Stunden auf den Wechsel des Fahrgestells und betrachtete interessiert den Bahnhof von Brest, der voller Leben, voller Menschen war, die Offiziere und die Frauen, die phantastische Hüte trugen.

Moskau beeindruckt durch die Breite seiner Straßen, durch die Höhe mancher Gebäude, vor allem des Universitätsgebäudes. Ich wohnte im Hotel »National«. Unten im Foyer hing damals noch ein großes Porträt Stalins. Das Hotel war ordentlich, wenn auch recht bescheiden.

Ich besuchte das Lenin-Stalin-Mausoleum, blickte in das intelligente Gesicht Lenins, in das finstere Gesicht Stalins, der in die Uniform eines Generalissimus gekleidet war. Er sah aus, als lebte er und schliefe nur. Künftige Generationen werden dieses Bild nicht mehr sehen.

Ich war im Kreml, besichtigte die Kremlmuseen mit ihrem Silber,

Gold und den teuren Edelsteinen. Ich sah die Krone Iwan des Schrecklichen, die Stiefel Pawels I. und russische Orden. Ich sah die Kirchen
des Kreml mit ihren goldenen Zwiebeltürmen und Ikonen. Das alles
war mir völlig fremd, wie aus einer anderen, mächtigen Welt. Erstaunlich war das Treiben in den Straßen Moskaus, die große Zahl von Uniformen, die vielen Menschen in den Geschäften. Überall sah man pul-
sierendes, machtvolles Leben.

Interessant war für mich, die sowjetischen Physiker kennenzulernen. Hier möchte ich vor allem Tamm nennen, einen Menschen von
ungewöhnlichem Charme. Er war klein, quicklebendig, vielleicht etwas älter als ich, kletterte aber noch in den Bergen umher und war
ein berühmter Alpinist. Als ich mit ihm über Fock sprach, sagte er
mir, daß alle sowjetischen Physiker gegen dessen Theorie seien, und
schlug mir einen öffentlichen Diskussionsabend vor, an dem die sowjetischen Physiker und ich mit Fock über die Relativitätstheorie
diskutieren könnten. Gern willigte ich ein.

Ich lernte Landau kennen, den bedeutendsten sowjetischen Physiker, einen der bekanntesten Physiker der Welt. Landau war jünger als
ich, damals noch keine fünfzig Jahr alt. Er ähnelte etwas Dirac, war
groß, schlank und hatte einen dichten Schopf, der ihm dauernd in die
Stirn fiel. Er war ziemlich boshaft, sowohl gegenüber seinen Kollegen
als auch gegenüber fast allen Physikern. Trotz dieser Boshaftigkeit
besaß er die Anmut eines von der Physik begeisterten Jungen. Es gab
nur zwei Physiker, von denen er Gutes sagte: Fermi und Einstein.
Über viele andere machte er bissige und sogar unwillige Bemerkungen.

Auch Bogoljubow lernte ich kennen. Mit Tamm und Landau sprach
ich englisch, mit Bogoljubow hingegen polnisch. Später erfuhr ich, daß
Bogoljubow sich als junger Mann angeblich in eine polnische Schau-
spielerin verliebt und deshalb die polnische Sprache erlernt hatte.
Bogoljubow war ein sehr angenehmer Kollege, ein ausgezeichneter
theoretischer Physiker, der um der Physik willen die Mathematik auf-
gegeben hatte.

Wir mußten alle Torturen der Gastfreundschaft über uns ergehen
lassen, von denen ich schon in Polen gehört hatte. Zur Illustration
beschreibe ich den ersten Konferenztag. Das Frühstück hatte man
in einem besonderen kleinen Zimmer des Hotels »National« herge-
richtet. Wir waren sechs Delegierte, fünf aus sozialistischen Ländern,
einer aus dem westlichen Ausland. Gegen zehn Uhr morgens nahmen wir an dem reich gedeckten Tisch Platz. Es gab Fisch, alle Arten

von Wurst und Kefir, Kaffee (den man in Moskau meistens mit Zitrone trinkt), Gebäck, Eier, so daß wir uns mit vollem Magen zu dem Empfang der Akademie begaben, wo ich zum erstenmal mit Tamm, Landau und Bogoljubow zusammentraf.

Bogoljubow begrüßte uns in englischer Sprache, dann unterhielten wir uns zwanglos bei Tee und Gebäck, von dem wir aus Höflichkeit wiederum kosten mußten. Nach angenehmen Gesprächen gingen wir zum Mittagessen. Das Mittagessen war schwer, es gab mehrere Vorspeisen, die wie immer sehr üppig waren: Kaviar, Fisch, Wurst. Dann wurde die Suppe aufgetragen – ein gehaltvoller, kleinrussischer Borschtsch –, schließlich Fleisch und als Nachspeise Kuchen. Zwischen vier und fünf Uhr nachmittag war das Mittagessen beendet, und wir fuhren zum Lebedew-Institut. Wir fuhren durch breite Straßen, in denen viele monumentale Gebäude standen und dazwischen kleine Holzhäuser. Dieser Unterschied zwischen dem alten und dem neuen Moskau war erstaunlich. Es existierten nebeneinander zwei verschiedene Städte. Das Lebedew-Institut zeichnet sich nicht durch moderne Architektur aus, es ist vielmehr im Stil des 19. Jahrhunderts gehalten. Die Sitzungen fanden im großen Saal dieses Instituts statt, in dem mehrere hundert Personen Platz finden. Die Referenten sprachen vom Podium herab, auf dem zwei Tafeln angebracht waren.

Nach der Begrüßung durch Tamm hielt Landau das erste Referat. Den Text des Referats erhielten wir in Kurzfassung in englischer Sprache, außerdem saß neben jedem von uns ein Physiker, der uns aus dem Russischen ins Englische übersetzen konnte, was auf dem Podium gesprochen wurde. Neben mir saß Lifschitz, ein langjähriger Mitarbeiter Landaus. Mit ihm ließ es sich angenehm über die Verhältnisse in der sowjetischen Physik plaudern.

Landau sprach über die Quantentheorie des Feldes. Sein Referat enthielt tiefe, kritische Gedanken zur Feldtheorie, dieselben, die später in Buchform zum 70. Geburtstag Bohrs erschienen.

Noch vor der feierlichen Eröffnung gab es einen kleinen Empfang im Direktionsgebäude des Lebedew-Instituts – wieder mit Tee und Gebäck, unmittelbar nach dem üppigen Mittagessen; in dem Raum hingen große farbige Fotografien der Mitglieder des Politbüros. Am Abend desselben Tages gingen wir ins »Bolschoi«-Theater zu einer Opernvorstellung. Mir fiel der ungewöhnliche Reichtum der Inszenierung dieser russischen Oper auf. Auf der Bühne waren etwa fünfhundert Personen, außerdem Pferde und Reiter, eine realistische

Dekoration – dieser Stil blühte damals in der Sowjetunion. Ich habe keine Ahnung von Gesang und keine besondere Vorliebe für die Oper, doch ich bewunderte die präzise Regie und das ausgezeichnete Spiel. In der Menge und im Chor hatte jeder seine Rolle. Es bestand ein kolossaler Unterschied zwischen der Aufführung, die ich in der Mailänder Scala gesehen hatte, und der Moskauer Aufführung. In Mailand gab es keine Regie, das Verhalten der Menge war dem Zufall überlassen, jeder machte, was ihm beliebte, wie in einer Laienvorstellung, während hier alles genau und bis ins letzte durchgearbeitet war. Für die Italiener hingegen sind die schönen Stimmen ihrer Sänger das wichtigste.

Die Diskussion zwischen Fock und den sowjetischen Physikern, an der auch ich mich beteiligte, war für mich am interessantesten. Sie fand an einem der Tage anstelle der Nachmittagssitzung statt. Zuerst sprach Fock, der seine eigene Konzeption der harmonischen Systeme verteidigte und seine Vorwürfe gegen Einsteins Theorie vortrug. Danach verteidigte ich Einsteins Theorie, dann sprachen Landau, Tamm, Ginsburg; alle sowjetischen Physiker, deren Namen in der Welt etwas bedeuten, verteidigten einträchtig Einstein und traten gegen Fock auf. Sie stellten fest, daß seine zusätzlichen Gleichungen für ein Koordinatensystem überflüssig und nicht wesentlich Neues seien. Fock beharrte jedoch auf seiner Meinung und hielt auch weiterhin noch an seiner Interpretation der Theorie fest; während eines Aufenthalts in Moskau erfuhr ich, daß er völlig isoliert war.

Auf dem Abschlußempfang begegnete ich Professor Kapiza, dem außerordentlich intelligenten und wohl unkonventionellsten sowjetischen Physiker. Kapiza sah immer noch so aus wie vor zwanzig Jahren, als ich ihn in England kennenlernte. Das Gesicht wirkte noch ebenso frisch, nur das Haar war etwas graumeliert. Wir sprachen über die verschiedensten Dinge: über England, über das Verhältnis des Westens zum Osten, wir stellten uns sogar Denkaufgaben.

Während der Konferenztage machten wir einen Abstecher nach Leningrad. In Leningrad war es kalt im Hotel und kalt auf der Straße. Ich fror die ganze Zeit über, und diese Kälte verleidete mir Leningrad ein wenig, jedoch nicht so, daß ich nicht seine Schönheit gesehen hätte, die weiten Plätze, die bunten Häuser, die Straßen und Denkmäler, vor allem aber die begeisternde Ermitage. Ich sah dort zwei Gemälde von Leonardo da Vinci, eines von Breughel, sechsundzwanzig von Rembrandt, aber ich wollte auch die französische Malerei des

19. Jahrhunderts sehen. Man wies mich in abseits gelegene Säle, irgendwo im oberen Teil des Gebäudes. Jemand, der ebenfalls die französische Malerei sehen wollte, begleitete mich zu mehreren Mansardenzimmern. Ich sah Räume voller Renoirs, herrlicher Gauguins, Cézannes – Prunkstücke der französischen Malerei.

All das betrachteten wir zu zweit, während sich in den anderen Sälen die Menschen drängten.

Ebenfalls in Leningrad sah ich zum erstenmal die Wohnung eines sowjetischen Wissenschaftlers. Fock, der mir trotz unserer unterschiedlichen Standpunkte in der Relativitätstheorie wohlgesinnt war, lud mich zu sich ein. Die Tür öffnete mir eine Frau, die später bei dem übrigens sehr reichen Empfang nicht zugegen war. Focks Wohnung war voller Antiquitäten, Manuskripte und Bücher.

VII

Im Juli des Jahres 1955 sollte in Bern in der Schweiz anläßlich des 50jährigen Bestehens der Relativitätstheorie ein Kongreß stattfinden. Ich fuhr zu diesem Kongreß mit meiner Frau und begegnete dort zum erstenmal nahezu allen Anhängern der Relativitätstheorie der Welt. Ebenfalls erstmalig begegnete ich Pauli, der der einzige große Wissenschaftler war, den ich vorher nie hatte kennenlernen können, da unsere Lebenswege immer aneinander vorbeiführten. Wir korrespondierten übrigens miteinander, doch ich hatte nie dieses häßliche, so überaus intelligente Gesicht gesehen, dieses merkwürdige Verhalten, das ablehnende oder zustimmende Kopfschütteln während der Vorträge anderer, das laute, von allen Hemmungen freie Benehmen. Paulis Intelligenz, sein Interesse an der zeitgenössischen Physik und die Art, wie er sie begriff, waren frappierend. Seine Kritik an anderen äußerte er laut und beißend, Begeisterung zeigte er selten; er war bekannt wegen seiner scheinbar harten Bemerkungen, die er zwar ironisch anbrachte, aber immer lächelnd und witzig und ohne gehässig zu werden. Ich möchte Pauli als das Gewissen der zeitgenössischen Physik bezeichnen. Er trat scheinbar ohne Anlaß gegen bestimmte Theorien auf, doch es gab immer einen tiefen, wesentlichen Grund, um dessentwillen er seinen Standpunkt verteidigte. Bestätigte jedoch später die Erfahrung die Richtigkeit der von ihm angegriffenen Theorie (wie im Falle der Parität), so wechselte er rasch die Seite und wurde zu einem begeisterten Anhänger dieser Theorie. Er war dick, klein und hatte vorstehende, blutunterlaufene Augen. Wahrscheinlich war er schon damals krank. Zwei Jahre später starb er leider.

Über Pauli kursierten unter den Physikern viele Anekdoten, fast schon Legenden, wahre, halbwahre und wohl auch unwahre. Sie beziehen sich häufig auf seine scheinbar sehr ausgeprägte Arroganz, obwohl ich keinen Physiker kenne, der so viele wahre Freunde und Bewunderer hatte.

Ich möchte hier wenigstens eine Anekdote zum besten geben, die mir sein Schüler erzählte:

Die Physiker und Mathematiker benutzen häufig die Bezeichnung »trivial« für etwas, was richtig ist und eigentlich keines Beweises bedarf. Paulis Ausspruch, daß »uns alles trivial erscheint, sobald wir es verstanden haben«, hat unter den Physikern rasch die Runde gemacht.

Während eines Seminars stieß Pauli auf einen Lehrsatz, der ihm »trivial« erschien, so daß er der Meinung war, eine Beweisführung erübrige sich. Einer der Zuhörer sagte jedoch, daß ihm dieser Lehrsatz nicht »trivial« erscheine und er nicht sehe, wie er sich beweisen lasse.

Es zeigte sich, daß Pauli es auch nicht wußte, er stellte, hin und her wippend, irgendwelche Berechnungen an der Tafel an, doch es kam nichts dabei heraus. Schließlich brach er das Seminar ab und ging in sein Zimmer. Seine Abwesenheit dauerte zehn Minuten. Dann betrat Pauli den Seminarraum wieder und erklärte: »Der Beweis ist trivial«, und ging zu anderen Dingen über.

In Bern lernte ich auch Professor Nathan kennen, den Einstein zu seinem Testamentsvollstrecker bestimmt hatte. Wir hatten alle gehofft, daß Einstein bei dem Kongreß in Bern zugegen sein würde, aber er schrieb, daß er sich krank fühle und nicht kommen könne. Ich hatte nie geglaubt, daß sein Tod so rasch eintreten würde. Nathan erzählte mir, daß Einstein im Testament festgelegt habe, sein Begräbnis solle heimlich stattfinden, damit niemand erfahre, wo seine letzte Ruhestätte ist. Und Nathan verriet auch wirklich niemandem etwas. Das Begräbnis soll sehr früh stattgefunden haben, gegen fünf Uhr morgens, in Anwesenheit von Nathan, der nächsten Familie und Einsteins Sekretärin. Bis zum letzten Augenblick hatte Einstein im Krankenhaus gearbeitet. Als sich Nathan am Vormittag von ihm verabschiedete, bat ihn Einstein, ihm seine Papiere zu reichen, über denen er grübelte; und als sich Nathan am Nachmittag wieder in das Krankenhaus begab, erfuhr er bereits von Einsteins Tod.

Bern ist eine hübsche, saubere Stadt mit vielen Uhrengeschäften, sehr schön inmitten von Hügeln und Bergen an der Aar gelegen. Eine Attraktion der Stadt ist eine Uhr, mit der nach Ablauf jede Stunde seltsame Dinge geschehen: Verschiedene Gestalten schlagen mit einem Hammer zu, Zwerge erscheinen, und Ziegenböcke springen. Vor der Uhr versammelt sich zu jeder vollen Stunde eine Menschenmenge, um das Schauspiel zu beobachten.

Nach dem Kongreß in Bern fuhr ich mit meiner Frau nach Val-Mont, um dort die drei Wochen bis zur nächsten Konferenz zu verbringen, die Kernfragen gewidmet war und die in Genf stattfinden sollte. Diese Riesenkonferenz war von den Vereinten Nationen einberufen worden; an ihr nahmen Wissenschaftler aus Ost und West teil. Damals schien es mir zum erstenmal, daß es auf der Welt Frieden geben könnte. Zwischen den Vertretern der Sowjetunion und des Westens gab es einen solchen Ausbruch guten Willens und guter Beziehungen, daß ich überzeugt war, das sei der Beginn einer festen wissenschaftlichen Zusammenarbeit. Dann fand die Viererkonferenz statt, und ich glaubte mit vielen anderen, daß der Frieden für die nächsten Jahrzehnte gesichert, daß das Ende der internationalen Spannungen ganz nahe sei.

VIII

Im Jahre 1955 erhielt ich eine Einladung in die Volksrepublik China. Die chinesische Akademie hatte mir die Einladung schon vor längerer Zeit geschickt, doch meine schwache Gesundheit hatte mir bislang nicht gestattet, sie anzunehmen. Damals herrschte die Meinung vor, daß eine Reise mit dem Flugzeug gefährlicher sei als eine Eisenbahnfahrt. Nachdem die Ärzte mich untersucht hatten, gaben sie ihre Zustimmung zu der Reise, aber ich sollte mit der Bahn fahren. Ich entschloß mich dazu unter der Voraussetzung, daß meine Frau mitfahren würde. In Moskau machten wir Zwischenaufenthalt, und ich zeigte meiner Frau die Stadt. Wir besichtigten das Mausoleum, den Kreml, mehrere Kirchen und fuhren dann mit einem sehr bequemen Zug nach Peking weiter. Die Reise dauerte etwa neun Tage.

Erst wenn man die ganze Sowjetunion durchquert, sieht man, was für ein riesiges Land das ist. Die Grenze zwischen Europa und Asien ist der Ural. Ich hatte mir vorgestellt, der Ural sei ein Gebirgsmassiv wie die Rocky Mountains in Kanada oder wenigstens die Alpen oder die Karpaten. Nichts dergleichen. Man sieht keinen Übergang, keinerlei hohe Berge zwischen Europa und Asien. Die Existenz des Urals ist ein Mythos. Leider fuhren wir durch die schönste Gegend, das heißt durch die um den Baikalsee, nachts. Von den Fenstern des Zuges aus sahen wir große Städte und Flüsse. Das gesellschaftliche Leben der Reisenden spielte sich in der Hauptsache auf den Bahnhöfen ab, wo man bei längerem Aufenthalt (ein längerer Aufenthalt, das sind mehr als zehn Minuten) etwas aß oder im Schlafanzug auf und ab ging.

Sibirien machte im allgemeinen einen ärmlichen Eindruck. Zumindest das Sibirien, das man vom Zug aus sieht. Auf einem der Bahnhöfe sah ich durch die Fensterscheibe, wie eine Versammlung abgehalten wurde. Jemand las etwas vom Blatt ab, und alle anderen langweilten sich wahrscheinlich ebenso, wie man sich in Polen bei solchen Versammlungen langweilt.

Endlich erreichten wir die chinesische Grenze; dort sollte der Zug sechs Stunden auf die Weiterfahrt warten. Doch für uns stand bereits ein Wagen aus China bereit, der uns jene sechs Stunden ersparte. Statt sie auf dem sowjetischen Bahnhof zu verbringen, fuhren wir in das chinesische Grenzstädtchen hinüber. Dort lernte ich auch meinen sehr liebenswürdigen Begleiter kennen, einen chinesischen Wissenschaftler, einen jungen Doktor und ehemaligen Schüler Professor Borns.

Das Grenzstädtchen war klein, zeichnete sich jedoch durch ungewöhnliche Sauberkeit aus. Ich war begeistert von seinem Kolorit, von den Menschen, die zumeist schon älter waren und ihre Nationaltracht trugen; von den Männern mit ihren dünnen grauen Bärtchen und den Frauen, die auf ihren kleinen, noch nach alter Tradition verkrüppelten Füßen kaum gehen konnten. Jugendliche sah ich kaum. Ein paar Burschen, die blaue Drillichuniformen trugen, und Mädchen, die ebenso gekleidet waren wie die Jungen. Diese Uniformen sah ich später bei allen Beamten, mit dem Unterschied, daß die höheren Beamten sie in verschiedenen Farben und aus guter Wolle trugen.

In einem kleinen sauberen Hotel ruhten wir ein wenig aus. Dann machten wir einen Spaziergang durch die Stadt. Zum Abendessen kehrten wir ins Hotel zurück. Ich halte das chinesische Essen für das beste der Welt, ich glaube, es ist noch besser als die französische Küche. Allerdings erinnere ich mich nur an ein Gericht, an die Spezialität der Provinz, in der das Grenzstädtchen lag: kandierte Kartoffeln.

Bald darauf kam unser Zug an, schon mit neuem, chinesischen Personal, das ihn gründlich und unaufhörlich reinigte und putzte.

Die Landschaft veränderte sich, sie war jetzt sonniger. Die Gegend schien sehr bevölkert zu sein. Die Hügel und Berge waren ihrer Bäume beraubt und kahl, was recht unfreundlich wirkte. Vom Fenster des Zuges aus sah ich Menschen in kegelförmigen Hüten und blauen Drillichanzügen, die Reis ernteten. Die aus Erde und Lehm errichteten Hütten wirkten ordentlich und sauber.

Die Zugschaffner töteten voller Eifer die Fliegen, die über die sowjetisch-chinesische Grenze gelangt waren. In China sahen wir nicht eine einzige Fliege. Das zeugt nicht nur von Sinn für Sauberkeit, sondern auch von der unerhörten Disziplin dieses Volkes. Als der Befehl herauskam, die Fliegen zu vernichten, wurde er von niemandem sabotiert. Sooft ich später aus dem Hotelfenster in Peking auf die zahlreichen Autos hinunterblickte, die dort im Hof standen, sah ich, daß die Fahrer sie unaufhörlich putzten. Ebenso war es während der Bahnfahrt: Ständig wurde geputzt, und ständig wurde Tee gereicht – grüner Tee, den man anstelle von Wasser trank.

Ich fragte meinen Begleiter, ob man hier Trinkgelder gebe. Er sagte, daß sich jeder, dem ich ein Trinkgeld anböte, beleidigt fühlen würde. Der Kellner ging mehrmals durch den Waggon und fragte, wer fünf Yuan verloren habe. Fünf Yuan – das war eine ziemlich hohe Summe.

Nach zwei Tagen langten wir in Peking an. Ich glaube, es gibt drei Städte in der Welt, nach denen man sich – wenn man sie einmal gesehen hat – sein Leben lang zurücksehnt. Diese Städte sind für mich Rom, Paris und Peking. Peking ist von einer Mauer umgeben. Außerhalb der Mauer entsteht das neue Peking. Dort werden Hunderte von Schulen, höheren wissenschaftlichen Lehranstalten und Verwaltungsgebäuden gebaut; hohe Häuser, die jedoch chinesischen Charakter tragen, vor allem wegen der geschwungenen grünen Dächer.

An den von einer Mauer umschlossenen historischen Stadtkern grenzen bereits neue Stadtteile mit hohen Häusern. Die alte Stadt besteht aus niedrigen Gebäuden, die ebenfalls von Mauern umgeben sind. Früher gab es ein Gesetz, das den Bau von Häusern verbot, die höher waren als der kaiserliche Palast. Wer ein höheres Haus baute, wurde angeblich geköpft. Außerhalb der Mauern gibt es kleine Häuser, die von schönen Blumengärten umgeben und mit Laternen geschmückt sind. Alles ist blitzsauber. Den kleineren Teil der Stadt nimmt die sogenannte Verbotene Stadt ein, die aus einer großen Anzahl kaiserlicher Paläste besteht. Jede kaiserliche Konkubine, von denen es wohl Hunderte gab, soll ein eigenes Haus mit Garten besessen haben; das Ganze war von Mauern umgeben und für gewöhnliche Sterbliche nicht zugänglich. Jetzt ist es ein öffentlicher Garten. Ein wichtiges Bauwerk ist das Tiän-an-men, das von einem bronzenen Löwen bewacht wird und mit seiner Fassade an einen freien Platz grenzt. Vom Balkon dieses Gebäudes nehmen die führenden Männer am 1. Oktober, dem Staatsfeiertag der Volksrepublik China, den großen Demonstrationszug des Volkes ab.

Was fiel mir am meisten auf? Ich besichtigte Fabriken, Schulen, Universitäten, Paläste, Museen, doch am interessantesten waren die Chinesen selbst. Ich hatte mir nicht vorstellen können, daß ein Volk so diszipliniert sein kann.

Alle töten auf Befehl Fliegen, alle machen zu einer bestimmten Stunde Freiübungen, alle Preise in allen Läden (damals gab es sehr viele Privatgeschäfte) stimmen genau überein, alle Geschäftsleute stellen Quittungen über die Kaufsumme aus, weil sie Steuern zahlen müssen, alle gebrauchen im großen und ganzen die gleichen abgedroschenen Phrasen und argumentieren auf dieselbe Weise. Diese Einförmigkeit wirkt zwar monoton, sie strahlt jedoch eine unerhörte Kraft aus. Leider ist es nicht einfach, diese äußere Schicht zu durchdringen.

Antoni Słonimski, der bereits erwähnte polnische Dichter, beschreibt ausgezeichnet, wenn auch vielleicht ein wenig übertrieben, seine Unterhaltung mit einem chinesischen Dichter, der in Warschau zu Besuch war:

»Was für Gedichte schreibt ihr?« fragte der chinesische Dichter.

»Verschiedene, große und kleine«, erwiderte Słonimski.

»Wir schreiben auch große und kleine«, entgegnete der chinesische Dichter lachend.

Die Gattin des stellvertretenden Ministers Żółkiewski schilderte mir ihre Unterhaltung mit dem chinesischen Volksbildungsminister, der in Polen zu einem Gegenbesuch weilte:

»Die Polen sind sehr höflich und sehr gastfreundlich.«

»Auch die Chinesen sind sehr gastfreundlich.«

»Aber die Polen sind gastfreundlicher«, antwortete der Chinese.

»Nein, die Chinesen sind gastfreundlicher.« Und so ging das hin und her.

Doch manchmal gelingt es einem, diese äußere Schicht zu durchdringen. Ich erhielt die Adresse eines Chinesen, der sich lange Zeit in

Europa aufgehalten hatte. Er war einzig in seiner Art. Er sprach völlig ungezwungen, sagte: Der ist ein Rindvieh, der ein Idiot, jener besitzt überhaupt keine Macht und ist aufgeblasen wie ein Kürbis. Er unterhielt sich so, wie man sich häufig in den Warschauer Kaffeehäusern unterhält.

Diese Gleichförmigkeit der Unterhaltungen, der menschlichen Kontakte wäre ermüdend, würde den Gast nicht die unerhörte Höflichkeit und die aufrichtige Fürsorge umgeben. Ich möchte ein Beispiel nennen: Als ich nach China fuhr, nahm ich nur einen Regenmantel mit, weil es noch Sommer war. Doch die Chinesen glaubten, ich würde sehr frieren, wenn ich auf dem Rückweg in einem solchen Mantel durch ganz Sibirien fuhr, und bestanden darauf, daß ich mir einen Wintermantel machen ließ. Sie kauften Stoff, schickten mir einen Schneider – nun, sie beglichen selbst die Rechnung. Diesen Mantel besitze ich noch heute.

Auf den Straßen wimmelte es von Menschen. In den Geschäften, deren Schilder mit den schönen chinesischen Schriftzeichen sehr dekorativ wirken, konnte man alles bekommen. Früher soll es möglich gewesen sein, so lange zu handeln, bis man die Ware für ein Fünftel des Preises bekam, den der Verkäufer verlangte. Jetzt gibt es in allen Geschäften nur feste Preise. Die staatlichen Warenhäuser werden ausgezeichnet beliefert, die Waren zeichnen sich durch hervorragende Qualität aus und sind verhältnismäßig billig. An Verkehrsmitteln gibt es in Peking Straßenbahnen, allerdings nicht sehr viele, sowie Autos, mit denen die führenden Staatsmänner fahren; doch das populärste Verkehrsmittel ist die Fahrradrikscha.

Ich war vor dem Staatsfeiertag in Peking angekommen. Am 30. September wurde im Hotel »Peking« ein Abendessen für zweitausend Personen gegeben. Ich war eine dieser Personen. Da die Chinesen sich eingeredet hatten, daß ich ein großer Gelehrter sei, und die Gelehrten sich dort großer Hochachtung erfreuen, war mein Platz an der Tafel nächst dem Vorsitzenden unserer Zusammenkunft Tschou En-lai und Pietro Nenni. Tschou En-lais Gesicht wirkte schön und konzentriert, es strahlte Kraft und Entschlossenheit aus. Nach den Toasts, die ins Englische, Russische und Französische übersetzt wurden, stieß Tschou En-lai mit seinen zweitausend Gästen an, die in zwei großen Sälen des Hotels »Peking« versammelt waren.

Am nächsten Tag sollte die Demonstration stattfinden. Ich erhielt eine Einladung und ein Bändchen, auf dem der Platz vermerkt war, von dem aus ich die Feierlichkeiten beobachten sollte. Der Platz war sehr ehrenvoll, ich befand mich in einer Loge mit Nenni, Sartre, Simone de Beauvoir.

Pünktlich um die festgelegte Zeit begann die Demonstration. Tschou En-lai und die anderen Staatsmänner erschienen auf dem Balkon des Tiän-an-men. Dort sah ich zum erstenmal Mao Tse-tung, der wie alle anderen eine graue Nationalkluft trug. Der Demonstrationszug war geradezu märchenhaft. An der Spitze marschierten militärische Einheiten mit neu ernannten Marschällen in neuen Uniformen. Doch auch die Zivilbevölkerung zeichnete sich durch eine fast militärische Disziplin aus. Die Regie des Schauspiels war fehlerlos. Die Menschen trugen Blumen, Tauben, Ballons, die Porträts der Führer, Drachen, und sie boten sportliche und artistische Leistungen, wenn sie an der Tribüne vorbeimarschierten. Abends wurde ein Empfang gegeben, auf dem ich Mao Tse-tung kennenlernte.

Ich wechselte nur ein paar Worte mit ihm, doch sein Gesicht und sein weicher Händedruck machten auf mich den Eindruck, es eher mit einem Denker und Gelehrten zu tun zu haben als mit einem Staatsmann. Vom Balkon aus schauten wir auf die singende, tanzende Bevölkerung Pekings und das prächtige chinesische Feuerwerk.

IX

In China weilte ich einen Monat. In meiner Erinnerung erscheint mir diese Zeit jetzt, nach sieben Jahren, wie der Traum eines einzigen Sommertages. Während dieses Monats sah ich viel: das schöne Peking mit seiner »Verbotenen Stadt«, in der es achthundert Paläste gibt – einige davon sind heute Museen, in denen die vom Raub verschont gebliebenen Schätze aufbewahrt werden; Shanghai – früher eine Stadt der Ausbeutung, wo wir in einem luxuriösen französischen Hotel wohnten, das früher die Chinesen nur durch den Dienstboteneingang betreten durften; wir erholten uns an dem wundervoll im Gebirge gelegenen Hangtschou-See; wir besichtigten Nanking, wo sich das Grabmal des Begründers der chinesischen Republik, Sun Yat-sen befindet, wir sahen die Paläste der letzten Herrscherin, die aus dem Fonds erbaut wurden, der für den Bau der chinesischen Flotte bestimmt war; die Peking Oper, wo es sehr laut zugeht, artistische Einlagen gegeben werden, wo die Männer Frauenrollen spielen und die Kostüme überreich und bunt sind; die Oper in Shanghai, die ruhiger und melodiöser ist und wo die Frauen Männerrollen spielen; sowie unzählige Institutionen, Institute, Hochschulen, Kinderkrippen, Genossenschaften und Privatwohnungen.

Nach China war ich nicht wie in ein völlig unbekanntes Land gereist. Während des Krieges studierten an der Universität in Toronto vier Chinesen. Einer von ihnen war nicht nur mein Schüler, sondern auch ein wirklicher Freund. Die Abende verbrachte er oft bei uns und erzählte faszinierend von seiner Heimat. Sein Eifer und Fleiß waren ungewöhnlich. So kamen wir einmal während einer abendlichen Diskussion über Probleme des Radars, an denen wir damals gemeinsam arbeiteten, auf die Idee, ganz bestimmte Berechnungen anzustellen. Nachdem wir uns verabschiedet hatten, ging ich schlafen. Am nächsten Morgen brachte mir mein chinesischer Freund zwanzig sauber beschriebene Seiten mit Berechnungen, das Arbeitsergebnis einer ganzen Nacht.

Noch in Princeton befreundete ich mich mit einem anderen theoretischen Physiker aus China. Überhaupt lernte ich während meines Aufenthalts in den Vereinigten Staaten und in Kanada viele chinesische Wissenschaftler kennen, fortschrittliche Menschen, die später in ihre Heimat zurückkehrten. Einige von ihnen gelangten in China zu Einfluß und hohem Ansehen. Mein Freund aus Princeton war während meines Aufenthalts in Peking Rektor oder Prorektor der dortigen Universität, während mein Freund aus Toronto Dekan an dieser Universität war.

Unser Botschafter erzählte mir von der Gastfreundschaft der Chinesen und ihrer ungewöhnlichen Höflichkeit, machte mich jedoch gleichzeitig darauf aufmerksam, daß sie niemanden bei sich zu Hause empfangen. Weder er noch ein anderer der dort lebenden Polen war je in einer chinesischen Wohnung gewesen. Meine Frau und ich, wir wurden jedoch von ihnen eingeladen, sie zu Hause zu besuchen. Der erste, der uns einlud, war der Vizepräsident der Chinesischen Akademie der Wissenschaften (der Präsident entschuldigte sich, er könne uns wegen der Krankheit seiner Frau nicht einladen).

Die Wohnung des Vizepräsidenten war für zwei Personen gedacht und bestand aus drei kleinen, außergewöhnlich sauberen Zimmern. An den Wänden hingen chinesische Bilder ohne Rahmen, die Stühle waren sehr unbequem, ohne Lehne, jedoch herrlich geschnitzt. Das Abendessen setzte sich aus mehr als einem Dutzend Gängen zusammen und wies solche Spezialitäten auf wie Haifischflossen, Schwalbennestersuppe, vor allem aber, um die besondere Gastfreundschaft zu unterstreichen, eine Speise aus Meereswürmern.

Ich besuchte ebenfalls die Häuser meiner früheren Freunde aus Toronto und Princeton. Auffällig war überall die pedantische Sauberkeit, die bescheidenen Möbel, chinesische Bilder an den Wänden und eine geradezu überwältigende Gastfreundschaft.

Ich hielt mehrere Vorlesungen, insbesondere in Peking. Ich sprach englisch, und der Dolmetscher – der Physiker, der uns begleitete – übersetzte, ohne steckenzubleiben. Mich wunderte nur, daß er häufig zwei Sätze mit drei einsilbigen Wörtern übersetzte. Leider liegen mir Fremdsprachen überhaupt nicht, so daß ich keine zwei Worte Chinesisch lernte. Meine Frau hatte ein englisches Buch über die chinesische Sprache mitgenommen und konnte bessere Erfolge auf linguistischem Gebiet verzeichnen.

In China unterhielt ich mich viel mit Physikern. Ich hatte den Eindruck, daß man dort den gleichen Fehler begangen hatte wie in Polen vor dem Jahre 1950.

Nur wenige Außenstehende können sich ein Bild davon machen, wie sehr die Isoliertheit der Wissenschaft zum Verhängnis werden kann. Das trifft auf jeden Wissenszweig zu. Nehmen wir als Beispiel Polen. In Łódź und in Lublin existiert eine theoretische Physik praktisch nicht. Aber es gibt sie in Warschau und in anderen Städten. Was ist zu tun, damit sie sich in ganz Polen verbreitet? Von Zeit zu Zeit ringt im Ministerium für Hochschulwesen jemand die Hände und kommt auf eine ausgezeichnete Idee: Man muß Herrn X aus Warschau nach Łódź schicken und Herrn Y nach Lublin. Was wäre die Folge? Die Hauptstadt verlöre die Herren X und Y, doch sie hätte ja noch andere Physiker und könnte auch ohne die beiden Herren auskommen. Doch es geschähe etwas weit Schlimmeres. Sie befänden sich in einem unfruchtbaren Milieu, und es fehlte ihnen der Ansporn zur Arbeit. In der Isolation würde ihre wissenschaftliche Arbeit nach und nach verkümmern. Es gibt jedoch eine Möglichkeit, in Łódź und in Lublin zu theoretischen Physikern zu kommen. Nehmen wir an, es gibt in Łódź zwei und in Lublin einen Studenten, die für theoretische Physik begabt sind. Gebt ihnen Stipendien für eine Spezialisierung in Warschau! Unser Zentrum wird sie ausbilden. Danach kehren sie nach Łódź oder Lublin zurück (jedes Jahr einer oder zwei), und allmählich werden an diesen Universitäten Zentren der theoretischen Physik entstehen, die ihr eigenes wissenschaftliches Leben werden führen können.

Eine ähnliche Gefahr, wie sie den Wissenschaftlern droht, die isoliert arbeiten, droht auch ganzen wissenschaftlichen Zentren, wenn es keinen Austausch mit anderen Zentren der Physik gibt. Denn die Wissenschaft ist, um diese abgegriffene Phrase noch einmal zu gebrauchen, international. Woran unsere Kollegen arbeiten, erfahren wir viel besser durch persönliche Kontakte, dadurch, daß wir sie zu uns einladen und unsere Wissenschaftler in ausländische Forschungszentren schicken, als daß wir deren Arbeiten in Zeitschriften lesen, zumal solche Artikel häufig schon überholt sind, wenn sie im Druck erscheinen.

Doch kehren wir nach China zurück. Auch dort war man dieser Gefahr nicht entgangen. China besaß nicht viele Wissenschaftler. Diese hatten hauptsächlich im Ausland studiert, mehr oder weniger zufällig, ohne vorbedachten Plan. Nach der Revolution wurde eine ganze Reihe neuer Hochschulen gegründet, auf die diese Wissenschaftler in so dünner Schicht verteilt wurden, daß an jedem Institut meist nur ein theoretischer Physiker lehrte, der seinen Studenten nur das überholte Wissen beibringen konnte, das er sich selbst einmal angeeignet hatte. An eigene wissenschaftliche Arbeit war überhaupt nicht zu denken.

Die Volksrepublik China wurde auf wissenschaftlichem Gebiet durch die Sowjetunion unterstützt. Doch statt ausgebildete Leute zu wissenschaftlicher Spezialisierung zu schicken, sandte man Abiturienten zu einem mehrjährigen Gesamtstudium, vor allem auf technischem Gebiet. Über dieses Thema führte ich ein ziemlich langes Gespräch mit Tschou En-lai. Er begriff sehr schnell, worum es mir ging. Wir unterhielten uns über einen Dolmetscher. Ich sprach englisch, der Dolmetscher chinesisch, Tschou En-lai chinesisch, der Dolmetscher wieder englisch. Schließlich verabschiedeten wir uns. Tschou En-lai wandte sich an meine Frau und sagte lächelnd und im reinsten Englisch zu ihr:

»Your chief duty is to take care of your husband's health.« (Ihre oberste Pflicht ist die Sorge um die Gesundheit Ihres Gatten.)

Auch das Ende meiner chinesischen Erlebnisse entbehrte nicht der Ironie. Bald nach meinem Aufenthalt in China war Tschou En-lai zu Gast in Polen, und die chinesische Botschaft gab zu seinen Ehren einen Empfang, zu dem ich keine Einladung erhalten hatte. Am Tage des Empfangs herrschte ungewöhnliche Aufregung. Man suchte mich zu Hause, im Institut, telefonierte und bat sehr, ich möchte doch mit meiner Gattin erscheinen, der hohe Gast selbst hätte nach mir gefragt. Die chinesische Botschaft hatte mich vergessen, aber nicht Tschou En-lai. Während des Empfangs teilte uns jemand aus der chinesischen Botschaft mit, daß Tschou En-lai mich sprechen möchte und mich an den Tisch der Staatsmänner bitte. Tschou En-lai sagte, ich solle jedes Jahr für sechs Monate nach China kommen. Wir stießen nach chinesischem Brauch mit »*Kam-Peh!*« auf unsere Gesundheit an.

X

Im Jahre 1955, kurz nach Einsteins Tod, erhielt ich einen Brief von Bertrand Russell. Dem Brief war ein Aufruf an die beiden größten Mächte gegen das Wettrüsten und für die Erhaltung des Friedens beigefügt. Einstein hatte noch kurz vor seinem Tode diesen Aufruf unterschreiben können. Im Prinzip schien mir der Aufruf richtig zu sein, und ich unterzeichnete ihn ebenfalls, obwohl ich geringfügige Vorbehalte hatte. Außer Einstein unterschrieben diesen Aufruf (das stellte sich später heraus) mehrere Nobelpreisträger, so zum Beispiel Linus Pauling, Frédéric Joliot und Max Born. Unter den fast zwanzig Unterschriften waren nur zwei von Nicht-Nobelpreisträgern. Einer von ihnen war Professor J. Rotblat aus London, der in Polen geboren wurde und hier studierte, ein Schüler des besten polnischen Physikers der Zwischenkriegszeit – Professor Wertensteins. Professor Rotblat ist jetzt Generalsekretär und Pfeiler der Pugwash-Bewegung, die sich aus diesem Aufruf Einsteins und Russells entwickelte. Die zweite Unterschrift eines Nicht-Nobelpreisträgers war die von mir.

Die Frage, wie ein Atomkrieg verhindert werden könnte, hatte mich schon in Kanada beschäftigt. Und wer weiß, ob nicht mein Eintreten für die Erhaltung des Friedens die Ursache für die Angriffe der Reaktion gegen mich war. Hier in Polen bringt einem die Tätigkeit für den Frieden nur Ehre, deshalb erwähne ich sie nur am Rande. Ich war (eigentlich bin ich es noch jetzt, wenn auch nicht sehr aktiv) Mitglied des Weltfriedensrates und gehörte sogar dem Präsidium an. Es zeigte sich jedoch, daß es – bis auf einige Ausnahmen – schwierig, wenn nicht gar unmöglich ist, Persönlichkeiten für den Weltfriedensrat zu gewinnen, deren Anschauungen nicht linksgerichtet sind und die doch für den Frieden eintreten. Und solche gibt es doch zweifellos.

Solange Joliot lebte, empfand ich die Begegnungen mit diesem großen und charmanten Physiker auf den Sitzungen des Präsidiums oder des Rates als besonders angenehm. Auch der ständige Kontakt mit

Bernal auf diesem Terrain war sehr erfreulich. In der Hauptsache jedoch sind im Weltfriedensrat Humanisten vertreten. Mein Einfluß auf den Verlauf der Beratungen dieser Institution war minimal. Der Weltfriedensrat, seine Sitzungen und Kongresse, wurden von der westlichen Welt ignoriert, und nur unser Lager nahm sie zur Kenntnis.

Völlig anders sahen die Pugwash-Konferenzen aus. Sie fanden nur selten statt. Gewöhnlich wurden etwa siebzig Personen eingeladen. Ich nahm zum erstenmal an einer dieser Konferenzen im Jahre 1958 in dem schönen österreichischen Gebirgsort Kitzbühel teil.

Zunächst war die Atmosphäre zwischen den sowjetischen und amerikanischen Wissenschaftlern von Argwohn und gegenseitigem Mißtrauen gekennzeichnet. Doch Wissenschaftler kommen schnell zu einer Einigung. Die Atmosphäre erwärmte sich allmählich, und schließlich entwickelten sich freundschaftliche Beziehungen. Wenn ich bei dieser Begegnung eine gewisse Rolle spielte, so nur deshalb, weil ich beide Welten – den Osten und den Westen – wohl besser kenne als irgendein anderer.

Der feierliche Abschluß der Konferenz fand in Wien statt. Der österreichische Bundespräsident lud uns zum Lunch in die Burg ein, und am Abend gab es eine Galavorstellung in der Oper. Außerdem fanden zwei Versammlungen statt. Die eine war eine Massenveranstaltung und wurde im größten Saal Wiens abgehalten. Auf dieser Veranstaltung führte der österreichische Außenminister den Vorsitz, und zehn Wissenschaftler referierten.

Die Referate trugen ziemlich akademischen Charakter, und die zehntausend versammelten Zuhörer mitsamt dem Präsidenten von Österreich langweilten sich rechtschaffen.

Ich sprach als zehnter. Das Podium war erleuchtet, während der Saal im Halbdunkel lag. Es ist ein seltsames Gefühl, zu einer Menge zu sprechen, die man nicht sieht. Nur ein Meer von Köpfen.

Ich war bemüht, in meiner Ansprache die Disproportion zwischen dem technischen Fortschritt und dem mangelnden Fortschritt im Zusammenleben der Völker zu erläutern. Hier ein kurzer Auszug aus der zehnminütigen Ansprache, die ich in deutscher Sprache hielt.

Ich wurde in Krakau geboren, in einer Zeit, da diese schöne polnische Stadt zur österreichisch-ungarischen Monarchie gehörte. Als ich noch ein Kind war, nahm mich mein Vater nach Wien mit. Das war in dem Jahr, als Kaiser Franz Joseph den sechzigsten Jahrestag seiner Thronbesteigung beging. Die Reise von Krakau nach Wien dauerte damals – ich er-

innere mich gut daran – sieben Stunden. Das war vor fünfzig Jahren.
Seitdem nahmen Wissenschaft und Technik eine gewaltige, damals kaum
vorausgeahnte Entwicklung. Doch wie ist das Ergebnis dieser Entwick-
lung für den Einwohner Krakaus, der heute nach Wien fahren möchte?
Die Reise dauert mindestens doppelt so lange wie vor fünfzig Jahren!

Ich war erstaunt über den unerwarteten und spontanen Beifall der
Zuhörer. Der Applaus nahm keine Ende. Die Menge, in die nun Leben gekommen war, hörte mir aufmerksam zu und belohnte fast jeden Satz mit Beifall.

Eine andere Veranstaltung, die mehr intimen Charakter trug, fand
am selben Abend in einem Saal statt, der etwa zweihundert Personen
Platz bot. Unsere lange Resolution von Kitzbühel wurde den Versammelten zur Kenntnis gebracht. Aber es gab auch kurze Ansprachen.
Nach Wien kam der damals schon greise Bertrand Russell, nach dem
Tode Einsteins und Bohrs der wohl bedeutendste Physiker. Ich bin
ihm später noch zweimal begegnet und hatte die Ehre, mit ihm zu
sprechen. Heute müßte er, wenn ich mich nicht irre, dreiundneunzig
Jahre alt sein. Er sah wie ein alter Adler aus, der in seinem langen Leben ein paar Federn hatte lassen müssen. Noch vor knapp zwei Jahren (1962), auf der großen Pugwash-Konferenz in London, auf der
im Präsidium die Personen saßen, die damals Einsteins und Russells
Aufruf unterschrieben hatten (seinerzeit waren es acht Personen gewesen), hielt Russell eine kurze, aber schöne Rede und erntete von
der Versammlung spontanen Beifall.

Die Kongresse in Wien und in London waren die einzigen, auf denen ich Russell sprechen hörte. Er ist eigentlich der Ehrenvorsit-
zende der Pugwash-Bewegung und wird von Nobelpreisträger Professor Powell vertreten, einem bezaubernden Menschen, der es mir
wohl nicht übelnehmen wird, wenn ich ihn meinen Freund nenne.

Ich freute mich, als man mich auf dem Londoner Kongreß zum
Vertreter der volksdemokratischen Länder in das engere Pugwash-
Komitee wählte.

Woher kommt der Name *Pugwash*? Die ursprüngliche Idee zur
Schaffung dieser Organisation kommt von dem kanadischen Millionär Cyrus Eaton, der außerordentlich fortschrittliche (selbst für
einen Nicht-Millionär fortschrittliche) Ansichten vertritt. Herr Eaton lud die Unterzeichner des Appells sowie einige andere Wissenschaftler auf sein Besitztum Pugwash in Neuschottland ein. Seitdem
hat sich dieser Name eingebürgert.

Die Bedeutung der Pugwash-Bewegung ist ständig gewachsen. Ihr gehören nämlich sowohl die Berater Chruschtschows als auch des Präsidenten der Vereinigten Staaten an. Durch die Vermittlung der Wissenschaftler begann der Dialog zwischen den Staatsmännern. Dieser Dialog führte zum Moskauer Vertrag und zu einem wenigstens teilweisen Temperaturanstieg in den internationalen Beziehungen. Ich glaube, unsere Arbeit ist keine Sisyphusarbeit.

XI

Das Jahr 1956 war das denkwürdige Jahr des XX. Parteitags und des polnischen Oktobers. Wie wirkten sich diese Ereignisse auf die Wissenschaft und mein Leben aus?

Im Mai dieses Jahres fand eine Generalversammlung der Polnischen Akademie der Wissenschaften statt. Wir wählten eine neue Leitung und kritisierten ungezwungen die Vergangenheit. Meine Diskussionsrede zum Rechenschaftsbericht war durchaus nicht die radikalste. Ich hatte sie sorgfältig vorbereitet, und sie erschien später sowohl in den *»Mitteilungen der Akademie«* als auch in der Wochenzeitschrift *»Przegląd Kulturalny«*. Aus meiner längeren Rede möchte ich nur Ausschnitte zitieren:

Der Zweck meiner Ansprache ist nicht Kritik um der Kritik willen. Eine Erörterung der Fehler der Vergangenheit nur um ihrer selbst willen ist ein unfruchtbares und überflüssiges Unterfangen. Aber nur durch eine offene und ehrliche Diskussion über die Fehler können wir die Bitterkeit beseitigen, die sich in den Herzen und Hirnen vieler von uns angesammelt hat; nur so können wir die Wand beseitigen, die noch zwischen vielen Wissenschaftlern und der sozialistischen Gesellschaftsordnung, die wir gemeinsam erbauen wollen, steht ... Es gibt im Englischen ein Wort, das sich schwer übersetzen läßt. Ich meine das Wort »bully«. Das daraus entstandene Verb heißt »to bully«. Ein »bully« ist ein Haustyrann, ein kleiner Tyrann, ein brutaler Mensch, der anderen seinen Willen aufzwingt, indem er schreit, und wenn das nicht hilft, tritt und schlägt – wirklich oder mental. Ich werde hier dafür das Wort »Schreihals« verwenden, obwohl es für die Wiedergabe des Begriffes »bully« zu schwach ist ...

... Unsere Freundschaft zur Sowjetunion ist eine äußerst wichtige Frage, ganz gleich, ob es sich um ökonomische Probleme handelt, um die Erhaltung des Friedens oder um die Entwicklung der Wissenschaft. Das sind Dinge, die in Polen bekannt und anerkannt sind. Einen schlechten

Dienst haben jedoch diejenigen dieser Freundschaft erwiesen, die die russische Priorität jeder wichtigen oder unwichtigen Idee verkündeten. Mit ihrer Aufdringlichkeit machten sie die sowjetische Wissenschaft lächerlich, die auch ohne das Geschrei dieser Leute einen führenden Platz in der Welt eingenommen hat. Einen schlechten Dienst erwiesen der sowjetischen Wissenschaft und auch der polnisch-sowjetischen Freundschaft diejenigen, die in unserem Lande die Äußerungen jener Schreihälse aufgriffen und sie durch noch lauteres eigenes Geschrei unterstrichen. Wie oft wandten sich sehr junge Menschen an mich mit der Frage, ob Mendelejew und Pawlow wirklich große Gelehrte seien. Solche Erscheinungen sind ein Ausdruck dessen, daß man zum Beispiel in einer Arbeit über das Zeit-Raum-Problem die Namen von Butlerow und Fjodorow und nicht den von Einstein nennt oder im philosophischen Wörterbuch die Entdeckung der berühmten Gleichung $E = mc^2$ Lebedew und Wassilow und nicht Einstein zuschreibt. Nebenbei bemerkt, wurde dieses Wörterbuch ins Polnische übersetzt und wird von unseren Aspiranten benutzt!

... Noch eine Erinnerung an jene Zeit. Im Sejm wurde von der Akademie eine Tagung durchgeführt, die den Werken Stalins gewidmet war. In der Diskussion meldete sich ein Physiker zu Wort. Er trat eindeutig gegen Einstein, Bohr, Dirac auf und nannte sie idealistische Physiker. Professor Pieńkowski, der neben mir saß, flüsterte mir ins Ohr: »Da kann es ja mit der idealistischen Physik gar nicht so schlecht bestellt sein, wenn sie solche Menschen hervorbringt.« Der Angriff jenes Kollegen hatte auch in der Tat sehr wenig, um nicht zu sagen, nichts mit der Verteidigung marxistischer Positionen zu tun. Er benutzte die Argumente von Zitatenjägern, die ausgerüstet sind mit einzelnen, aus dem Zusammenhang gerissenen Sätzen von Marx und Engels. Diese Schöpfer des dialektischen Materialismus konnten jedoch nicht voraussehen, daß sich die Physik heute in eine ganz andere Richtung entwickeln würde als vor hundert Jahren.

Diese Zeit ist vorbei. Hoffen wir, für immer. Die Sowjetunion erlebt heute eine Renaissance der Physik, denn es wurden die Fesseln beseitigt, die ihre Entwicklung hemmten. Die sowjetische Wissenschaft hat in hohem Maße ihre Weltoffenheit wiedergewonnen. Für mich ist das Symbol der sowjetischen Wissenschaft das Synchrophasotron Wekslers mit zehn Milliarden Elektronenvolt – die größte Errungenschaft der wissenschaftlichen Technik unserer Zeit. Hoffen wir, daß eine solche Renaissance der Wissenschaft auch bei uns bald folgt.

Es ist höchste Zeit, daß das Präsidium der Akademie das Steuer in

die eigenen Hände nimmt, daß es nicht – wie bisher – nur der Gummi-
stempel des Sekretariats ist. Wir müssen für die Demokratisierung unse-
rer Institution kämpfen. Wir müssen gegen Geheimniskrämerei in der
Wissenschaft kämpfen, wo sie nur als Mäntelchen für Ignorantentum be-
nutzt wird. Wir müssen darum kämpfen, daß die Wissenschaft von Wis-
senschaftlern betreut wird und nicht von Administratoren, die die Nöte
der Wissenschaft nicht kennen. Wir müssen um die Ausbildung von Ka-
dern kämpfen, vor allem auf den Gebieten, auf denen es zu wenige gibt.
Wir müssen gegen Unaufrichtigkeit und Verlogenheit kämpfen, die bei
uns noch häufig anzutreffen sind. Wir müssen um eine Atmosphäre der
Wissenschaftlichkeit kämpfen, damit es keine Rückkehr zur Dunkelheit
gibt, an deren Rand wir fünf Jahre hindurch gestanden haben. Wir müs-
sen um die Würde und Zukunft der polnischen Wissenschaft kämpfen.
Dann kam unser Oktober. Die erlangte Freiheit machte die Menschen trunken. Doch manche verwandelten sie in Zügellosigkeit. In
Wałbrzych (Waldenburg) sollen Rowdys jüdische Bürger geschlagen
haben. Polens Grenzen öffneten sich, und viele Juden wanderten
nach Israel aus.

Auch ich sollte angeblich die Absicht haben, Polen zu verlassen.
Zunächst nahm ich das Gerücht nicht ernst, doch später hörte ich es
immer öfter. Ein Kollege meiner Frau sprach mit jemandem, der behauptete, er habe meinen Auswanderungspaß gesehen. Professor Lo-
rentz hörte von einem angeblichen Augenzeugen, ich säße auf ge-
packten Koffern. Als ich in der Schweiz war, besuchte ich Professor
Pauli, der mir erzählte, sein Schüler, ein Professor der Physik in Je-
rusalem, habe ihm versichert, ich würde nach Israel übersiedeln. Von
einer Freundin aus Kanada erhielten wir einen Brief mit der Nachricht, sie habe im Radio gehört, daß ich nach Kanada zurückkäme.
Einer guten Bekannten von uns in Paris war zu Ohren gekommen,
daß ich für immer nach Frankreich zöge. Jemand, der aus China zu
Besuch gekommen war, hatte gehört (im fernen China), daß ich nach
Australien auswandern wolle.

Die Leute fanden auch einen Grund, weshalb ich angeblich Polen
verließ. Eine meiner Vorlesungen soll sich in eine antijüdische Demonstration verwandelt haben.

Dieses Gerücht müßte doch, so sollte man meinen, ein Körnchen
Wahrheit enthalten. Ein Sprichwort sagt – und Sprichwörter sind ja
wohl die Weisheit der Völker –, wo es Rauch gebe, da gebe es auch
Feuer.

Wieviel Wahrheit enthielten diese Gerüchte? Überhaupt keine!
Wenn also diese Geschichte frei erfunden war, mußte sie jemand erfunden haben. Aber wer hatte sie erfunden und zu welchem Zweck? Ich ziehe zwei Möglichkeiten in Betracht:

Das Gerücht konnte von reaktionären Kreisen in die Welt gesetzt worden sein: »Da ist dieser Herr I., dem Polen alles gegeben hat. Jetzt könnt ihr sehen, was die Juden unter Dankbarkeit verstehen! Wenn sie nur die Möglichkeit haben, sehen sie gleich zu, wie sie Polen verlassen können.«

Ebensogut konnte dieses Gerücht jüdischen Kreisen entstammen. »Ihr beschuldigt uns, daß wir aus Polen auswandern? Herr I. wurde wesentlich besser behandelt als wir, doch auch er verläßt Polen.« Ich weiß nicht, in welchen Kreisen das Gerücht seinen Ursprung hatte. Vielleicht in beiden gleichzeitig.

Als sich im Verlaufe der Zeit herausstellte, daß ich Polen nicht verließ, entstand ein neues Gerücht, das ich mehrfach hörte. Die einen erzählten, daß Cyrankiewicz, andere, daß Gomułka, wieder andere, daß Cyrankiewicz und Gomułka mich gebeten hätten, in Polen zu bleiben.

Aus dieser Geschichte ergibt sich eine eindeutige Schlußfolgerung: daß Polen das klatschfreudigste Land der Welt ist und das einzige Land, in dem es Rauch ohne Feuer geben kann.

XII

Im Mai 1959 fuhr ich mit der polnischen Delegation und meiner Sekretärin zum Kongreß des Weltfriedensrates nach Stockholm. (Seitdem sich mein Gesundheitszustand verschlechtert hatte, fuhr ich immer mit meiner Frau, meiner Ärztin oder meiner Sekretärin Halina Neyman ins Ausland.) Am Samstagabend, als ich mich schlafen legte, litt ich unter Kopfschmerzen. Als ich am Morgen aufwachte, hatte ich bei der Bestellung des Frühstücks Schwierigkeiten, die einzelnen Wörter auszusprechen. Die Sekretärin, die ich anrief, sagte, das käme sicherlich daher, daß ich zuwenig geschlafen hatte; in einigen Stunden würde ich schon »in Schwung kommen«. Mir lag viel daran, »in Schwung zu kommen«, denn von Stockholm aus wollte ich nach Moskau fahren, um an einer Delegation der *Association of Scientific Workers*, das heißt der Vereinigung der Wissenschaftler teilzunehmen. So zog ich mich also an, obwohl mir das nicht leichtfiel, und ging mit der

Sekretärin zum Lunch. Beim Gehen mußte ich jedoch mühsam das rechte Bein nachziehen. Ich erinnere mich an das seltsame Gefühl, als ich in der rechten Hand ein Glas Milch hielt. Wieder im Hotel, legte ich mich zu Bett und bat die Sekretärin, nach einem Arzt zu telefonieren. In Stockholm ist es sonntags nicht einfach, ärztliche Hilfe zu bekommen. Um sechs Uhr abends kam schließlich ein Arzt; seine Diagnose lautete auf (so sagte er mir wenigstens) gewöhnliche Erschöpfung, die bald vorübergehen würde. In der Nacht besuchte mich der chinesische Arzt, der Kuo Mo-jo begleitete. Er sagte mir, es handele sich wahrscheinlich um einen leichten Gehirnschlag. (Einige Jahre zuvor hatte ich etwas Ähnliches, allerdings in viel schwächerem Maße. Damals traten nur Sprachhemmungen auf.)

Auf Anraten des Arztes nahm ich ein starkes Schlafmittel. Am Montagmorgen fühlte ich mich wesentlich schlechter. Meine unglückliche Sekretärin telefonierte mit der Botschaft, mit einem Krankenhaus, bis sie schließlich erreichte, daß ich ins Krankenhaus eingeliefert wurde. Dort hatte ich ein eigenes Zimmer und ärztliche Fürsorge. Mit den Ärzten konnte ich mich nur mühsam verständigen, nicht, weil es Sprachschwierigkeiten gab, sondern weil ich kaum die Zunge bewegen konnte. Anstelle von Wörtern brachte ich nur ein schwer verständliches Lallen hervor. Am Mittwoch traf meine Frau ein, die innerhalb eines Tages Paß und Visum erhalten hatte. Ich fühlte mich mit jedem Tag schlechter. Zuerst konnte ich zwei Finger nicht bewegen, dann drei, dann die ganze Hand, bis die Lähmung die ganze rechte Seite ergriff. Psychisch fühlte ich mich recht gut, in der Hauptsache, weil ich meine Frau um mich hatte, und die Betreuung im Krankenhaus geradezu ungewöhnlich war. Bevor meine Frau kam, fiel mir das Sterben schwer – fernab von der Heimat, von den Kindern, deren Fotografien vor mir standen. Meine Frau war in der ersten Zeit meiner Krankheit den ganzen Tag bei mir und verbreitete durch ihre Anwesenheit eine freundliche, helle Atmosphäre im Krankenzimmer. Später erzählte sie mir, der Arzt habe gesagt, wenn ich die nächsten zehn Tage überstehen würde, bliebe ich wahrscheinlich am Leben.

In den letzten Jahren hatte ich mit einem meiner Dozenten an einem Buch geschrieben, »*Motion and Relativity*« (Das Bewegungsproblem und die Relativitätstheorie). Da der Dozent ein Rockefellerstipendium erhalten hatte und im Ausland weilte, mußte ich das Buch allein beenden. Kurz bevor ich erkrankt war, hatte ich versucht, das Bewegungsproblem mit dem Spin – dem inneren Drehimpuls der

Elementarteilchen und Atomkerne – im Gravitationsfeld zu lösen, an dem einige meiner Doktoranden arbeiteten.

Während ich unbeweglich im Krankenhaus lag, begann ich über das Problem nachzudenken. Da ich nicht schreiben konnte, mußte ich meiner Frau in einem Gestammel, das nur sie verstand, die Ergebnisse meiner Arbeit diktieren. Ich wollte ihr sagen, wie das »Christoffel-Symbol« zu schreiben sei; ich nahm den Bleistift zur Hand, ballte die Hand mühsam zur Faust und zeichnete das Symbol ungelenk auf eine ganze Seite Papier. Meine Frau verstand, wie wichtig das Bewußtsein, noch denken zu können, für mich war, und hinderte mich nicht an der Arbeit.

Ich war in meinem Leben schon in kanadischen, englischen und polnischen Krankenhäusern gewesen, doch das Krankenhaus in Stockholm war bei weitem das beste. Mein Name besagte dort nichts, Trinkgelder gibt man im Krankenhaus nicht, und doch war die Betreuung vorbildlich. Die Schwestern, hübsche junge Mädchen, zeichneten sich durch Höflichkeit, Pflichtbewußtsein, ja, ich möchte sogar sagen, durch Zärtlichkeit aus. Das Krankenhausessen war gut, doch da ich überhaupt keinen Appetit hatte, kochte die Stationsschwester für mich jedesmal etwas Besonderes. (Wir freundeten uns so an, daß sie später in Warschau unser Gast war.) Der Arzt brachte mir zur Anregung des Appetits eine Flasche Wein.

Allmählich besserte sich mein Zustand. Ich konnte die Hand wieder bewegen, wieder besser sprechen, nur das rechte Bein konnte ich nicht voll gebrauchen (was leider auch später nicht behoben werden konnte). Täglich trieb ich Rehabilitationsgymnastik, lernte gehen, die Finger bewegen, und alles mit Hilfe ausgezeichneter Fachkräfte.

Mich besuchten die Professoren der Stockholmer Universität und des Politechnikums, ich erfuhr sehr viel Angenehmes und nicht eine einzige Unannehmlichkeit. Als ich nach sechswöchigem Aufenthalt schon selbständig ein paar Schritte gehen konnte, erlaubte man mir, nach Warschau zurückzukehren. Meine Kinder erwarteten mich auf dem Flugplatz und erschraken, als sie sahen, daß ihr Vater auf einer Trage vom Flugzeug zum Krankenwagen befördert wurde.

In Warschau besserte sich mein Zustand weiterhin. Es fiel mir immer leichter, mich zu bewegen und zu sprechen. Die Ferien verlebte ich in Nieborów, und zu Beginn des Studienjahres 1959/60 arbeitete ich bereits, wenn auch bei weitem nicht so intensiv wie früher. Ich freute mich, daß mein Sohn ein Stipendium für ein Studium in Cambridge bekommen hatte, daß ich noch lebte, daß ich unser Buch »*Motion and Relativity*«, das uns soviel Mühe gekostet, in Druck gegeben hatte.

Bald darauf jedoch neue Sorgen! Ich wunderte mich, daß mir tagsüber das Atmen so schwerfiel, und glaubte, es sei Asthma. Nach einem stärkeren Anfall ließ ich den Arzt kommen. Seine Diagnose lautete Herzasthma. Obwohl ich Strophantin-Injektionen bekam, wiederholten sich die Anfälle – mal waren sie schwächer, mal stärker. Gewöhnlich stellen sie sich des Nachts ein. Zuerst ein Angstgefühl und Atemnot. Dann beginnt der Anfall. Ich setze mich im Bett auf, huste, um die Flüssigkeit, die sich in der Lunge angesammelt hat, auszustoßen. Der Husten steigert das Gefühl der Atemnot. So huste ich stärker, bis ich zu ersticken glaube und in einem ruhigen Augenblick gierig nach Luft schnappe. Dann wieder ein Hustenanfall und noch stärkere Atemnot. So ist es während der Anfälle. Dazwischen treten Atembeschwerden auf. Man kann nur flach atmen, man spürt die ganze Zeit das Vorhandensein seiner Lungen und glaubt, sie seien mit Wasser gefüllt. Abscheulich! Es lohnt nicht, damit zu leben.

Wikta sagte mir später (sie hat das scharfe Auge einer Kinderärztin), sie habe damit gerechnet, mein Tod würde im März 1960 eintreten. Sie sprach an der entsprechenden Stelle mit den entsprechenden Leuten, sagte, daß mich nur ein »Virtuose« retten könnte, und schlug vor, Professor Paul Wood aus London kommen zu lassen. Nach meinem schwersten Erstickungsanfall im Februar bat man ihn nach Warschau. In der Nacht war die Ärztin gekommen, sie hatte große Angst ausgestanden, ich könnte während ihrer Visite sterben, und ich mußte ihr versprechen, daß ich diese Nacht wohl noch überstehen würde.

Professor Wood kam am Samstagabend, und am Sonntag verließ er Warschau wieder. Ich sah zum erstenmal einen Arzt, der klar und logisch dachte wie ein Wissenschaftler. Er sagte meiner Frau, daß natürlich Überraschungen möglich seien, doch er hoffe, mich im Laufe einer Woche von diesem Zustand zu befreien.

Seit seinem Besuch hat die Atemnot nachgelassen, ich arbeite und altere normal und war sogar schon mehrmals wieder im Ausland.

Während der Ferien des Jahres 1959 verpaßte ich nicht nur die Gelegenheit, Chruschtschow kennenzulernen. Im Juli fand in der Nähe von Paris eine Konferenz über Gravitation statt, an der ich teilnehmen sollte. Es vertraten mich meine Schüler.

Der nächste Kongreß über Probleme der Gravitation fand Ende Juli 1962 in Polen statt. Leider konnte ich mich nicht in dem Maße daran beteiligen, wie ich das gern wollte. Bei der Vorbereitung des Kongresses halfen mir sehr meine Schüler. Dieser Kongreß war ein großer Erfolg für die polnische Wissenschaft. Nach Warschau kamen die Professoren Synge, Dirac und Hoffmann, meine alten, guten Bekannten. Die Konferenzen fanden teils in Warschau, in der Hauptsache aber in Jabłonna statt. Als ich von einer dieser Tagungen nach Hause kam, zeigte mir mein Sohn in den Londoner »*Times*« die Nachricht vom Tode Professor Paul Woods. Er war etwa zehn Jahre jünger gewesen als ich. Andere hatte er gerettet, doch sich selbst wollte oder konnte er nicht retten. Er starb an einem Herzschlag.

Damit beende ich meine Notizen. In meinem Privatleben gab es im letzten Jahr, zum Glück, wenig Unannehmlichkeiten und einige erfreuliche Dinge, die in der Hauptsache mit dem sich gut entwickelnden Institut zu tun hatten. Nun stehe ich schon am Ende meiner Reise. Ich fürchte mich nicht vor dem Tod, sondern nur vor dem Prozeß des Sterbens. Ich wünsche, daß er möglichst schmerzlos sei. Ich möchte auch, daß meiner Familie und den Freunden die Begräbnisformalitäten erspart bleiben, die in der heutigen Welt eine Barbarei sind. Die Wut packt mich, wenn ich daran denke, daß einer meiner Schüler vor dem Spiegel die Grabrede auswendig lernen wird. Ich habe meiner Frau gesagt, sie solle keinerlei Ansprachen zulassen. Oder Blumen. Das ist ebenfalls Unsinn. Für den Toten sind sie völlig überflüssig. Oder das schwarze Kleid der Ehefrau, eigens zu diesem Zweck in aller Eile angefertigt. Das ist doch Schwachsinn. Ich tröste mich damit, daß in meinem Fall meine Frau dafür sorgen wird, daß diese Formalitäten auf ein Minimum reduziert werden; andererseits freue ich mich, daß ich das weder sehen noch kritisieren muß.

Wenn im letzten Jahr in meinem Privatleben sehr wenig geschah, so geschah in der Welt sehr viel. Das erste bedeutende Ereignis war die Unterzeichnung des Vertrages über die teilweise Einstellung der Atombombenversuche, des sogenannten Moskauer Vertrages. Erneut schien sich eine Möglichkeit für das Ende des Kalten Krieges anzubahnen.

Im September 1963 nahm ich in Dubrovnik an einer Pugwash-Konferenz teil. Der Himmel war blau, das Meer warm und ruhig. In Dubrovnik schlummert seit fünf Jahrhunderten die in Stein gebannte Schönheit der Renaissance. Harmonisch verlief im Beratungssaal die Tagung. Ich glaube daran, daß für die Welt nun eine Ära des Friedens beginnt.

Diese Worte, mit denen ich meine Notizen beschließe, schreibe ich in Polen, im November 1963. Ich schreibe sie unter dem Eindruck der niederschmetternden Nachricht von der Ermordung des Präsidenten der Vereinigten Staaten. Dieses Attentat und die Umstände, unter denen es erfolgte, deuten an, wie vage unsere Voraussagen sind. Ich weiß nicht, ob Spekulationen auf eine Verbesserung der politischen Atmosphäre heutzutage überhaupt einen Sinn haben. Ich weiß nicht, ob wir vor einer Ära des Zusammenlebens stehen oder vor einem neuen Mittelalter. Ich weiß nicht, ob meine Kinder in einer besseren Welt leben werden, als es die war, in der ich den größeren Teil meines Lebens verbrachte, oder aber in einer Welt von Blut und Gewalt. Ich weiß nicht, ob sie in einer Welt leben werden, in der Freiheit und Wohlstand wachsen, oder in einer Welt, in der diese Werte verkümmern müssen.

Ich weiß es nicht. Auf lange Sicht betrachtet, glaube ich jedoch, daß uns der Weg im Zickzack über Hügel und Täler bergauf führt. Doch wie wird die Welt meiner Kinder, Eryks und Joannas, aussehen? Ich weiß es nicht.

Joanna Infeld lebt heute wieder in Kanada. Eryk Infeld blieb in Polen und ist nun Professor am Institut für Kernforschung in Warschau. Sowohl Joanna als auch Eryk erhielten ihre kanadische Staatsbürgerschaft Anfang der neunziger Jahre zurück.

In einem Schreiben an Professor Eryk Infeld vom Juni 1994 drückt die *University of Toronto* erstmals offiziell ihr Bedauern über die mitverschuldeten Umstände aus, die Leopold Infeld veranlaßten, Kanada zu verlassen, und verleiht ihm postum den Ehrentitel *Professor Emeritus.*

Der Verlag

NAMENSREGISTER

Adrian, Lord Edgar Douglas (1889–1977), britischer Biologe und Physiologe, Professor und Master in Cambridge 126

Anders, Władysław (1892–1970), polnischer General und Politiker der Exilregierung 173, 175

Bałucki, Michal (1837–1901), polnischer Schriftsteller 29

Banachiewicz, Tadeusz (1882–1954), polnischer Astronom in Krakau, Kasan und Tartu 192

Beatty, Mathematiker, Dekan und Direktor des Mathematischen Instituts in Toronto 136 f., 158 f., 160, 169, 171

Beauvoir, Simone de (1908–1986), französische Schriftstellerin 209

Bell, Eric Temple (1883–1960), amerikanischer Schriftsteller 132

Bergman, Peter, amerikanischer Physiker, Mitarbeiter Einsteins 93

Berija, Lawrentij Pawlowitsch (1899–1953), sowjetischer Politiker und Geheimdienstchef 193

Berkeley, George (1685–1753), englischer Philosoph 85

Bernal, John Desmond (1901–1971), engl. Atomphysiker 119, 123, 148, 214

Bhabha, Homi Jehangir (1909–1966), indischer Physiker, Professor 102, 155, 157

Białobrzeski, Czesław (1878–1953), polnischer Physiker, Professor in Kiew und Warschau 22, 150

Bierut, Bolesław (1892–1956), polnischer Premierminister, Präsident 190 f.

Blackett, Patrick Maynard Stuart (1897–1974), englischer Physiker, Professor in London und Manchester 118, 127, 148

Bogoljubow, Nikolai Nikolajewitsch (1909–1987), sowjetischer Physiker und Mathematiker, Professor in Kiew 115, 117, 199 f.

Bohr, Niels (1885–1962), dänischer Physiker, Professor in Kopenhagen 27, 47, 94, 106 ff., 112 f., 120 f., 127, 200, 215, 217

Boltzmann, Ludwig (1844–1906), österreichischer Physiker und Mathematiker, Professor in Wien und an anderen österreichischen und deutschen Universitäten 79

Born, Max (1882–1970), deutscher Physiker, Professor in Göttingen 27, 28, 41, 47, 50, 52, 105, 113, 115, 205, 213

Einstein, Albert (1879–1955), deutsch-amerikanischer Physiker, Professor in Zürich und Princeton, Begründer der Relativitätstheorie 23, 42 ff., 82, 83, 86, 87 f., 89 ff., 106 ff., 114, 123 ff., 132, 136, 144, 148, 154 f., 157, 158, 160 f., 163, 165 ff., 173 ff., 186 ff., 192, 194 f., 197, 198, 199, 201, 203, 213, 215, 217

Eliot, Lewis, englischer Jurist 126

Engels, Friedrich (1820–1895), deutscher Politiker und sozialistischer Theoretiker, Mitbegründer des Marxismus 217

Erasmus von Rotterdam (1466–1536), niederländischer Humanist 119

Fairley, Professor in Kanada 140,141

Faraday, Michael (1791–1867), englischer Physiker und Chemiker, Professor in London 79, 106 f.

Fermi, Enrico (1901–1954), italienisch-amerikanischer Physiker, Professor in Rom, Erbauer des ersten Atomreaktors in den USA 199

Fiderkiewicz, Dr. Alfred, polnischer Botschafter in Kanada 146

Fjodorow, Jewgraf Stepanowitsch (1853–1919), russischer Kristallograph, Professor in Moskau 217

Fock, Wladimir A. (1898–1974), sowjetischer Physiker, Professor in Leningrad 189 ff., 199, 201, 202

Fowler, William Alfred (1911–1995), amerikanischer Astrophysiker, Professor in Pasadena 50

Franz Joseph I. (1830–1916), Kaiser von Österreich, König von Ungarn 27, 214

Galileo Galilei (1564–1642), italienischer Naturforscher, Professor in Pisa und Padua 18

Galois, Évariste (1811–1832), franz. Mathematiker 91, 131 ff., 135, 136

Ginsburg, Jewgenij Michailowitsch (*1916), sowjetischer Physiker, Professor in Leningrad 201

Goforth, W. W., Oberst und ehemaliger Generaldirektor des kanadischen Forschungsrats für Verteidigung 174

Golański, stellvertretender Volksbildungsminister in Warschau 182

Gomułka, Władysław (1905–1982), polnischer Politiker und Staatsmann 196, 219

Gusenko, sowjetischer Diplomat in Kanada 140

Hahn, Otto (1879–1968), deutscher Chemiker und Atomforscher, Professor in Berlin 114

Halecki, Oskar, Präsident der »Polnischen Akademie im Exil« 145

Heitler, Walter Heinrich (1904–1981), deutscher Physiker, Professor in Dublin, später in Zürich 148

Heisenberg, Werner (1901–1976), deutscher Atomphysiker, Professor in Berlin, Göttingen und München 49, 86, 115 ff.

Proust, Marcel (1871–1922), französischer Schriftsteller 125
Ptolemäus, Claudius (um 100–160 u.Z.), ägyptischer Astronom, Mathematiker und Geograph 83, 84, 187

Rayleigh, Lord (1842–1919), englischer Physiker, Professor in Cambridge 118
Riemann, Bernhard (1826–1866), deutscher Mathematiker und Physiker, Professor in Göttingen 91
Roberts, US-General, Chef des Atombombenprojekts »Manhattan« 138
Robespierre, Maximilian de (1758–1794; hingerichtet), entschiedendster Vertreter der radikalen Jakobiner in der Französischen Revolution 196
Roosevelt, Franklin Delano (1882–1945), Staatsmann und Präsident der USA 134
Rosenfeld, Physiker, Professor in Manchester 148
Rotblat, J., polnischer Physiker, Professor in London, Generalsekretär der Pugwash-Bewegung 213
Rozental, polnischer Physiker, Professor in Kopenhagen 32
Rubinowicz, Wojciech (1889–1974), polnischer Physiker, Professor in Lublin, Warschau, Krakau und Berlin 150
Russell, Earl Bertrand (1872–1970), englischer Philosoph, Mathematiker und Sozialkritiker, Professor in Cambridge und Chicago 213, 215
Rutherford, Ernest, Lord of Nelson (1871–1937), englischer Physiker, Professor in Montreal 50, 118, 120 f.

Sartre, Jean-Paul (1905–180), französischer Philosoph und Schriftsteller 209
Schäffer, Clemens (1878–1968), deutscher Physiker, Professor in Wrocław, Marburg und Köln 23
Schrödinger, Erwin (1887–1961), österreichischer Phyiker, Professor in Dublin 148
Schwartz, Laurent (*1915), französischer Mathematiker, Professor in Paris 157
Shaw, George Bernard (1856–1950), irisch-englischer Schriftsteller 149
Skłodowska-Curie, Marie (1867–1934), französische Chemikerin, polnischer Herkunft 191
Slansky, Rudolf (1901–1952; hingerichtet), tschechoslowakischer Politiker, Generalsekretär der KPČ 196
Słonimski, Antoni (1895–1976), polnischer Lyriker 149, 207
Smith, Sidney Rektor der Universität Toronto 137, 161 f., 169
Smoluchowski, Marian (1872–1917), polnischer Physiker, Professor in Lwów und Krakau 21, 25, 191
Snow, Sir Charles Percy (1905–1980), englischer Schriftsteller, Doktor der Physik 118 f., 123 ff., 127 f.
Sommerfeld, Arnold (1868–1951), deutscher Physiker, Professor in München 27, 47, 49, 86, 113

Nicht von allen im Manuskript und im Personenregister genannten Personen konnten die vollständigen Lebensdaten ermittelt werden. Im Personenregister wurde darüber hinaus auf die Datierung der im Text beschriebenen Tätigkeiten sowie die Nennung der Nobelpreise und anderer Ehrungen verzichtet.

INHALTSVERZEICHNIS

Bohdan Arct

Kamikaze

Nach dem Tagebuch eines Todesfliegers

Japan 1943. Schon seit einiger Zeit müssen sich die japanischen Militärs eingestehen, den Amerikanern an Kriegsgerät und Truppenstärke unterlegen zu sein. Doch noch immer sind sie – wie die Mehrheit der Bevölkerung – davon überzeugt, daß die Gesinnung, der Mut und die Entschlossenheit ihrer Soldaten, vor allem aber die Bereitschaft zu höchsten Opfern, dem Kaiserreich den Sieg bringen wird. Trotz dieser Überzeugung bemüht sich das Militär um neue Samurai für seine Truppen. Nuwami Taroo, erster der Segelflugmeisterschaften des Imperiums, ist fünfzehn Jahre alt, als er von einem Hauptmann der kaiserlichen Luftwaffe geworben wird. Beseelt vom Wunsch, Jagdflieger zu werden, macht er sich auf den Weg zum Luftstützpunkt in Hiro, nahe dem Industriezentrum Hiroshima.

Im Herbst 1944 versammelt der Kommodore die Soldaten zu einer kurzen Ansprache. Hier hört Taroo zum ersten Mal vom »göttlichen Wind«, den Kamikaze. Noch weiß er nicht, was das Wort bedeutet.

Bohdan Arcts Klassiker entstand nach dem Tagebuch eines japanischen Fliegers und erzielte bisher eine deutsche Gesamtauflage von 700 000 Exemplaren.

239 Seiten
ISBN 3-929395-38-X

WeymannBauerVerlag

Lothar Elsner

Die Herrengesellschaft

Leben und Wandlungen
des Wilhelm von Oertzen

Ende der sechziger Jahre gelangte ein Karton voller Akten auf den Schreibtisch des jungen Historikers Lothar Elsner. Zwanzig Ordner, die den Schriftwechsel eines Adligen enthielten, der sich 1945, wenige Tage nach Eintreffen der sowjetischen Besatzungsmacht, zusammen mit seiner Frau im Park seines Gutes erschossen hatte. Was war das für ein Mann, dieser Wilhelm von Oertzen, Vorsitzender einer Vereinigung von Angehörigen der konservativen Elite, die sich bis zur Machtergreifung durch die Nationalsozialisten »Herrengesellschaft Mecklenburg« nannte. Der Historiker begann zu lesen und war bald fasziniert. Er erhielt Einblicke in eine Welt, die ihm bis dahin fremd gewesen war. In den folgenden drei Jahrzehnten seines Lebens befragte er Familienangehörige und Zeitzeugen, grub sich durch Bibliotheken, um die Geisteswelt des Mannes zu fassen, der nur den gebildeten Adel dafür befähigt hielt, Deutschland zu führen, und mit dieser Meinung, ohne es zu wollen, auf Kollisionskurs mit den Nationalsozialisten ging. Doch alles Aktenstudium vermochte nicht soviel Aufschluß zu geben wie das von Lothar Elsner verloren geglaubte Tagebuch, dessen letzten Eintrag der Gutsbesitzers nur wenige Stunden vor seinem Freitod machte.

218 Seiten, mit Fotos
ISBN 3-929395-39-8

WeymannBauerVerlag